숭실대학교 한국기독교박물관 소장

텬 문 략 히

이 자료총서는 2018년 대한민국 교육부와 한국연구재단의 지원을 받아 수행된
연구임(NRF-2018S1A6A3A01042723)

메타모포시스 자료총서 01

숭실대학교 한국기독교박물관 소장

텬문략히

초판 1쇄 발행   2020년 1월 31일

편 역 ㅣ 윌리엄 마틴 베어드(William Martyn Baird)
해 제 ㅣ 심의용

펴낸이 ㅣ 윤관백
펴낸곳 ㅣ 도서출판선인

등 록 ㅣ 제5-77호(1998.11.4)
주 소 ㅣ 서울시 마포구 마포대로 4다길 4(마포동 324-1) 곳마루 B/D 1층
전 화 ㅣ 02) 718-6252 / 6257
팩 스 ㅣ 02) 718-6253
E-mail ㅣ sunin72@chol.com

정가 28,000원

ISBN 979-11-6068-342-4 93440

·잘못된 책은 바꿔 드립니다.

메타모포시스 자료총서

01

숭실대학교 한국기독교박물관 소장

텬문략히

윌리엄 마틴 베어드(William Martyn Baird) 편역
심의용 해제

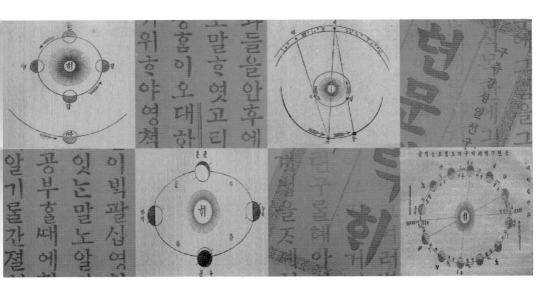

도서
출판선인

▌ 발간사 ▌

숭실대학교 한국기독교문화연구원은 2018년 한국연구재단의 인문한국플러스(HK+) 사업 수행기관으로 선정된 이후 '근대 전환 공간의 인문학－문화의 메타모포시스'라는 어젠다로 사업을 수행하고 있다. 본 사업단은 어젠다에 따라 한국 근대 전환 공간에서 외래 문명의 유입, 이에 따른 갈등과 대립, 수용과 변용, 확산 등 한국 근대의 형성 및 변화 과정을 총체적으로 검토 및 분석하고 있다. 특히 숭실대학교 한국기독교박물관이 소장하고 있는 근현대 희귀 소장 자료를 토대로 보다 더 구체적이고 실증적인 연구를 수행하고 있다.

한국기독교박물관이 소장하고 있는 근대 이후 자료들은 한국 사회의 근대 문명 도입과 전개 과정을 살펴볼 수 있는 중요한 자료이다. 한국기독교박물관에서 소장하는 있는 문헌 자료는 2018년 3월 현재 조선 중기 이후부터 해방까지 고문서, 고서, 서화류, 근대 인쇄물류 등으로 구분할 수 있으며 이 중 현재 박물관에서 등록한 문헌 자료는 총 6,977점에 달한다. 연구자들에게 이를 활용할 수 있도록 제공하고 있다. 그동안 한국기독교박물관은 소장하고 있는 자료에 대해 주제별로 해제집을 발간하였다. 2005년 2월 『한국기독교박물관 소장 고문헌목록』을 시작으로 『한국기독교박물관 소장 기독교 자료 해제』 (2007년 1월), 『한국기독교박물관 소장 과학·기술 자료 해제』(2009년 2월), 『한국기독교박물관 소장 한국학 자료 해제』(2010년 12월), 『한국기독교박물관 소장 민족운동 자료 해제』(2012년 12월) 등을 발간하였다.

특히 개항 이후부터 1945년까지 역사 자료 중 주목할 만한 기독교 자료로는

성경, 찬송가, 신앙교리서, 주일학교 공과, 교회 회의록, 한국 교회사, 기독교 신문, 기독교 잡지 등이 있고 천주교 자료로는 천주교 신앙 형성과 관련된 자료, 천주교 교리서, 천주교 성인들의 전기류, 한국 천주교 역사, 천주교 성가집, 조선 선교에 관한 소개서류 등이 있다. 한국학 자료로는 한말 정치 경제 자료, 을미사변 전후 의병활동 자료, 외교사 관련 자료, 학부, 일제강점기 독립운동 관련 자료 등이 대표적이다. 근대 교과서로는 인문과학, 역사, 수학, 천문지리학, 동식물학, 생리해부학, 물리·화학, 자연과학 일반, 군사학 등을 소장하고 있다. 또한 개화기와 일제강점기에 발행된 서적류가 다량 소장되어 있다. 예를 들어 인문사회과학 일반, 역사지리 일반, 언어·어학, 문학예술, 음악, 교육, 의생활, 농학 및 경제학, 전통 유학, 기타 종교·잡술 등을 들 수 있다. 중국과 일본에서 발행된 여러 종류의 서적류, 다종의 근대 신문·잡지 등도 있다.

이와 같이 한국기독교박물관에 소장되어 있는 자료는 모두 본 사업단의 어젠다 연구에서 반드시 필요한 문서들이다. 특히 학계에서 아직은 많은 관심을 보이지 않고 있는 자연과학과 관련된 자료는 본 사업단 연구에 매우 필요한 문헌들이다. 근대 자연과학은 전근대 한국인들이 합리적이고 이성적인 근대인으로 전환했다고 믿게 해주는 학문이었다. 근대라는 것이 합리성의 추구라면 그것을 뒷받침해주는 것이 근대 자연과학이라고 할 수 있다. 그러므로 근대 자연과학의 도입에 대한 탐구는 본 사업단에서 추구하는 어젠다에 반드시 포함시켜야 할 주제이다. 한국기독교박물관에서 소장하고 있는 구한말 근대 자연과학 자료는 근대 서양과학의 도입, 변용, 그리고 확산을 밝혀줄 수 있는 매우 중요한 역사적 문헌들이다.

그래서 본 사업단에서는 제1차로 대한제국 시기 평양 숭실대학에서 교과서로 사용했던 근대 자연과학 교과서를 해제 및 영인하여 본 사업단의 연구뿐만 아니라 나아가 한국 근대 과학사 연구에 도움을 주고자 하였다. 제1차로 추진된 근대 자연과학과 관련된 해제 및 영인 자료는 모두 4개의 자료총서로 구성되어 있다. 희귀 자료인 『텬문략히』(1908), 『동물학』(1906), 『식물도셜』(1908), 『싱리학초권』(1908) 등이다.

　자료총서 1 『텬문략히』는 미국 북장로교 선교사로서 평양 숭실학당을 설립한 윌리엄 베어드(William M. Baird)가 쓴 천문학 교과서이다. 이 책은 1899년에 발행된 조엘 스틸(Joel Dorman Steele)의 *Popular Astronomy*를 번역·편찬한 것이다. 베어드는 일찍부터 교과서 편찬에 힘을 쏟았다. 초창기에 사용할 수 있는 교재의 대부분은 한문과 일본어로 된 것이었다. 그러나 베어드는 이런 교재를 사용하지 않았다. 한국어가 일반 교육 언어가 되어야 한다고 믿었기 때문이다. 베어드는 자체적으로 한국어로 된 교육용 교재를 편찬하였다. 베어드의 『텬문략히』는 사립학교에서 독립 교과과정으로 사용되었고 당시 천문학 지식을 전파하는 역할을 했다.

　자료총서 2 『동물학』은 1906년 애니 베어드(A.L.A Baird)가 편역한 교과서이며 현존하는 대한제국기의 '동물학' 교과서로는 가장 앞선다. 이 책은 한국 근대 전환 공간에서 '기독교와 과학'이라는 근대 학문 지식을 전달하고 있으며 평양 숭실의 교육정책(한국인에게 한국어로 학문을 가르치고, 사용되는 교육용어는 한국어로)이 반영되어 있다. 애니 베어드의 과학 교과서 시리즈 가운데 그 첫 번째 책이고, 발행부수가 2,000부로 『식물학』, 『생리학초권』의 발행부수 1,000부보다 1,000부가 더 발행되어 많은 이들에게 읽혔다. 한국의 근대 전환기의 서구 학문(생물학)의 수용사와 국내 학술용어의 형성사에 가장 기초적인 자료로 가치가 있으며, 한국 근대 교과서 형성사, 기독교와 과학을 다루는 기독교계 학교교육 연구, 한국 교육사에 기초 사료로서의 가치가 크다.

　자료총서 3 『식물도셜』은 1908년 애니 베어드가 숭실중학교 첫 졸업생이며 오늘날 독립운동가로 널리 알려진 차리석의 도움을 받아 순한글로 편역한 평양 숭실대학의 과학 교과서였다. 페이지는 색인을 포함해 총 259면으로 구성되어 있다. 이 책은 아사 그레이(Asa Gray)가 1858년 뉴욕의 아메리칸 북 컴퍼

니(American Book Company)에서 출간한 총 233페이지 분량의 *Botany for young people and common schools : how plants grow*를 번역한 것이었다. 애니 베어드가 번역 출간한『식물도셜』은 일제강점기 이후에도 평양 숭실대학에서 교재로 계속 사용되었으며, 숭실 학생들에게 서양 근대과학을 배울 수 있는 기회를 주었다. 이러한 의미에서 애니 베어드의『식물도셜』은 한국 근대과학사 연구를 위해서도 매우 중요한 자료이며, 아울러『식물도셜』에서 번역된 학술 용어와 오늘날 사용되고 있는 식물학 관련 학술 용어를 비교함으로써 식물학 관련 학술 용어가 어떤 변화 과정을 거치면서 정착되었는지를 밝힐 수 있는 중요한 근거 자료가 될 수 있다.

자료총서 4『싱리학초권』은 1908년 애니 베어드에 의해 번역 출판되었다. 이 책은 미국 중등학교 생리학 교과서였던 윌리엄 테이어 스미스(William Thayer Smith)의 책, *The Human Body and its Health-a Textbook for Schools, Having Special Reference to the Effects of Stimulants and Narcotics on the Human System*(New York, Chicago, Ivison, Blakman, Taylor & Company, 1884)를 충실하게 번역하였고, 평양 숭실대학의 과학 수업 교재를 개발하기 위한 생물 교과서 번역 작업의 결과물 중 하나였다. 이러한 애니 베어드의『싱리학초권』은 기존 한국에서는 낯선 학문 분야였던 생리학을 자세히 소개하는 동시에 체계적인 과학 교과서로서 한국의 생리학 교육이 확립되는 중요 기반을 제공했다. 또한 생리학은 자연과학 지식뿐만 아니라 건강을 유지하기 위한 위생 관념을 포함한다는 점에서 통제와 절제를 강조하는 청교도적 규범을 제시하는 것이기도 했다.

2020년 1월
숭실대학교 한국기독교문화연구원
HK+사업단장 황민호

❚ 목 차 ❚

윌리엄 베어드(William M. Baird) 『텬문략히』 해제

심의용*

1. 『텬문략히』 서지사항

『텬문략히』는 북장로 미국인 선교사이자 평양 숭실 학당을 설립한 윌리엄
베어드(William M. Baird)가 쓴 천문학 교과서이다. 윌리엄 베어드는 1862년에
출생하여 1931년에 서거했다. 베어드의 한국식 이름은 배위량(裵偉良)이다.
『텬문략히』는 1899년에 발행된 조엘 스틸(Joel Dorman Steele)의 *Popular
Astronomy*를 번역·편찬한 것이다.

본서는 첫 페이지에 '텬문략히'라는 글자와 함께 '구주강생 일천구백팔련'과
'대한 융희 원년 정미'라는 글이 적혀 있다. 융희(隆熙)는 대한제국 순종의 연
호로 융희 원년 정미는 1907년이다. 구주강생 일천구백팔련은 기원후 1908년
이다. 마지막 페이지에 PARTS Ⅰ&Ⅱ STEELE'S POPULAR ASTRONMY를 번역
편집했다는 표시와 함께 1908년이라고 기재되어 있으므로 1908년 발행되었음
을 알 수 있다. 2.50 Yen이 표시된 것으로 보아 정가는 2.5엔이었을 것이다.

그 당시 천문학에 관한 교과서로 출간된 책은 3종류였다. 하나는 1908년에
출간된 민대식(閔大植)의 『신찬지문학(新撰地文學)』이다. 융희 3년 1909년 발
간된 천문학 중등교과서이다. 이는 휘문의숙에서 사용되던 것으로 측지(測
地)·천문·기상·해양·지질·지사(地史) 등의 내용으로 구성되었다.

* 숭실대학교 한국기독교문화연구원 HK+사업단 HK연구교수

또 하나는 정영택(鄭永澤)이 번역한『천문학(天文學)』이다. 보성관(普成館)에서 발행된 이 책은 1902년 발행된 요코야마 마타지로(横山又次郎)가 쓴『천문강화(天文講話)』를 바탕으로 해서 국한문혼용으로 번역한 책이다. 정영택은 보성전문학교 교장을 지냈다. 또한 일제강점기에는 중국에서 독립운동을 한 인물이다. 정영택은 전문적으로 과학을 연구한 사람은 아니었다. 일부 오류도 있다고도 한다. 중학생 정도의 교육 수준에 맞는 교과서로 추정하고 있다.『천문강화』는 개정 6판이 나올 정도로 일본에서는 많이 보급되었던 천문학 서적이다.

마지막이 베어드가 번역한『텬문략히』이다. 본서는 1899년에 발행된 조엘 스틸의 *Popular Astronomy*의 Part Ⅰ과 Ⅱ를 번역했다. 조엘 스틸의 원서는 1869년과 1884년에 발행된 *New Descriptive Astronomy*이다. 조엘 스틸이 죽은 뒤 1899년 *Popular Astronomy*로 개정판이 나왔다. 베어드는 1899년의 개정판을 번역하고 편집했는데 중국에서 1986년 출간된 중국어 판본『천문약해(天文略解)』를 참고로 해서 번역하였다.『천문약해』는 린더 윌리엄 필처(Leander William Pilcher, 李安德, 1843~1924)가 저술한 천문학 책이다.[1]

정영택이 쓴『천문학』은 국한문 혼용체였다. 이에 비해『텬문략히』는 순한글로 쓰였다. 아마도 천문학 지식을 전달하는 것만이 아니라 선교라는 목적을 가지고 있었기 때문이라고 추정할 수 있다. 왜냐하면『텬문략히』에는 순수하게 천문학을 교육하려는 것이 아니라 하나님, 아버지라는 표현이 자주 등장하여 천체의 생성과 운행은 모두 하나님의 뜻이라고 설명되어 있기 때문이다.

『텬문략히』의 전체 쪽수는 앞표지, 서문 4쪽, 목차 13쪽, 본문 206쪽, 한글

---

[1] 정영택의『天文學』과 베어드의『텬문략히』에 관한 자세한 사항은 박은미, 「개화기 천문학 서적 연구-정영택의『天文學』과 베어드의『텬문략히』(충북대학교 대학원 석사학위논문, 2010)를 참조.

색인 21쪽, 영어색인 19쪽 총 40쪽, 원어서문 1쪽, 발행정보면, 뒤표지로 구성
되었다. 본서는 개화기에 순한글로 쓰인 유일한 천문학서적이라는 점에 의의
가 크다. 1908년에 발간된 『텬문략히』는 숭실학당에서 직접 인쇄했을 수도
있다.[2]

　1920년 조선총독부 학무국은 조선인 사립학교 현황을 정리한 『조선인 교육
사립각종학교 상황』에서 숭실대 연혁을 "구한국시대 즉 명치 32년 9월 숭실중
학교로 개교하고 동 39년(1906년) 9월 15일부터 다시 대학과를 개설하였고 대
정 원년(1912년) 11월 25일 사립학교 규칙에 의해 인가를 받았다."고 설명한
다. 베어드 교장은 1907년 11월 The Korean Mission Field에 기고한 글에서 숭실
대학이 1906년 10월 10일에 문을 열었다고 소개했다. 숭실대학은 1906년 10월
10일 대학부가 설치됨으로써 한국 최초의 대학교육을 시작했다.[3]

　1906년 대학교육을 시작한 숭실대학은 인문 중심의 자유 교양 교육을 실시
하였다. 전공별로 세분화된 교육이 아니라 인문 중심의 '문과' 체제로 교육을
실시했다. 대학부 설치 당시 교과목은 '성경, 수학, 물리학, 자연과학, 역사학,
인문과학, 어학, 웅변, 음악' 영역으로 편성되었다. 1910년 숭실대학 요람에서
확인되는 1909~1910년의 교과 과정표에는 큰 영역으로 구분할 때, '성경, 수학,
물리학, 자연과학, 역사학, 인문과학, 어학, 웅변과 음악'이다. 자연과학 분야
에 천문학이 배당되어 있다.[4]

---

[2] 숭실학당의 교과서로 쓰였다는 점에서 숭실학당에서 출판했을 가능성이 있다. 그러나 박
　은미, 민병희, 이용삼은 『텬문략해』가 숭실학당에서 출판되었다고 확신할 수 없다고 한다.
　근거는 『텬문략해』의 뒤에 'Hulbert Series, No. Ⅳ'라는 표시가 있다. 이 헐버트 시리즈는 '순
　한글(교과서) 연속간행물'로 발간된 것으로 생각하고 헐버트시리즈로 발간된 『ᄉ민필지
　(사민필지)』(1906, 2nd Edition)는 감리교단출판국(The Methodist Publishing House)이 인쇄와
　발행을 했다는 점을 근거로 『텬문략해』도 이 출판국에서 발행했다고 보기 때문이다(박은
　미, 민병희, 이용삼, 「대한제국시기 천문학 교과서 비교」, 『천문학논총』31(2), 2016, 28쪽).
[3] 숭실대학교 120년사편찬위원회 편, 『민족과 함께한 숭실 120년』, 숭실대학교 기독교박물
　관, 2017, 84~85쪽.
[4] 위의 책, 96~109쪽.

당시 다른 중등교육기관에서는 이과, 박물, 지리, 지문 등에 약간씩 포함시켜 가르쳤던 천문학이 독립교과로 나왔다는 사실을 상기할 필요가 있다. 이는 베어드가 다른 과목 못지않게 천문학을 중요하게 생각했다고 볼 수 있는 부분이다. 이렇듯 숭실학당의 개교 이후 1900년부터 중등 수준의 천문학을 가르쳤고 대학부에서는 1910년 이후부터 천문학 교과과정이 수업시수에 포함되어 있었다. 여기에 사용한 교과서가 수년간의 강의교재를 검토·편집하여 책으로 엮어낸 『텬문략히』일 것이다.

베어드는 일찍부터 교과서 편찬에 힘을 쏟았다. 초창기에 사용할 수 있는 교재의 대부분은 한문과 일본어로 된 것이었다. 그러나 베어드는 이런 교재를 사용하지 않았다. 한국어가 일반 교육언어가 되어야 한다고 믿었기 때문이다. 베어드는 자체적으로 한국어로 된 교육용 교재를 편찬하였다. 아내 애니 베어드(A. L. A. Baird, 安愛理)는 숭실에서 사용할 교과서 편찬에 큰 공을 남겼다. 1906년 순한글의 『동물학(動物學)』, 1908년에는 『생리학초권(生理學初卷)』, 『식물도셜(植物圖說)』을 발간하였다.

식민지 시대에 1906년 관제개편으로 학교제도가 정비되어 과학이 학교의 정규교과과정으로 도입되었다. 이때 한국의 실정에 맞는 과학교과서가 필요했다. 이에 따라 1906년부터 각종 과학교과서가 발행되었다. 개화기에 서양 문명을 통해 계몽을 하려는 분위기 속에서 정영택의 『천문학』과 베어드의 『텬문략히』가 발행되었다. 베어드의 『텬문략히』는 사립 학교에서 독립교과과정으로 사용되었고 당시 천문학지식을 전파하는 역할을 충분히 수행했다.

2. 『텬문략히』의 구성과 내용

베어드의 『텬문략히』는 스틸의 *Popular Astronomy*를 원서로 삼고 린더 윌리엄 필처의 『천문약해』 중국어 판본을 비교하여 순한글로 발행한 천문학 교과서이다. 『텬문략히』는 *Popular Astronomy*의 Part Ⅰ과 Ⅱ만을 번역했다. 필처의 『천문약해』는 주로 *Popular Astronomy*의 Part Ⅰ과 Ⅱ만을 서술하고 있는데 용어의 표기와 그림이 유사한 것으로 보아 『텬문략히』도 주로 필처의 『천문약해』를 참고했을 것이라고 추측할 수 있다.

이 책의 내용은 크게 서문과 본문, 색인으로 이루어졌다. 본문의 내용은 1권과 2권으로 이루어졌다. 1권은 2장으로 구성된다. 1권의 제목은 '천문학을 인도하는 말'인데 1장은 천문학사를 다루고 있고 2장은 천공을 다룬다. 2권의 제목은 '해떨기를 의논함'인데 태양계의 개관을 다룬다. 1장은 '해를 의논함'이고 2장은 '행성'을 다루고 3장은 '비성(飛星)'을 다루고 4장은 '혜성(彗星)'을 다루고 5장은 '황도'를 다루고 있다. 1권의 마지막에 습문으로 27문이 있고 2권의 마지막에 57문이 있어 총 84문항의 연습문제가 있다. 마지막에 한글 색인과 영어 색인을 만들어 놓았다.

서문에서 "그런 경치를 볼 때에 마음이 자연 감동하여 하느님을 공경하는 생각도 나고 좋은 성품대로 하라는 생각도 생기나니 이런 일을 생각하면 하느님께서 우리에게 하시라는 말씀을 당신 만드신 별을 의지하여 가르치는 줄 알지라."라고 하고 "이 공부할 때 행성과 혜성과 항성은 보고 알지라도 이 영화로운 물건 만드신 하느님을 깊이 알기를 간절히 바라오니" 등의 말을 통해 천문학 교재이지만 선교를 목적하고 있음을 알 수 있다. 이를 통해 베어드는 『텬문략히』를 통해 과학적으로 계몽하는 것과 동시에 선교를 목적으로 천문학을 강의했다고 볼 수 있다.

서문 마지막 부분에 "이 책은 평양대학교와 중학교에서 여러 해 동안 가르치면서 자세히 상고하여 보고 만든 책이로되"라고 한 것으로 보아 오랫동안 강의안을 토대로 만들었음을 추측할 수 있다. 또 "이 책을 만들 동안에 말을 짓는 것과 글로 기록하는 것은 여러 학도에게 도와줌을 많이 받았으되 특별히 한승곤에게 도와줌을 많이 받았고 그림과 명목은 김인식에게 도와줌을 많이 받았느니라."라고 기록된 것으로 보아 학생들에게서 도움을 받아 책을 만들었음을 알 수 있다.

1권은 총 2장을 구성된다. 제1장은 천문학사를 다루고 있다. 총 11단으로 구성되어 있다. 여기에는 중국 천문 개략, 바벨론과 갈데아 천문 개략, 헬라 천문학, 애굽(이집트) 천문학, 회회교 천문학, 성술(星術)을 다룬다. 헬라 천문학에는 탈레스 아낙시만드로스, 피타고라스 등을 다루고 애굽 천문학에서는 알렉산드리아에 있는 대학교와 프톨레마이오스의 업적을 다룬다. 대표적인 인물로는 코페르니쿠스, 티코 브라헤, 케플러, 갈릴레와 뉴턴을 다룬다.

1권 제2장에서는 천공을 다룬다. 여기에서는 크게 천구(天球)와 황도대(黃道帶)를 다룬다. 천구를 헤아리는 방법으로 지평계(地平界)의 법, 적도(赤道)의 법, 황도(黃道)의 법으로 구분하여 설명하고 있다. 1권 마지막에는 연습문제가 있는데 예를 들면 "처음으로 원경을 가지고 하늘 형상을 보아서 얻은 것이 무엇인가"를 묻고 있다.

2권은 총 5장으로 구성된 1장의 제목은 '해를 의논함'으로 해를 다룬다. 총 9단으로 이루어졌다. 다루는 내용은 해와 지구와의 거리, 해의 빛, 해의 열기, 해의 시체(視體), 해의 진체(眞體), 해의 흑반, 해면의 형식, 해의 재질, 해의 더운 연고를 다룬다.

2권 2장은 행성을 다룬다. 다루는 내용은 크게 구분하여 행성, 수성(水星), 금성(金星), 지구(地球), 달, 일월식, 밀물, 화성(火星), 소행성(小行星), 목성(木星), 토성(土星), 천왕성(天王星), 해왕성(海王星)을 다룬다.

행성에 관한 총론으로 행성의 궤도 법칙, 행성의 대소, 행성의 회합(會合), 행성의 운동, 내행성과 외행성의 운동, 항성전시(恒星轉時)와 동교전시(同交轉時)을 다룬다. 수성(水星)에서는 수성의 형편, 수성과 지구의 거리, 수성의 대소, 수성의 기후를 다룬다. 금성(金星)에서도 금성의 형편, 금성과 지구의 거리, 금성의 대소, 금성의 기후를 다룬다.

지구(地球)에서는 지구의 자전과 공전, 세차(歲差), 장동차(章動差), 몽기차(蒙氣差), 시차(視差)를 다룬다. 달에서는 달의 운행, 달의 참(眞)길, 달의 대소, 천칭동(天秤動; 달의 궤도 경사각과 타원 궤도운동), 달의 빛과 열기, 달의 중심(重心), 달의 공기 등을 다룬다. 일식과 월식을 다룬다. 화성에서는 화성의 형편, 화성과 지구와의 거리, 화성의 대소, 화성의 사계절을 다룬다. 소행성에서는 소행성의 형편, 소행성이 된 원인을 다룬다.

목성에서는 목성과 지구와의 거리, 목성의 대소, 목성의 사계절, 목성의 달, 목성의 띠를 다룬다. 토성에서는 토성의 형편, 지구와의 거리, 토성의 대소, 토성의 사계절, 토성의 광환, 토성의 달을 다룬다. 천왕성에서는 천왕성의 형편, 천왕성의 대소, 천왕성의 사계절, 천왕성의 달을 다루고 해왕성에서도 같은 내용을 다룬다. 마지막에 2권의 연습문제가 있다.

독특한 점은 한글색인과 영어색인이 부록으로 있다는 점이다. 한글색인 중 83개의 별자리를 정리하고 기록하였는데 기록된 별자리 색인은 현재 알려진 88개의 별자리와 다르다. 또한 명칭도 현재 쓰이는 별자리 명칭과 다른 것이 있다.

『텬문략히』에서 사용되는 용어는 중국에서 번역된 과학 용어를 그대로 차용했다고 볼 수 있다. '천문학'이란 용어는 '성학(星學)'으로 표현했고 행성은 '행성(行星)'으로 사용한다. 앞에서도 지적했듯이 서문과 본문에는 하나님이 모든 것을 만들었기 때문에 천체가 운동하는 것이며 이런 작용이 생겨나는 것은 하나님이 존재하기 때문이라고 설명하고 있다. 『텬문략히』를 발행할 수 있었던 이유는 선교적인 목적도 있었겠지만 중요한 것은 베어드가 천문학에 대한 관심이 컸기 때문이다.

3. 『텬문략히』의 의의

천문학은 서양만이 아니라 동양에서도 관심을 가지고 연구했던 분야이다. 조선에 서양 과학 기술이 소개된 것은 17세기 전후이다. 주로 시헌력(時憲曆) 역산(曆算) 방법과 같은 분야에 한정되었지만 청나라에 소개된 서양 과학 기술 관련 정보에 관심을 가졌다. 특히 숙종 때에 정부 주도로 서양 과학 지식을 수입했다.

초기에는 천문역산(天文曆算) 분야에 한정되었지만 점차 유학자들의 관심으로까지 확대되어 나갔다. 이때 도입된 내용은 서양 근대의 것이 아니었다. 17~18세기 유럽 예수교 선교사들이 중국에 전한 내용들이었다. 이 지식들은 조선 유학자들 사이의 자연관을 재해석하거나 자연철학을 확립하는 데 사용되었을 뿐이다.

주로 유럽 예수교 선교사들이 중국에 전한 한문 서적을 통해 서양 과학은 수입되었다. 대표적으로 『수리정온(數理精蘊)』과 『역상고성(曆象考成)』 등 방대한 수리천문학과 수학책들을 익힌 학자들도 많았다. 『수리정온』과 『역상고성』은 중국으로부터 수입된 천문학과 수학에 관한 문헌이다.

중국은 이미 마테오 리치(利瑪竇, 1552~1610)에 의해서 서양 천문학과 수학이 16세기부터 수입되었다. 선교사들의 도움으로 서광계(徐光啓, 1562~1633)가 편집한 『숭정역서(崇禎曆書)』가 출판되어 시헌력이 시행되었으며 조선도 이를 받아들여 시헌력을 반포하게 된다. 이후 청나라 강희제(康熙제)의 명에 따라 천문학, 수학, 음악 등 여러 분야를 100권으로 집대성한 『율력연원(律曆淵源)』이 출판된다. 『수리정온』과 『역상고성』은 이 『율력연원』에 속한 부분이다. 이 문헌은 중국뿐만 아니라 조선의 천문학, 수학의 발전에 크게 기여하였다.

이렇듯 18세기 조선 학자들은 천문역산학을 중국으로부터 수입하여 연구했다. 관이 주도하여 천문역산학을 연구하기도 했다. 대표적으로 독창적인 지동설(地動說)을 주장한 김석문(金錫文, 1658~1735)을 필두로 해서 서명응(徐命膺, 1716~1787), 홍대용(洪大容, 1731~1783) 등이 대표적이다. 이들은 모두 서양의 천문학과 수학을 익혀 독창적인 우주론을 구축하려던 학자들이었다. 특히 홍대용은 독창적인 지전설(地轉說)을 주장하기도 했다.

조선 정조 시대에는 1801년 신유박해(辛酉迫害) 이후 서양 과학 기술에 대한 관심이 줄어들기 시작했지만 일부 지식인들은 활발하게 서양 과학을 수입하고 연구했다. 19세기의 대표적인 학자는 최한기(崔漢綺, 1803~1877), 남병철(南秉哲, 1817~1863), 남병길(南秉吉, 1820~1869) 등이 있다.

남병철, 남병길 형제는 수학에 뛰어나 수륜(水輪), 지구의(地球儀), 사시의(四時儀)를 직접 제작했고 『시헌기요(時憲紀要)』, 『성경(星鏡)』, 『양도의도설(量度儀圖說)』 등 천문학 관련 저서를 쓰기도 했다. 최한기는 서양 과학을 소개한 공로가 크다. 중국에서 발행된 서양 과학 서적을 수입하여 독창적인 우주론을 구성하려 했다.

최한기의 천문학과 관련된 문헌은 1867년에 『성기운화(星氣運化)』가 있다. 이는 중국에서 출간된 영국의 유명한 천문학자 허셸(W. Herschel)의 저작을 한문으로 번역한 『담천(談天)』에 의거하여 천체(天體)에 관한 지식을 소개한 문헌이다. 여기서 최한기는 서양 천문학을 소개하고 있는데 특히 코페르니쿠스의 태양중심설과 뉴턴의 만유인력설을 설명하고 있다.[5]

이 시기는 이미 「혼천전도(渾天全圖)」와 「여지전도(輿地全圖)」 같은 천문도와 세계 지도가 제작되고 광범위하게 유통되었다. 하지만 이런 유학자들의 연구는 서양 근대 과학을 성장 발전시키는 데에는 한계가 있었다. 중국에 소개된 서양 과학의 한문 서적을 배워 익히는 정도였기 때문이다. 조선 학자들

---

[5] 이상의 내용은 문중양, 「전근대라는 이름의 덫에 물린 19세기 조선 과학의 역사성」, 『한국문화』 54, 2011, 99~103쪽 참조.

은 서양 언어를 익히거나 서양 학자에게 직접 배우지는 못했다. 개항과 더불어 서양문물이 유입되고 조선 정부가 주도적으로 근대 과학 기술을 도입해 다양하게 국정 개혁에 활용했다.

중국에서 유입된 서양 과학 서적만을 익혀서는 근대 과학이 뿌리내릴 수 없었다. 서양 학자에게 직접 배우거나 조선 학자들이 서양 언어를 익혀 공부하면 좋았겠지만 19세기 후반까지 그런 기회는 주어지지 않았다. 1881년 영선사행이 중국 천진(天津) 기기국(機器局)을 유학하거나 1881년 일본을 시찰하고 돌아온 신사유람단(紳士遊覽團)이 서상 문명의 실상을 살펴본 최초의 사절단이었다.

1886년 육영공원 개설은 한국 과학사에서 중요한 사건이었다. 영어 교육을 도입하려는 첫 번째 노력이지만 과학 기술 수용에도 중요한 시작이었다. 이 학교는 한국 최초의 관립 근대 학교였다. 당시 근대식 교육은 외국어 보급을 가장 시급한 과제로 삼고 있어서 과학 기술을 수용할 준비에 들어가지 못했다. 서구 과학 기술을 본격적으로 도입한 때는 1897년 대한제국 반포 이후이다.[6]

개항 이래 개화 관료들이 주도한 근대화 정책으로 여러 나라들과 조약을 맺으면서 서양 과학기술에 대한 지식이 빠른 속도로 유입되기 시작했다. 근대 천문학 확산 작업의 중심에는 신진 개화 관료들이 있었다. 그들은『한성순보』와『한성주보』를 통해 그들이 학습한 하늘에 관한 내용을 전달했다.

개화기에 근대과학의 개념을 최초로 소개한 매체는『한성순보』였다. 1883년에 창간한『한성순보』는 교양주의적 과학기술을 소개하는데 많은 지면을 할애하였다.『한성순보』는 '집록'이라는 기사를 통해 천문지리 지식을 소개하여 당시 사람들을 문명개화로 이끄는 데에 크게 기여하였다.

『한성순보』에 실린 천문학 관련 기사는 국문으로 번역되어 실렸다는 점도 주목할 만하다.『한성순보』에서 다룬 기사들은『지구도설(地球圖說)』,『담천

6) 이상의 내용은 박성래 · 신동원 · 오동훈,『우리 과학 100년』, 현암사, 2001, 14~36쪽 참조.

(談天)』,『격치계몽(格致啓蒙)』등 중국에서 발행된 한역 과학서를 전재한 것이었다. 『한성순보』에 소개된 근대 천문학은 헐버트(H.B. Hulbert, 1863~1949)의 『사민필지』에도 소개되었다. 헐버트는 한글로 『사민필지』를 써 전통의 우주와는 다른 하늘을 보여주었다. 이 『사민필지』가 육영공원에서 교과서로 사용되었음은 큰 의미를 가진다.[7)]

1895년에 한성사범학교와 같은 근대적인 학교가 설립되기 시작하고, 1905년 을사조약 체결을 계기로 교육구국운동이 전국적으로 일어나 6,000여 개에 달하는 많은 학교들이 설립되었다. 이 시기에 일본이나 국내에서 교육 받은 지식인의 수가 많아지면서 전문번역가들이 활동하기 시작했다.

그러나 식민지 시기 일제는 고급 학문이라고 할 만한 과학 기술의 발전과 교육을 조선에서, 조선인의 손으로 이루는 것을 방해했다. 1905년 2월 학부 고문으로 부임한 일본인 식민주의자 시데하라단(幣原坦)은 조선에는 고등 교육이 필요하지 않았고 주장하였다. 단지 실업 교육에 그쳐야 한다는 것이다.

1906년을 전후로 대한제국 정부가 근대적 과학 기술을 발전시키려고 마련한 여러 정책과 노력이 차츰 결과물을 낳던 때이고 과학 기술을 교육하려고 설립한 각종 학교가 운영 토대를 마련한 시기이다. 그러나 식민 정책에 따라 조선인 과학 기술 인력, 특히 고급 과학 기술 인력의 양성은 불필요하다고 간주했다. 식민지 당국은 조선인에게는 고급 과학 기술 교육에 대한 기회를 거의 허용하지 않았다.[8)]

1895년부터 1905년 사이에 학교에서 사용된 과학 교과서는 한국에서 발간된 것이 없고, 모두 일본에서 발간된 것이다. 1906년 이후 과학 교과서가 한국에서 발간되기 시작하여 1907~1908년에는 발행 총수가 절정에 이르고 있다. 이는 1905년 을사조약 이후 추진되었던 애국계몽운동의 흐름 속에서 교육을

---

7) 김연희, 『한국근대과학 형성사』, 들녘, 2016, 238~241쪽.
8) 박성래 · 신동원 · 오동훈, 앞의 책, 82~83쪽.

통한 구국 운동으로 많은 학교들을 설립하였고, 이들 학교에서 교과서의 필요성이 증가된 것에서 그 이유를 찾을 수 있다.[9]

이때 발간된 과학 교과서는 국한문 혼용체, 순한글체, 일본어로 쓰인 이과, 물리학, 화학, 박물학, 동물학, 식물학, 생리학, 생리위생학, 지문학, 광물학, 지질학, 천문학 등으로 주로 보통학교 고등 정도의 사립학교에서 사용되었다.[10]

이러한 분위기 속에서 순한글체로 교과서를 내는 것은 중요한 의미를 가진다. 1894년 과거제가 폐지되면서 과거에서 가장 중요시 여겼던 한문을 멀리하게 되었고, 언문이라 불렸던 한글을 국문으로 격상시키고 국문 또는 국한문혼용으로 사용하라는 칙령이 내려졌다. 과거제가 폐지됨으로써 조선의 교육은 신지식을 도입할 수 있게 되고, 국문을 사용함으로써 보다 많은 사람이 교육에 접근할 수 있게 되었다.

이러한 역사적 배경을 통해 본다면 정영택의 『천문학』과 베어드의 『텬문략히』이 발행되었다는 것은 시대적 의미를 가진다. 모두 중등학교용 천문학 교과서로 사용되었고 학교에서 근대 천문학을 공식적으로 가르침으로 해서 새로운 하늘의 세상이 도래하게 된 것이다. 특히 베어드의 『텬문략히』는 순한글체로 사립 학교에서 독립교과과정으로 사용되었다는 점에서 그 의미는 중요했다.

4. 이 책의 저자에 대하여

윌리엄 베어드(William Baird)는 1862년 6월 16일 미국 인디애나주 클라크카운디(Clark County) 찰스턴에서 태어났다. 그의 아버지는 존 베어드(John

---

9) 박종석, 『개화기 한국의 과학 교과서』, 한국학술정보(주), 2007, 98쪽.
10) 위의 책, 102쪽.

Baird)이다. 존 베어드는 의사였다. 베어드는 어린 시절 그의 어머니 낸시 베어드(Nancy Baird)로부터 종교적인 영향을 받았다. 낸시 베어드는 엄격한 신앙 전통으로 자녀들을 양육했다.

베어드 부부는 자녀 교육에 힘썼지만 경제가 넉넉하지 못했다. 윌리엄 베어드는 하노버 대학교를 졸업하고 맥코믹 신학교에 진학했다. 베어드는 신학교를 1888년에 졸업했는데 주로 11살 위인 형 존 베어드가 마련해주는 학비로 생활했다. 신학교를 졸업한 뒤 1888년 뉴 알바니 노회에서 목사안수를 받았다.

경제적으로 넉넉하지 못했던 베어드는 1889년 칸사스 시에서 복음을 전도했다. 그 무렵 언더우드(H.G. Underwood, 1959~1916)의 형 존 언더우드가 선교사를 제안했다. 베어드는 1890년 한국선교사로 임명되었다. 임명 뒤 1890년 12월 같은 대학 출신인 애니 베어드와 결혼했다. 그날로 한국을 향한 배에 올라 부산에 1891년 1월에 도착했다. 그리고 다시 제물포에 2월에 도착했다.

숭실대학교에서 출간한 『윌리엄 베어드』에서는 베어드의 삶을 4단계로 구분한다. 부산선교지부의 개설(1891~1895), 대구선교지부의 시작과 서울 생활(1896~1897), 평양 시절의 삶(1898~1916), 후기 시절(1917~1931)이다.[11]

1891년에 베어드 부부는 부산으로 내려갔다. 부산선교지부를 세운 뒤에 베어드는 광범위한 순회 전도 여행을 하였다. 베어드의 순회 전도 여행은 여러 곳으로 이어졌다. 경상도 지역과 전라도와 충청도 지역에 선교지부를 설치했다.

베어드 선교지부는 주로 사랑방에서 이루어졌다고 한다. 이곳에서 예배와 세례 등 복음전도사역을 하고 기독교 서적을 번역하여 선교를 했다. 그리고 한문교육을 통해서 서당 교육을 실시했다. 베어드는 이 사랑방에서 조선어를 배우고 기독교 서적을 조선어로 번역하였다. 처음에는 조선인 교사가 한문을

---

[11] 이하 내용은 리차드 베어드, 숭실대학교 뿌리찾기위원회 역주, 『윌리엄 베어드』(숭실대출판부, 2016)를 참조.

가르치게 해서 학생을 이끌어 왔다. 그 뒤에 성서, 산수, 지리 등을 교육했다. 이후 서울에서 사역한 뒤에 1897년 평양에 정착하여 교육을 통해 선교했다.

재한 미국 북장로교 선교부의 1897년 연례회의는 베어드가 입안하고 상정한 교육 정책을 심의하여 선교부의 교육정책으로 확정하고 베어드에게 평양 선교 지부 선교사 임무를 맡기기로 결의하였다. 베어드 부부는 그해 10월 2일 평양에 도착했다. 그의 생애에서 가장 창의적이고 활기 넘쳤던 평양 시절의 시작이었다. 평양 교회 발전은 양적 팽창은 말할 것도 없고 질적으로도 건실했다.

1897년 본격적인 교육 사업은 더는 미룰 수 없는 선교회의 현안이 되었다. 평양지부도 중등 교육반 설치를 의결했다. 그러나 건물도 재정적인 기반도 마련하지 못했다. 베어드는 선교사 사택 사랑방을 교실 삼아 중등 교육반을 개설하였다. 숭실학당의 출발이었다. 베어드를 도와 학생 지도와 수업을 맡았던 이는 소학교 교사인 박자중이었다. 교과목은 성경, 산수, 한문, 역사, 음악 정도였다.

숭실학당의 설립 목적은 이 땅에 그리스도의 복음을 전파할 수 있는 참된 교사와 교역자를 양성하자는 것이었다. 숭실(崇實)이란 교명은 1900년까지도 존재하지 않았다. 1900년 이전 선교보고서는 숭실중학을 평양학당(平壤學堂)으로 부르고 있다. 숭실이란 교명은 1901년에 베어드에 의해서 정해졌다.

베어드는 숭실학당의 교육언어를 조선어로 정했다. 이는 자신의 교육철학을 실현하기 위해서이다. 베어드는 1900년 이후로 그의 부인 애니 베어드와 함께 미국의 중등교육 교과서를 번역하고 편찬하고 출판하였는데 조선의 실정에 맞도록 신경을 썼다.

숭실학당은 평양대부흥운동을 거치면서 한국교회의 지도자를 기르는 고등 교육기관으로 자라났다. 1908년 대한제국 시기에 조선 최초의 4년제 대학으로 성장하였다. 그 해 합성 숭실 대학으로 인가되었고 대학부 졸업생 2명을

배출했다. 베어드는 관서지방에 10년이라는 짧은 기간 동안 초등학교에서부터 대학부까지 기독교 학교 체제를 건립하였다. 베어드는 숭실학교의 확장과 발전을 위해서 큰 공헌을 남겼다.

평생 동안 베어드의 가장 큰 취미와 관심은 천문학이었다. 형이 대학의 과학부를 위해 큰 망원경을 보내주었는데 베어드는 이 과학 수업을 좋아했다. 어릴 적부터 과학에 대해 남다른 호기심을 가지고 있었다. 천문학 교과서를 번역한 것도 우연만은 아니었다.

선교활동을 시작하면서 기독교 문서의 간행은 시급한 문제였다. 성경번역, 찬송가와 사전의 편찬, 교과서 편찬, 신앙 해설서 등이 주된 사업이었다. 베어드는 1916년 3월 31일 숭실대학 교장을 사임했다. 그 뒤에 주일학교 교재와 성서를 번역했다.

베어드는 많은 저술과 번역서를 남겼다. 『신학지남』에 기고한 36편의 글 등도 있다. 대표적으로 『그리스도의 신앙』, 『전도방침과 부흥』, 『신도쾌락비결』, 『그리스도 예수 안에』, 『쥬재림론』 등이 있고 『英鮮, 鮮英辭典』 등이 있다. 베어드는 1911년부터 성경번역위원회 구약개역자회의 개역위원으로 참여하여 구약성경을 번역하였다.

베어드는 한국교회와 한국 근대교육에 큰 역할과 공헌을 했다. 또한 세계 선교사에 큰 영향을 남겼다고 평가할 수 있다. 베어드의 교육이론은 분명했다. 선교학교의 첫 번째 목적은 기독교인들을 기술적으로, 지적으로, 영적으로 훈련하여 그들이 설교자나 교사나 농부나 상인 등 어떤 직업에 종사하던 간에 그들은 그리스도를 증거하는 사람이 되게 하는 것이었다. 이런 베어드의 교육 이론은 한국선교회 교육자들에 의해 거부되었고 1914년 12월 미국장로교 해외선교부에 의해 거부되었다.

베어드는 40년 동안 조선 선교에 종사했고 1931년 11월 28일 임종했다. 향년 69세였다. 마펫, 언더우드 등 선교사들은 대부분 귀국하여 일생을 마쳤는

데 베어드는 조선인들의 존경을 받으며 평양 교회의 선교사 무덤인 장산 묘지에 매장되었다. 그러나 베어드 박사 부부의 비는 서울 양화진에 있는 외국인 선교사 묘역에 세워져 있다.

5. 천문약례 목차

1권		천문학을 인도하는 말이라
	제1장	천문사기라
		1단은 중국 천문기략이라
		2단은 바벨론과 갈데아 천문기략이라
		3단은 그리스 천문기략이라. 탈레스의 업적이라. 아낙사만드로스의 업적이라. 피타고라스의 업적이라. 히르코스의 업적이라
		4단은 이집트 천문기략이라
		1도는 알렉산드리아에 있는 대학교라
		2도는 프톨레마이오스의 업적이라
		5단은 회회교 천문기략이라
		6단은 성술(星術)이라
		7단은 코페르니쿠스의 업적이라
		8단은 티코 브라헤의 업적이라
		9단은 케플러의 법칙이라
		10단은 갈릴레오의 업적이라
		1도는 천문경을 만들어 낸 일이라
		2도는 천문경으로 여러 가지를 찾아낸 일이라
		3도는 갈릴레오의 말을 들은 사람이 처음에는 믿지 않다가 나중에 믿은 일이라
		11단은 뉴턴의 업적이라
		1도는 섭력의 이치를 알아낸 일이라
		2도는 섭력이 있는 증거라
		3도는 섭력의 법칙이라

	제2장	천공을 의논함이라
		1단은 천구(天球)를 의논함이라
		2단은 천구를 헤아리는 세 가지 방법이라
		1도는 지평계(地平界) 법이라
		1층은 정권(正圈)이라
		2층은 차권(次圈)이라
		3층은 점(點)이라
		4층은 도수(度數)라
		2도는 적도(赤道)의 법이라
		1층은 정권(正圈)이라
		2층은 차권(次圈)이라
		3층은 점(點)이라
		4층은 도수(度數)라
		3도는 황도(黃道)의 법이라
		1층은 정권(正圈)이라
		2층은 차권(次圈)이라
		3층은 점(點)이라
		4층은 도수(度數)라
		3단은 황도대(黃道帶)라
		1권의 습문 32

2권	해떨기를 의논함이라(태양계의 개관)	
	제1장	해를 의논함이라
		1단은 해와 지구와의 거리라
		2단은 해의 빛이라
		3단은 해의 열기라
		4단은 해의 시체(視體)라
		5단은 해의 진체(眞體)라
		6단은 해의 흑반(黑斑)이라

		1도는 반의 대소라
		2도는 반을 둘로 나눔이라(흑점의 본영과 반영)
		3도는 반의 행동이라
		1층은 흑반이 해면을 지나갈 동안 속도와 형상이 변함이라
		2층은 반의 변함으로 해가 자전하는 앎이라
		3층은 반의 행하는 길이라
		4도는 반의 정한 때라
		5도는 반의 빛과 해의 빛을 서로 비교함이라
		7단은 해면의 형식이라
		8단은 해의 재질이라
		1도는 전에 강론한 말이라
		2도는 지금 강론하는 말이라
		9단은 해의 더운 연고라
	제2장	행성을 의논함이라
		1단은 행성의 총론이라
		1도는 행성의 서로 같은 것이라
		2도는 행성의 서로 같지 아니한 것이라
		3도는 타원(橢圓)의 법식이라
		4도는 행성의 궤도법식이라
		5도는 행성의 대소를 가르치는 비유라
		6도는 행성의 회합(會合)이라
		7도는 행성에 생물이 있는지 없는지 의논함이라
		8도는 행성을 내외로 분별함이라
		9도는 행성의 운동함을 해에서 본 형상이라
		10도는 내행성의 운동이라
		1층은 내행성의 시역행(視逆行)이라
		11도는 내행성의 형상들이라
		12도는 외행성의 운동함이라
		1층은 외행성의 시역행(視逆行)이라
		13도는 항성전시(恒星轉時)와 동교전시(同交轉時)라
		14도는 행성이 저녁별과 새벽별 됨이라

		2단은 수성(水星)을 의논함이라
		1도는 수성의 형편을 의논함이라(수성의 개관)
		2도는 수성이 공중에 운행함이라
		3도는 수성에서 지구까지의 거리라
		4도는 수성의 대소라
		5도는 수성의 기후라
		6도는 천문경으로 본 수성의 형상이라
		3단은 금성(金星)을 의논함이라
		1도는 금성의 형편을 의논함이라(금성의 개관)
		2도는 금성의 공중에 운행함이라
		3도는 금성에서 지구까지의 거리라
		4도는 금성의 대소라
		5도는 금성의 기후라
		6도는 천문경으로 본 금성의 형상이라
		4단은 지구(地球)를 의논함이라
		1도는 지구의 형편을 가르침이라(지구의 개관)
		2도는 지구의 대소라
		3도는 지구 둥근 증거라
		4도는 지구의 진동과 시동이라
		5도는 지구가 매일 자전함이라
		1층은 매일 해의 시동이라
		2층은 지구가 돌아가는 속도가 각처에 같지 아니함이라
		3층은 각 별의 매일 돌아가는 길이 같지 아니함이라
		4층은 별의 매일 가는 속도가 같지 아니함이라
		5층은 지면 각 곳에서 별보는 것이 같지 아니함이라
		6도는 지구가 해를 에워돌아가는 진동이라
		1층은 매월에 하늘형상이 다르게 보임이라
		2층은 매년에 우리 보기에 해가 지구를 한바퀴 돌아가는 길이라
		3층은 해의 남북시동이라
		4층은 사계의 변화와 주야의 장단이라(이층 아래는 이 뜻을 해석한 것 20가지가 있나니라)
		7도는 세차(歲差)를 의논함이라

		8도는 장동차(章動差)를 의논함이라
		9도는 몽기차(蒙氣差)라
		10도는 시차(視差)라
		5단은 달을 의논함이라
		1도는 달이 공중에 운행함이라
		2도는 달의 참(眞)길이라
		3도는 달의 대소라
		4도는 천칭동(天秤動: 달의 궤도 경사각과 타원 궤도운동)이라
		5도는 달의 빛과 열기라
		6도는 달의 중심(重心)이라
		7도는 달의 공기를 의논함이라
		8도는 달에서 지구를 보면 형상이 어떠함이라
		9도는 지구의 빛이 달면에서 비침이라
		10도는 달의 모든 형상이라
		11도는 달이 높이 다니고 낮게 다니는 것이라
		12도는 추수월(秋收月)이라
		13도는 달이 나비눈썹모양이 될 때에 눕기도 하고 서기도 하니라
		(달의 시차각)
		14도는 달의 궤도와 황도의 교점이라
		15도는 달이 별을 가리움이라
		16도는 달의 사계절과 주야의 분별이라
		17도는 천문경으로 달의 형상을 봄이라
		6단은 일월식을 의논함이라
		1도는 일식이라
		2도는 월식이라
		7단은 밀물을 의논함이라
		8단은 화성(火星)을 의논함이라
		1도는 화성의 형편을 의논함이라(화성의 개관)
		2도는 공중에 운행함이라
		3도는 화성과 지구와의 거리라
		4도는 화성의 대소라
		5도는 화성의 사계이라

6도는 천문경으로 본 형상이라

9단은 소행성(小行星)을 의논함이라

　　1도는 소행성의 형편이라(소행성의 개관)

　　2도는 소행성이 된 원인이라

　　3도는 지구에서 제일 가까운 소행성이라

10단은 목성(木星)을 의논함이라

　　1도는 공중에 운행함이라

　　2도는 목성과 지구와의 거리라

　　3도는 목성의 대소라

　　4도는 목성의 사계절이라

　　5도는 목성의 달이라

　　6도는 빛 행하는 속도라

　　7도는 목성의 띠라

11단은 토성(土星)을 의논함이라

　　1도는 토성형편을 가르침이라 (토성의 개관)

　　2도는 공중에 운행함이라

　　3도는 지구와의 거리라

　　4도는 토성의 대소라

　　5도는 토성의 사계절이라

　　6도는 토성의 광환이라

　　7도는 토성의 달이라

　　8도는 토성의 경상이라

12단은 천왕성(天王星)을 의논함이라

　　1도는 천왕성의 형편이라(천왕성의 개관)

　　2도는 공중에 운행함이라

　　3도는 천왕성의 대소라

　　4도는 천왕성의 사계절이라

　　5도는 천왕성의 달이라

13단은 해왕성(海王星)을 의논함이라

　　1도는 해왕성의 형편이라(해왕성의 개관)

　　2도는 해왕성을 찾아냄이라

　　3도는 공중에 운행함이라

		4도는 해왕성의 대소라 5도는 해왕성의 사계절이라 6도는 해왕성의 보는 형상이라 7도는 해왕성의 달이라
	제3장	비성(飛星)을 의논함이라
		1단은 운석이라 2단은 운성이라 3단은 유성이라 　1도는 34해 동안에 기이한 유성의 무리라 　2도는 유성의 수효라 　3도는 매년에 유성이 떨어지는 달과 떨어지는 날이라 　4도는 유성의 원인이라 　5도는 유성의 궤도라 　6도는 유성과 혜성의 상관이라
	제4장	혜성(彗星)을 의논함이라
		1단은 혜성 약론이라 2단은 혜성을 구분해서 칭함이라(혜성의 구조) 3단은 혜성이 제일 　　　밝을 때라 4단은 혜성의 수라 5단은 혜성의 궤도라 6단은 혜성 돌아올 것을 회계함이라 7단은 해와의 거리라 8단은 혜성의 밀도니라 9단은 혜성의 형상이라 10단은 혜성의 성질이라 11단은 유명한 혜성이라
	제5장	황도이라
		1단은 황도 약론이라 2권의 습문이라

【참고문헌】

김연희,『한국근대과학 형성사』, 들녘, 2016.

리차드 베어드, 숭실대학교 뿌리찾기위원회 역주,『윌리엄 베어드』, 숭실대출판부, 2016.

박성래 · 신동원 · 오동훈,『우리 과학 100년』, 현암사, 2001.

박종석,『개화기 한국의 과학 교과서』, 한국학술정보(주), 2007.

숭실대학교 120년사편찬위원회 편,『민족과 함께한 숭실 120년』, 숭실대학교 기독교박물관, 2017.

문중양,「전근대라는 이름의 덫에 물린 19세기 조선 과학의 역사성」,『한국문화』54, 2011.

박은미,「개화기 천문학 서적 연구ー정영택의『天文學』과 베어드의『턴문략히』」, 충북대학교 대학원 석사학위 논문, 2010.

박은미, 민병희, 이용삼,「대한제국시기 천문학 교과서 비교」,『천문학논총』31(2), 2016.

한명근,「한국기독교박물관 소장 근대 자료의 내용과 성격」,『한국기독교박물관 자료를 통해 본 근대의 수용과 변용』, 도서출판 선인, 2019.

▌편역자 | 윌리엄 마틴 베어드(William Martyn Baird, 裵緯良, 1862~1931)

윌리엄 마틴 베어드는 숭실대학교를 설립한 미국의 장로교 선교사였다. 1862년 6월 인디애나에서 태어났다. 선교활동을 위해 애니 애덤스와 결혼한 지 두 달도 되지 않은 1891년에 한국에 도착했다. 개신교 선교사로서 평양 숭실학당을 설립하는 것을 시작으로 교육사업과 선교에 큰 공헌을 했다. 1931년에 세상을 떠났다.

▌해제자 | 심의용

숭실대에서 철학을 전공하고 정이천의 『주역』 해석에 대한 연구로 박사학위를 받았다. 고전번역연수원 연수과정을 수료했고, 충북대 인문연구원을 지냈다. 국사편찬위원회에서 『비변사등록』 번역 프로젝트에 참여했고, 성신여대에서 연구교수로 『성리대전』 번역에 참여했다. 현재 숭실대학교 HK+연구교수로 재직하고 있다.

지은 책으로 『마흔의 단어들』, 『서사적 상상력으로 주역을 읽다』, 『주역, 마음속에 마르지 않는 우물을 파라』, 『주역과 운명』, 『귀곡자 교양강의』, 『세상과 소통하는 힘』 등이 있다. 정이천의 『주역』, 성이심의 『인역(人易)』, 피터 K. 볼의 『중국 지식인들과 정체성』, 카린 라이의 『케임브리지 중국철학 입문』, 푸페이룽(傅佩榮)의 『장자 교양강의』, 『성리대전』(공역), 『주역절중』(공역) 등을 우리말로 옮겼다.

텬 문 략 히

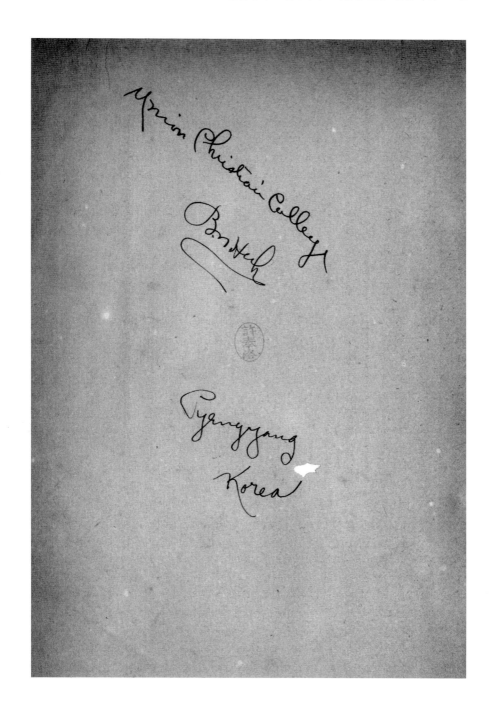

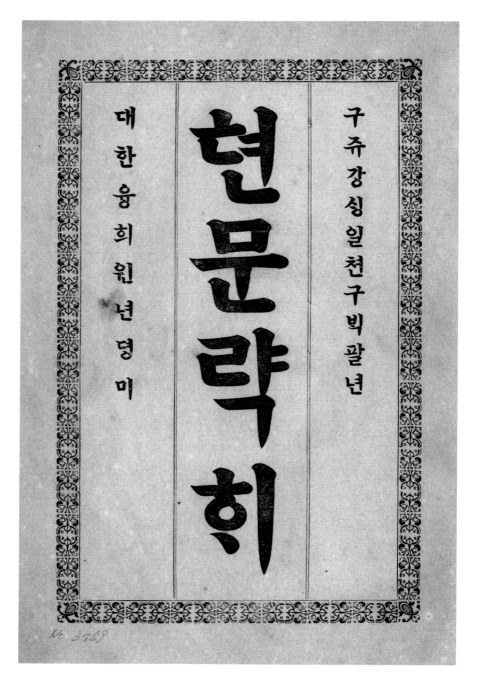

구쥬강싱일쳔구빅팔년

텬문략히

대한융희원년뎡미

PARTS I & II

OF

STEELE'S POPULAR ASTRONOMY,

WITH ADDITIONS FROM OTHER WORKS.

———

TRANSLATED AND COMPILED

BY

W. M. BAIRD, Ph. D.,

ASSISTED BY STUDENTS OF THE

PYENG YANG UNION CHRISTIAN COLLEGE.

———

HULBERT SERIES, No. IV.

1908.

———

Price: Yen 2.50.

텬문략히 셔문

셔문

텬문학혹셩 이란거슨히와들과싸와다른힝셩과혜셩과비셩과흥셩굿흔거슬의론ᄒᆞ거시니민우요긴ᄒᆞ고놉흔공부라이텬문학즁에각별의샹거가얼마되ᄂᆞᆫ것과그밧긔여러가지알기어려온리치가만흐니엇던사름성각에ᄂᆞᆫ이런리치ᄂᆞᆫ도모지알수업다ᄒᆞᄂᆞᆫ이가잇스되텬문ᄉᆞ들은오래동안힘써공부ᄒᆞ고졍밀히계산ᄒᆞ여본고로분명히아ᄂᆞ니라학성들이공부를처음으로시작ᄒᆞᆯ때에ᄂᆞᆫ그여러가지리치롤다알수업스나공부ᄒᆞ면알수잇ᄂᆞᆫ줄아ᄂᆞᆫᄆᆞᄋᆞᆷ으로시작ᄒᆞ여셔여러가지그르치ᄂᆞᆫ거슬비호면각별의샹거와여러가지알기어려온리치라도알게될거시라이텬문학의아롬다온쏫스로말ᄒᆞ면운달고지은시톄와굿고쏙쏙흔거스로말ᄒᆞ면형학과굿흔지라눈을들어하놀샹반구를흔번쳐다볼것굿흐면여러별형샹이긔긔묘묘ᄒᆞ야엇지아롬다온지알수업스니엇던때에밤이몱고들도업슬제ᄂᆞᆫ더옥볼만ᄒᆞ니별은총총ᄒᆞ야한량업시만코별형샹이각각다르며엇던거슨빗치번쩍번쩍ᄒᆞᄂᆞᆫ것도잇셔미우보기에아롬다온지라그런경치롤볼ᄯᅥ에ᄆᆞᄋᆞᆷ이즈연감동ᄒᆞ야ᄒᆞᄂᆞ님을공경ᄒᆞᄂᆞᆫ싱각ᄒᆞ도나고됴흔셩픔디로ᄒᆞᆯ랴ᄂᆞᆫ싱각도싱기ᄂᆞ니이런일을싱각ᄒᆞ면하ᄂᆞ님ᄭᅦ셔우리의게ᄒᆞ시랴ᄂᆞᆫ말슴을당신문ᄃᆞ신별을의지ᄒᆞ야구르치ᄂᆞᆫ줄알지라ᄯᅩ훈별수효가만흔것과샹거가머것과별들이대단히큰거슬보고싱각ᄒᆞ

一

셔문

면우리사룸이란거시잇지적고미련훈지알수업스니겸손훈ᄆᆞ음도스스로싱기고ᄯᅩ훈
우리아바지의한량업눈지혜와한량업눈권세롤더알나눈ᄆᆞ음도싱기눈지라이런ᄯᅢ에
ᄆᆞ음에셔스스로뭇눈말이며멀니잇눈별쇽별쇽훈별은무어시뇨ᄯᅩ여긔셔샹거눈얼마
나되눈고ᄯᅩ더별들도우리디구와ᄀᆞ치싱겻눈지ᄯᅩ더긔도우리ᄀᆞᆺ훈사룸이잇슬가ᄯᅩ더
별들이법업시함부로헤여졋눈지법잇게헤여졋눈지ᄯᅩ더러케뭇눈말을우리가
좀알수잇슬가훈눈여러가지싱각이나눈지라이러케뭇눈말을지금도멋가지답홀
수잇스되멋가지눈이후에텬문ᄉ들이더답훈기롤기ᄃᆞ리노라이빅여티느려울동안킈
여안거슬합호여말홀거시오그밧긔알거슨그보다더만훈지라임의멋가지안
거슨로말ᄒᆞ면ᄒᆡᆼ셩의샹거와대쇼와톄질과각ᄒᆡᆼ셩이제궤도로도
라가눈동안과ᄉ졀과여러가지형편을다알게되엿스며월도(月圖)도그려내엿스며만
훈혜셩즁에여러혜셩의궤도와ᄒᆡ와ᄒᆡᆼ셩의셩질ᄭᅡ지알게되엿느니라그러나쟝ᄎᆞᆺ더알
거슨민우만훈지라
이칙은본릿미국텬문박ᄉ쓰틸이가지은칙인ᄃᆡ그후에한문으로번역ᄒᆞ여즁국학교
에셔유악ᄒᆞ게썻눈ᄃᆡ지금은다시한문칙도보고본문칙도보고ᄯᅩ그후에다른칙도비교ᄒᆞ
여보고ᄆᆞᆫ든칙이니한문칙의실슈ᄒᆞᆫ곳치라고힘썻느니라학싱들이이칙을공부홀
ᄯᅢ에글만외올거시아니오쇽리치롤알고각ᄀᆞᆨ ᄌᆞ긔말노지여ᄃᆡ답홀거시니ᄃᆡ답ᄒᆞ눈법

二

서문

은아모대지던지ᄒᆞᆫ대지말ᄒᆞᆫ후에그림을그리면셔뜻슬ᄌ세히셜명ᄒᆞᆯ거시라ᄯᅩ날마다

공부ᄒᆞᆫ거슬여러사룸즁에ᄒᆞ나식목판에긔록ᄒᆞ면ᄌᆞ문ᄒᆞᆫ대와슙ᄌ흐ᄒᆞ철ᄌᆞᄒᆞ

ᄂᆞᆫ듸유익ᄒᆞᆯ거시오디구와다른긔계롤가지고텬구가엇더케ᄉᆡᆼ긴거슬보ᄂᆞᆫ라

잇스되대일도흔방칙은밤마다별이엇더케도라ᄃᆞ니ᄂᆞᆫ거슬알고여러별을본것

하ᄂᆞᆯ을쳐다볼ᄯᅢ에각셩좌가엇더케ᄉᆡᆼ긴거슬알고여러별이ᄒᆞᆫ가지로도라가ᄂᆞᆫ것

도알거시오ᄯᅩ아모셩좌이나다른거슬본후에그리ᄂᆞᆫ거시됴코ᄯᅩ흔여러셩좌와별을본

후에텬도(天圖)롤그리ᄂᆞᆫ거시유익ᄒᆞ니라텬구롤헤아리ᄂᆞᆫ듸유익ᄒᆞ게알거슨텬구가

엇더케ᄉᆡᆼ긴것과졍권츠도법과디평게법을ᄌ세히알거시오그후에ᄂᆞᆫ황도듸에

잇ᄂᆞᆫ셩좌와북취셩에잇ᄂᆞᆫ셩좌들을안후에야다른별을찻기쉬울거시라

이아래돌과날과시ᄂᆞᆫ양력으로말ᄒᆞ엿고리수와쳑수ᄂᆞᆫ영리와영쳑으로말ᄒᆞ엿ᄂᆞᆫ듸이

러케흔거슨양력은던하에동용홈이오대한쳑수와리수ᄂᆞᆫ쪽쪽지도못ᄒᆞᆯᄯᅥᆫ더러본문은

번역ᄒᆞᄂᆞᆫ가온듸실슈ᄒᆞ지안키위ᄒᆞ야영쳑과영리의수되로썻ᄂᆞ니라영일리ᄂᆞᆫ대한리

수로삼리가거반되ᄂᆞᆫ듸쪽쪽면오쳔이빅팔십영쳑이흔영리가되고영쳑은대한

목쳑과거반ᄀᆞᆺ흐니라공부ᄒᆞᆫ학셩은의심잇ᄂᆞᆫ말노알지말고쪽쪽흔말노아ᄂᆞ믄믐으

로힘써공부ᄒᆞ면유익을만히밧을거시라이공부ᄒᆞᆯᄯᅢ에ᄒᆡᆼ셩과혜셩은보고알지

라도이영화로온물건믄드신하ᄂᆞᆫ님을깁히알기롤간졀히빅라오니시편십구장말슴을

三

셔문

보면하ᄂᆞ님의지혜와하ᄂᆞ을ᄀᆞ르쳔거슬되강알수잇ᄂᆞ니라

이쳑은평양대학교와즁학교에셔여러히동안ᄀᆞ르치면셔ᄌᆞ셰히샹고ᄒᆞ여보고모든쳑

이로되그즁에말ᄒᆞ나글ᄌᆞ에나실슈훈거시업술수가업스니누구시던지이쳑을볼ᄯᅢ에

실슈훈거시잇스면알게ᄒᆞ여주시기롤ᄇᆞ라오며ᄯᅩ이쳑ᄆᆞᆫ들동안에말을짓ᄂᆞᆫ것과글노

긔록ᄒᆞᄂᆞᆫ거슨여러학도의게도아줌을만히밧아스되특별히한승곤의게도아줌을만히

밧앗고그림과명목은김인식의게도아줌을만히밧앗ᄂᆞ니라

구쥬강싱일쳔구ᄇᆡᆨ칠년에비위량은ᄌᆞ셔ᄒᆞ노라

四

텬 문 략 히

일권은 텬문학을인도ᄒᆞ는말이라 ……

데일쟝은 텬문소거라 …………………………… 一篇

데이쟝은　텬공을의론홈이라

일단은　텬구(天球)롤의론홈이라 ⋯ ⋯ ⋯ ⋯ ⋯ ⋯ 二十三

십일단은　뉴텬의 ᄉ격이라 ⋯ ⋯ ⋯ ⋯ ⋯
　　일됴눈　셥력의리치롤알아낸일이라 ⋯ ⋯ ⋯ 二十二
　　이됴눈　셥력잇눈증거라 ⋯ ⋯ ⋯ ⋯ ⋯ ⋯ 二十
　　삼됴눈　셥력의법측이라 ⋯ ⋯ ⋯ ⋯ ⋯ 十九

십일단은　셜닐니오의 ᄉ격이라 ⋯ ⋯ ⋯ ⋯ ⋯
　　일됴눈　텬문경을ᄃᄅ려낸일이라 ⋯ ⋯ ⋯ 十八
　　이됴눈　텬문경으로여러가지차자낸일이라 ⋯ 十七
　　삼됴눈　셜닐니오의말을듯눈사롬이쳐음에 눈밋지안라가ᄂ죵에밋은일이라 ⋯ 十七

십단은　셸닐니오의 ᄉ격이라 ⋯ ⋯ ⋯ ⋯ ⋯ 十三

구단은　겝플너의 법측이라 ⋯ ⋯ ⋯ ⋯ ⋯ 十三

팔단은　라이고쓰라히의 ᄉ격이라 ⋯ ⋯ ⋯ 十二

칠단은　고베니거쓰의 ᄉ격이라 ⋯ ⋯ ⋯ ⋯ 十二

륙단은　셩슐(星術)이라 ⋯ ⋯ ⋯ ⋯ ⋯ ⋯ 十一

二

○일권의습문 ……

이권은 · 히썰기를의 론흠이라

뎨일쟝은 히를의 론흠이라

일단은 히와ᄯᅡ희샹거라 ……

이단은 히의빗치라 ……

삼단은 히의열긔라

ᄉ단은 히의시톄(視體)라 ……

오단은 히의진톄(眞體)라 ……

륙단은 히의흑반(黑斑)이라

일됴눈 반의대쇼라 …

이됴눈 반을두단에눈호이라

삼됴눈 반의힝동이라 …

일총은 흑반이히면을지나갈동안지속과형샹이변홈이라

이총은 반의변홈으로히가ᄌ젼ᄒ눈줄앎이라

삼총은 반의힝ᄒ눈길이라 …

三十二
三十七
三十九
三十九
四十
四十
四十一
四十二
四十四
四十五
四十六
四十六
四十七
四十八

四

七

九

이됴눈 쇼힝셩된원인이라 ⋯ ⋯ ⋯ 百五十七

삼됴눈 디구에셔뎨일갓가온쇼힝셩이라 ⋯ ⋯ 百五十八

십단은 목셩（木星）을의론홈이라

일됴눈 공즁에운힝홈이라 ⋯ 百五十九

이됴눈 목셩이써해셔샹거라 ⋯ 百六十

삼됴눈 목셩의대쇼라 ⋯ 百六十

스됴눈 목셩의소졀이라 ⋯ 百六十一

오됴눈 목셩의돌이라 ⋯ 百六十五

륙됴눈 빗힝흥눈지속이라 ⋯ ⋯ 百六十六

칠됴눈 목셩의쎠라 ⋯ 百六十六

십일단은 토셩（土星）을의론홈이라

일됴눈 토셩형편을구르침이라 ⋯ 百六十六

이됴눈 공즁에운힝홈이라 ⋯ 百六十七

삼됴눈 셔해셔샹거라 ⋯ 百六十八

스됴눈 토셩의대쇼라 ⋯ 百六十八

오됴눈 토셩의소졀이라 ⋯ 百六十九

륙됴눈 토셩의광환이라 ⋯ 百七十

칠됴눈 토셩의돌이라 ⋯ 百七十一

텬 문 략 히

일권은 텬문학을인도ᄒ는말이라

뎨일쟝은 텬문ᄉ긔라

학문중에ᄀ장오랜거슨텬문학이니대뎌창세ᄒᆞᆫ후로브터사룸들이하ᄂᆞᆯ을우르러보고
별들을샹고ᄒᆞ줄은알앗스되다만졍미럽게궁구ᄒ지못ᄒ고억지로혜아린거시만흔고
로그말이확실치못ᄒᆞᆫ지라지금ᄭᅡ지젼ᄒ여온거시비록망녕되고허탄ᄒᆞᆫ말이만흐나그
러나그즁에리치에맛눈것도혹잇스니지금은그때와사룸을알고져ᄒ되녯가녀무
랜고로샹고ᄒᆞᆯ수업눈거슨대개뎌미긔혼셰딕에눈글노긔록ᄒ야붉힌거시업고다만멋
마딕속담으로젼ᄒ야ᄂᆞ려온거시잇스나다ᄋᆞ득ᄒ여빙거ᄒᆞᆯ거시업눈연고라이텬문긔
로말ᄒᆞᆯ지라도감히완젼ᄒ게되엿다말ᄒᆞᆯ수업고다만멋가지요긴흔것만쓥아긔록ᄒ야
비호눈쟈로ᄒᆞ여곰녜와지금의의론이굿지아닌거슬알아압흐로나ᄋᆞ가눈계뎨가되게
ᄒᆞ미이니라

뎨 일 쟝

一

데일쟝

일단은 중국텬문긔략이라

중국에텬문을긔록혼일이다른나라보다몬져되엿스니그러나진나라시황이칙을불살

온후로브터눈서칙이훗터졋스니그후에비록긔록혼칙이잇스나훗사룸이억탁으로지

여냄을면치못혼지라스긔룰술펴보면태호복희씨(太昊伏羲氏) 에수전이쳔칠 빅오십이년 눈력셔

룰지여히와때룰뎡호고텬간(天干)디지(地支)로열두쌔을문드러년월일시룰뎡호엿

다호엿스나그러나즛셰히샹고호면텬간디지로열두시룰문든거슨실노은나라에셔긔

록호엿스니복희씨때에눈텬간디지로날을뎡혼것만잇섯슬듯호니라염뎨신농씨 (炎

帝神農氏) 에수전이쳔칠 빅삼십이년 눈불노버슬을긔록호티춘관(春官)은대화(大火)라호고하

관(夏官)은슌화(鶉火)라호고츄관(秋官)은서화(西火)라호고동관(冬官)은북화(北

火) 라호고즁관(中官)은즁화(中火)라호야소시에나타나눈뵑은별노버슬의초셔룰

일홈호엿스나그러나이다숫별가온뒤지금능히샹고홀수잇눈거슨불과두별이니대화

와슌화라그여에눈혼별이보이눈때가곳지아니호고로두별이라호고그가온뒤그릇

됨을면치못홍엿스리니지금강히호눈쟈들이지금아눈거스로넷사룸의말에붓쳐합호

게홀션이라황뎨유웅씨(黃帝有熊氏) 예수전이쳔칠 빅구십칠년 눈령디룰지여때혜아리눈곳을문

돌고태스관(太史官)을세워텬문력수(天文曆數)룰차지호게홀시귀유구(鬼臾區)눈

二

셩긔(星氣)를졈치게ᄒᆞ고두포슈규씨(齂苞授規氏)ᄂᆞᆫ일월셩신의형상을졈치게ᄒᆞ고

희화(義和)ᄂᆞᆫ히를졈치게ᄒᆞ고샹의(常儀)ᄂᆞᆫ둘을졈치게ᄒᆞ고챠구(車區)ᄂᆞᆫ바롬을졈

치게ᄒᆞ고대요(大撓)ᄂᆞᆫ두강(斗剛)의션곳을졈쳐비로소갑ᄌᆞ를지엿스며ᄯᅩ용셩(容

成)은개텬(盖天)을ᄆᆞᆫᄃᆞ러온하ᄂᆞᆯ형샹을ᄀᆞ르치게ᄒᆞ며륙슐노긔운을뎡ᄒᆞ고 희류슐은

희로졈치고샹의ᄂᆞᆫ둘을덥치고귀유구ᄂᆞᆫ별을졈치고령륜(伶倫) 일영을좃차막디로보고

은룰을짓고예슈(隸首)ᄂᆞᆫ산수룰짓고대요ᄂᆞᆫ갑ᄌᆞ를지운거시라

열여슷력셔룰짓고ᄂᆞᆫ거슬모와윤들을두엇스니이로보건디넷사름이비록ᄆᆞ옴을다

ᄒᆞ야텬문을솔펴보고ᄂᆞᆫ거슬모와윤들을두엇다ᄒᆞ나ᄯᅩ훈대강만

줄을가히알거슨그ᄯᅢ에ᄂᆞᆫ세차(歲差)의리치룰알지못홈으로더ᄒᆞ고덜ᄒᆞᄂᆞᆫ티그릇되

여년텬월의어그러짐이업슬수업스니비록ᄂᆞᆫ거슬모와윤들을두엇다ᄒᆞ나ᄯᅩ훈대강만

솔펴보ᄂᆞᆫ디ᄆᆡ지내지못ᄒᆞᄂᆞ니라젼욱고양씨(顓頊高陽氏) 빅십삼년이쳔오
예슈젼이쳔오

쳐인월노졍월을ᄆᆞᆫᄃᆞᆫ이히졍월초ᄒᆞ로날이립츈(立春)인디그ᄯᅢ에다솟별이하ᄂᆞᆯ에
쳔삼빅

모혀영실(營室)을지내스며실은하ᄂᆞᆯ에별일홈이니라

요님군ᄯᅢ에 예슈젼이쳔삼빅
오십칠년이라

텬문학이더옥나타난지라희화룰명ᄒᆞ야력샹을지여빅셩의ᄯᅢ룰ᄀᆞ르치ᄂᆞᆫ거슨하ᄂᆞᆯ
ᄂᆞᆯ보ᄂᆞᆫ긔계나션귀옥형(璿璣玉衡)ᄀᆞᆺ혼거시오님금이그ᄯᅢ에력샹법이온젼치못홈을위
ᄒᆞ야비로소력샹의졔도룰ᄆᆞᆫᄃᆞᆯ쑤니후셰에력문보ᄂᆞᆫ법이이ᄯᅢᄇᆞ러시작되엿느니라ᄯᅩ윤돌
ᄂᆞᆫ법을두어ᄆᆞᆺ게ᄒᆞ도수가잇고ᄂᆞᆫ곳
을두어ᄉᆡ시룰뎡ᄒᆞ야히룰일우 ᄂᆞᆫ고로윤돌법을두어ᄆᆞᆺ게ᄒᆞ엿스니이ᄂᆞᆫ곳력가력셔ᄒᆞ
ᄒᆞ야비로소력샹의졔도룰ᄆᆞᆫᄃᆞ럿스니 하ᄂᆞᆯ온톄룰ᄂᆞᆫ호와삼빅륙십도소분지일을ᄆᆞᆫᄃᆞ러윤들을더ᄒᆞ
을두어ᄉᆡ시룰뎡ᄒᆞ야히룰일우ᄂᆞᆫ일명ᄒᆞᆫ법
축력집가에일명ᄒᆞᆫ법
이엿게ᄒᆞ니라 야셰

예 일 쟝

三

뎨 일 쟝

四

차례 쳐우뒤열아홉동안에 닐곱윤들을뎡ᄒᆞ야뎐ᄃᆡ의 도수가어그러지지안케ᄒᆞ니이

거시훈쟝(章)이되고아직도 푼과 초로ᄂᆞᆫ거시잇셔스물닐곱쟝이훈회(會)가되고세

회가훈통(統)이되고세동이훈원젹(元積)이되ᄂᆞ니이럼으로스쳔륙빅십칠년만에ᄂᆞᆫ

히와돌이ᄂᆞᆫ것업시ᄯᅩ합ᄒᆞᄂᆞᆫ지라이러케궁구ᄒᆞ야력원(曆元)을십일월갑ᄌᆞ삭ᄌᆞ시

반동지로뎡ᄒᆞᆫ지라구뎌력법통교(九著曆法通考)를보면ᄆᆡᆨ국셔말ᄒᆞᆫ기룰큰법은요슌

ᄯᆡ에뎡ᄒᆞᆫ엿ᄂᆞᆫ되오직그ᄯᆡ에긔록지못ᄒᆞᆫ거슨리차(里差)와셰차의리치라ᄒᆞᆫ엿스니일

식일을의론ᄒᆞᆫ것도즁국셔몬져시작ᄒᆞᆫ지라셔젼에말ᄒᆞᆫ기룰신(辰)과불(弗)이방에모

힌일이즁강(中康)원년에잇셧다ᄒᆞᆫ엿스나지금뎐문가에셔그일식을밀우워보고말ᄒᆞᆫ

기룰그일식이즁강오년(에슈젼이쳔일 빅오십ᄉᆞ년) 에잇셧슬듯ᄒᆞᆫ니셔젼에긔록ᄒᆞᆫ거시그릇됨을면

치못ᄒᆞᆫ엿고ᄯᅩ엿슬듯ᄒᆞᆫ는지라즁국셔긔록ᄒᆞᆫ일식도쥬유왕(周幽王)륙년십월일식브터

ᄂᆞᆫ그릇됨이업고확실ᄒᆞᆫ니라 (에슈젼칠빅오십칠년)

이단은 쌔벨논과 갈듸아뎐문거략이라

쌔벨논나라ᄂᆞᆫ유대국동북ᄯᅡ이그리쓰강겻희잇스니ᄯᅡ이됴코경치가아름다오며ᄯᅩ혼

풀이무셩ᄒᆞᆫ고로양치기로위업ᄒᆞᆫ는쟈만히잇셔밤낫광야에거ᄒᆞ야양무리롤직히ᄂᆞᆫ딕

그디경에논밤마다거반뎐긔가몱으니모든별들이힝동ᄒᆞᆫ는것과ᄆᆞᆰ은들이동에셔힝ᄒᆞᆫ

야셔편으로쎠러지는거슬닉히보고아는지라그런고로그방위와지속을작뎡ᄒ고쏘ᄒ

뎌들이신위ᄒ는스당을관셩디(觀星臺)모양으로쓰고그가온디졔스들은텬문보는직

분셕지잇는지라예수젼삼빅삼십일년현쥬나라ᄯᅢ에헬나국유명ᄒᆫ님금알렉산드리아군

스롤거느리고와셔그셩을쳐이긴후에넷젹에긔록ᄒᆫ텬문책을엇엇는디그책에잇는스

젹은다그ᄯᅢ일쳔구빅여년젼거시더라지금내위셩에셔여러사름들이쎄셔넷자최

십니이권인디텬문을긔록ᄒ는다만히잇고북극셩은의론스나고그텨넷자최

ᄒᆫ곳자아니ᄒ권에니눈화셩을의론ᄒ롱엇던눈되그즁에긔록ᄒ로지큰쟝오랜거손예권수젼눈천셩을의론오빅수론

곳십즁국즁쇼된ᄒᆡᄉᆡ라 갈디아사름이ᄒᆫ날을스물네시에는호고쏘일영표롤처음으로만드러

히그림즈롤보고시간을알며월식ᄒ는긔약을혜아리디슌환ᄒ는리치를쎠드라십팔년

이월이후쥬(周)되는줄을알고이거스로법측을삼앗스니이는곳월차(月差)리치라

삼단은 헬나텬문거략이라

헬나는유로바가온디ᄒᆫ나라이라처음에아시아사름들은비록텬문학에열심으로슬퍼

보고혜아렷스나그엇은거슬가지고학을일우지못ᄒ엿고오직헬나사름이뎨일몬저이

텬문학을창셜ᄒ엿는지라다만그칙가온디긔록ᄒᆫ텬문가들이심히만ᄒᆫ고로지금특별

뎨 일 쟝

六

히유명훈이멋사룸만랙훙여긔록훙 노라훙나은헬니쓰 란사룸인뒤예수젼뉵빅스십년

에나셔오빅스십팔년선지살앗느니라 츙국쥬나라랴양 왕령왕과 헬나에셔명망이츌즁훈사룸은박

스라칭훙눈뒤뎨일유명훈닐곱박스즁에훙나이오쪼훈텬문의아부지가된다

칭훙엿스니이눈그사룸을놉혀머리룰삼눈쓰시라더가말훙기룰싸눈둥그럽고돌은본

리빗쳐엽눈뒤허빗출방아싸에빗최인다훙고쪼훈츈분츄분과동지하지룰밀우워내고

쪼훈일식될거슬미리알아내엿고이일식은이젼에두나라젼칭을멋추엇스니젼훙눈말에

하놀이졉졉빗쳐엽셔진고로십히무셔 닐으기룰마듸아사룸이녁뎌아사룸에맛춤

워싸훔을파훙고쳔훙엿다훙느니라

그때에쪼훈안악씌민드란텬문스가잇셔일영표룰만드러내고돌의차며이즈러지눈선

둙을강히훙엿느니라

쓴다골나쓰눈예수젼오빅팔십이년에나셔오빅년선지살앗느니라 쥬나라령왕과경왕 쌔니츙국공쥬도이

뎌에라낫더가이달니야그로도나싸에셔텬문학교룰셜립훙니그때에크게명망이잇고그

르쳔학도눈수빅명이로뒤가셕훙다더가말노만뎐문을강론훙고확실훈증거눈그르쳐

지못훙니그말을슌종훙눈쟈만치아니훈고로뎌의강론훈거시얼마못가셔거의다업셔

졋느니라더가가말훙기룰훈하놀가온뒤잇고그밧긔모든힝셩은둥그러운궤도로히

룰둘너힝훙고쪼디구가두가지모양으로도라가눈뒤쪼훈금셩은셔편에셔눈져녁별

(自轉)훙고훙나은미년에히룰에워훈박회룰도라가며쪼훈금셩은축으로훈번식즈젼

노보이고동편에셔눈시벽별노보이나이거시두별이아니오흔별이라ᄒ엿ᄂ니라더의
강론ᄒ거시리치에합ᄒᆫ것도더러잇ᄉ나ᄯ흔억탁으로말ᄒ야ᄒ비ᄭ거ᄒ지못ᄒᆯ것도
만흔지라 궁뎌가강론ᄒ기를론ᄒᆼ이ᄒ눈거시팔음의거룸수와ᄭ고
줄가어두운ᄯ고 창에운힝ᄒ눈거시ᄯ흔풍악소래가가ᄒ들니눈것ᄒ호니그러나사든힝셩우귀이도
노밋고 로톳ᄒ지오직신들은법으로그대ᄯ됴롤혜아리고저ᄒ엿도사룸이잇ᄂ눈
긔록ᄒ야쳐음으로뎨목을믄들고ᄯ흔텬도（天圖）롤쳐음으로그려내엿ᄂ니라

스단은 애굽텬문긔략이라

일됴눈 알렉산드리아에잇눈대학교라

에굽이헬나보다모든학문을몬져ᄊ
드른고로헬나에학ᄉ들이교ᄉ가되라면몬져ᄲ벨
논과에굽나라에유람ᄒ며모든학문을공부ᄒ눈디이ᄡ다골나쏘도삼십여년동안을유
람ᄒ며모든학문을공부ᄒ엿ᄂ니라그후이빅여년에알렉산드리아셩에훈유명ᄒ셔원
이잇눈디그안희큰셔젹고와대학당이잇스니그ᄣ에각국모든학문을거의다그가온디

뎨 일 쟝

싸하두엇더라쓰그때에여러왕들이다모든학문을흥셩케ᄒᆞ랴고힘을다ᄒᆞ야도아주는

고로사룸들이다열심으로상고ᄒᆞ엿느니라

이됴는　달녀미의소젹이라

예수후일빅이십년에（한라명뎨）헬나에유명ᄒᆞᆫ텬문ᄉᆞ달녀미란사룸이잇셔애굽학당에셔

텬문칙을긔록ᄒᆞ니소문이ᄉᆞ방에퍼져그후일쳔ᄉᆞ빅여년동안사룸들이그칙을본디로

삼아공부ᄒᆞ엿ᄂᆞ니라그칙에긔록ᄒᆞᆫ일과궁구ᄒᆞᆫ리치ᄂᆞᆫ녯젹에흽파거쓰굿ᄒᆞᆫ사룸의상

고ᄒᆞ여낸것도만히잇고ᄯᅩ즈긔ᄯᅳᆺ슬붓쳔것도잇ᄂᆞᆫ디경（經）과호（弧）로싸혜아리ᄂᆞᆫ

법슐을긔록ᄒᆞ엿스니이ᄂᆞᆫ이라도셰네쓰의창셜ᄒᆞᆫ법인디지금ᄭᅡ지텬문ᄉᆞ들이다됴흔

줄알고좃차쓰ᄂᆞ니라○그후일쳔ᄉᆞ빅년동안은여러텬문ᄉᆞ들이달녀미의말을좃차모

든ᄒᆞᆼ셩의운동흠을ᄌᆞ셰히슐필ᄒᆞ위가어즈럽게셧긴것과슌ᄒᆞᆼᄒᆞ며역ᄒᆞᆼᄒᆞᆫ것과더

디게ᄒᆞᆼᄒᆞ며머므ᄂᆞᆫ거시일뎡ᄒᆞᆫ법이업ᄂᆞᆫ거슬보앗스니가령금셩곳흔거슨셔벽에눈동

편에셔나타나고져녁에ᄂᆞᆫ다시셔편에셔나타나며ᄯᅩ엇던때에ᄂᆞᆫᄒᆞᆯ로더브러평ᄒᆞᆼ（平行）

ᄒᆞᄂᆞᆫ듯ᄒᆞ고ᄯᅩ역ᄒᆞᆼ긔도ᄒᆞ고ᄯᅩ엇던때에ᄂᆞᆫ역ᄒᆞᆼᄒᆞ긔를심히쳔쳔

히ᄒᆞ야머믈고동치안ᄂᆞᆫ듯ᄒᆞ다가후에다시도라오ᄂᆞᆫ모양으로휘룰향ᄒᆞ여가ᄂᆞᆫ지라더

들이이굿치변흠을보고그리치룰알고그법슐을엇을수업ᄂᆞᆫ고로졍륜（正輪）과

초륜（次輪）으로표ᄒᆞ긔룰싱각ᄒᆞ니이ᄂᆞᆫ그때에다말ᄒᆞ긔룰ᄒᆞᆼ셩의궤도가둥그럽고싸

八

은ᄒᆞᆫ가온ᄃᆡ잇셔동치아니ᄒᆞ며ᄒᆡ와모든별이다ᄯᅡ에둘녓다ᄒᆞᆷ이라뎌가ᄯᅩ말ᄒᆞ기ᄅᆞᆯ텬공이ᄒᆞᆫ긴가지모양인ᄃᆡᄒᆞᆫᄭᅳᆺ희ᄂᆞᆫᄯᅡ이달니고첫재가지웃ᄭᅳᆺ희ᄂᆞᆫᄒᆡ가달니고ᄒᆡ와ᄯᅡ두

뎨일도

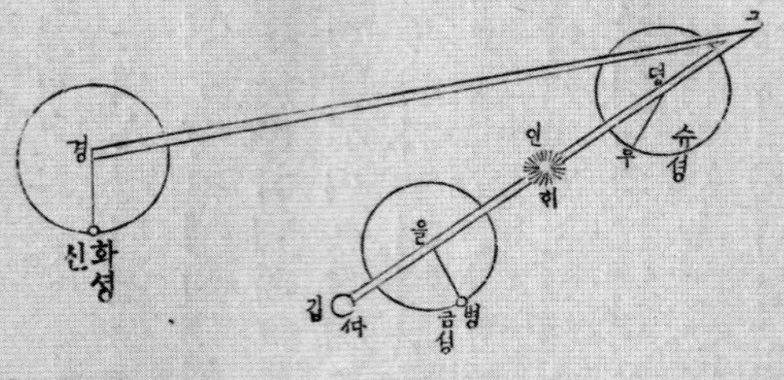

ᄉᆞ이ᄒᆞᆫ가온ᄃᆡᄂᆞᆫ금셩달닌젹은가지ᄒᆞ나이잇고그여에다른별들도다이규모ᄅᆞᆯ좃차그다음에달녓스니첫재그림을보면갑은ᄯᅡ이오인은ᄒᆡ요갑을뎡긔ᄂᆞᆫ곳은가지로나갓ᄂᆞᆫᄃᆡ을병은금셩달닌젹은가지가되고뎡무ᄂᆞᆫ슈셩달닌젹은가지가되엿스며긔경은ᄯᅩᄒᆞᆫ긴가지가굽으러지게련ᄒᆞ엿다ᄒᆞ엿스니뎌의ᄉᆡᆼ각ᄒᆞᆫ거ᄉᆞᆯᄉᆞᆯ펴보면뎌희가스ᄉᆞ로ᄉᆡᆼ각ᄒᆞ기ᄅᆞᆯ온젼ᄒᆞ고부족ᄒᆞᆷ이업다ᄒᆞ나그러나뎌희가그가지가엇더ᄒᆞᆫ거ᄉᆞᆯ샹고ᄒᆞᄂᆞᆫᄃᆡᄂᆞᆫ분명히쎄닷지못ᄒᆞ고스ᄉᆞ로그리치ᄅᆞᆯ츔안다ᄒᆞ야말ᄒᆞ기ᄅᆞᆯᄒᆡ와ᄒᆡᆼ셩들이다가지에달닌고로가지가별을달고ᄯᅡᄅᆞᆯ에워도라가ᄂᆞᆫ고로ᄒᆡᆼ셩이엇던ᄯᅢ에ᄂᆞᆫᄒᆡ압희잇기도ᄒᆞ고엇던ᄯᅢ에ᄂᆞᆫᄒᆡ뒤에잇기도ᄒᆞ게보인다ᄒᆞ엿ᄂᆞ니라ᄯᅩᄒᆞᆫ그ᄯᅢ로말ᄒᆞ면텬문보ᄂᆞᆫ긔계가됴치못ᄒᆞᆫ셔ᄃᆞᆰ에그ᄅᆞᆺ됨이잇고ᄯᅩᄒᆞᆫ능히예산ᄒᆞ여알지못ᄒᆞ엿겟스니그런고로그ᄯᅢ에만일ᄒᆡᆼ동ᄒᆞᄂᆞᆫ거ᄉᆞᆯ알수업ᄂᆞᆫ별ᄒᆞ나ᄅᆞᆯ맛나면곳ᄒᆞᆫ가지ᄅᆞᆯ더ᄒᆞ야ᄇᆞᆰ히엿스니이러케여러가지ᄅᆞᆯ더ᄒᆞᆷ으로심히뒤숭

뎨일쟝

숭흥게된지라더희가화셩의힝동흥눈거슬의론흔것만볼지라도츳튞다숫잇다흥엿스
니이거슬보면그눔은것도가히알겟도다

오단은 회회교뎐문거략이라

예수후룩빅스십이년에 신라션덕쥬십년이오고구려영류왕 회회교사룸이알넥산드릭
아셩을쳐멸흐고셩낙에 이십소년이오빅졔의조왕년이라 회회교사룸
의손으로도라가니라그즁에 큰셰력고톨불살오니이로브터그곳학문소쇽이다회회교사룸
히잇눈쎅딋셩이오둘재눈유로바이스바니아에잇눈고루도바셩이니그때에눈모든학
문이이두셩가온디뎨일흥왕흠으로문인한소들이다그곳으로모혀드눈지라또흔그때
에회회교왕이모든학문을극히됴화흥야헬나학문을그나라에흥셩케흥려흥눈고로힘
을다흥야모든학문을넓히구흥여드렷스니젼흥여오눈말에닐으기룰쎅딋셩문에셔헬
나셔쳑실어드리눈약되룰너무자로보눈고로례스로히넉인다흥엿느니나라이후브터수
빅년동안은학문을연구흥눈쟈들이다이두셩으로가기룰넷졔에굽으로가눈것굿치흥
더라또그때에싸이둥구런줄알고디구룰믄드러가지고다리룰그룬첫스며또예수후일
쳔일빅구십륙년에이스바니아시빌싸에유로바즁에뎨일몬져관셩되룰지엿눈지라또
흔아라비아사룸의게흔두가지류젼흔거시잇스니그즁구쟝요긴흔거손더들의창조흔

十

텬문학군수표(根數表)라그후에회회교사름이권셰가쇠ᄒᆞ고유로바각쳐에셔각학문
을힘써공부ᄒᆞ후에는이스바니아가학문에뎨일유명ᄒᆞ다는말이업섯ᄂᆞ니라

륙단은 셩슐(星術)이라

이우회수빅년동안여러사름들이텬문을샹고ᄒᆞ야그리치롤연구ᄒᆞ거손텬문학의리치
만알고져ᄒᆞ거시아니오셩슐을알고져ᄒᆞ미니이ᄂᆞ그ᄠᅢ에사름들이다별이사름의셩명
과운수로샹관되는줄노밋음이라넷졔갈듸아에셔텬문보는사름들을셩슐ᄉᆞ라일홈ᄒᆞ
엿ᄉᆞ니그일홈을보고ᄯᅳᆺ슬싱각ᄒᆞ면더들이텬문의리치롤알고져ᄒᆞ미아니오실샹은길
흉을알고져ᄒᆞ미라그ᄠᅢ에의원공부ᄒᆞ는쟈는셩슐ᄭᅥ지비왓스니이는뎌회가싱각ᄒᆞ기
롤리치와운수가서로샹관되니운수는졔ᄒᆞᆯ수업다ᄒᆞᆯ일녀라ᄯᅩ한아라비아사름들이더
옥셩슐을긔버ᄒᆞ야힘써궁구ᄒᆞ고ᄯᅩ한유로바셔방에잇는회회교텬문ᄉᆞ들도셩슐을밋
고슝샹ᄒᆞᆷ으로이셩슐이온유로바셔방에퍼지니이런망녕되고허탄ᄒᆞᆫ말을어리셕은사
롬만유혹ᄒᆞᆷ을밧을분아니라박학ᄒᆞ논션빈들도셩심으로복종ᄒᆞ는쟈가잇는지라그러
나셩슐학이쪽히빙거ᄒᆞᆯ거손되지못ᄒᆞᆯ지라도ᄒᆞᆫ가지유익ᄒᆞᆫ거손셩슐가온듸도텬문학
의츰리치가감초엿고ᄯᅩᄒᆞᆫ사름의ᄆᆞ음을겨동식혀듸듸로텬문학을힘써궁구ᄒᆞᆨ게ᄒᆞ야
텬문에속ᄒᆞᆫ일을졈졈써듯게ᄒᆞ미라

뎨 일 쟝

칠단은 고베니거쓰의 스젹이라

예수후일쳔오빅칠년에덕국쇽방포국셔난사람고베니거쓰가잇눈티그후에눈이달니

아국에가셔션싱된사람이라더가뎐문을대단히됴화눈티달니미의말은브리고쓴다

골나쓰의말을올케녁여말기롭히눈가온티잇고싸와모든힝셩은다힝률에워도라

간다눙눈말이싹리치에합당눙야조곰도뒤숭숭눙폐단이업스니가령사람이무어슬든

고썰니갈떠에보면길겻히잇눈나무와집이가눈것곳고조긔몸은가지안눈것곳흐니이

와곳치사람이싸에잇셔싸이도라가눈줄은아지못눙고다만히와별이가눈줄노아나실

샹으로말흐면싸가미일흔번식본츅으로조젼눙눈거시오텬샹(天象)이동눙눈거손아

니며또디구가일년동안에힝룰에워흔박회식도눈거시오히가싸홀도눈거손아니라그

러나더가아직힝셩의궤도가졍원되눈줄만밋눈고로졍류초류법을브리지못흔지라더

가비록이곳치궁구눙엿스나다른사람이조긔말을복죵치안눈쟈만흔줄안고로명빅히

젼파흐지못흐고다만무음이합흐눈쳔구몃사람과흔가지로칙을긔록흐여몃히동안에

흔칙을믄드러활판소에붓쳐츌판흐엿눈니라그러나그칙을츌판흔후에더가곳셰샹을

떠나스니가셕흐도다

十二

팔단은 타이고브라히의 ᄉ젹이라

고베니거쓰가셰샹을ᄯᅥ난지삼년후에타이고브라히가덴막국에낫스니본리명망잇는

족쇽으로ᄯᅩ훈지산도만훈지라더가지질이명민ᄒᆞ고학문이능훈고로유명훈텬문ᄉᆞ가

되여고베니거쓰의말을기졍ᄒᆞ야졍륜법을업시ᄒᆞ며달너미의말을좃차말ᄒᆞ디ᄭᅡ

눈훈가온ᄃᆡ잇고모든별과ᄃᆞᆯ이다둥구러온궤도로ᄃᆞ니며훈날동안에ᄃᆡ구롤에워훈번

돈다ᄒᆞ며더가ᄯᅩ훈즈긔지물도만훈가온ᄃᆡᄯᅩ나라에셔도ᄃᆡ가텬문샹고ᄒᆞ눈거슐위ᄒᆞ

야보죠롤만히ᄒᆞ여준고로더가관셩듸룰크게짓고ᄯᅩ훈긔묘훈긔계롤만드러낸지라더

가텬문학에부즈런히힘쓰고열심으로궁구ᄒᆞ고로텬문학에크게유익훈법을만히엇엇

느니라그러나가셕훈거손더가샹고훈리치룰ᄎᆡ례로ᄒᆡ혀사롬으로ᄒᆞ야곰압ᄒᆞ로나가

게ᄒᆞ지못훈지라더의뎨ᄌᆞ가훈사롬잇스니일홈은겝플너라더가타이고브라히와고베

니거쓰의엇은리치룰가지고합ᄒᆞ야법측셰도목을지엿스니지금텬문학의강령이니라

구단은 겝플너의법측이라

겝플너가그션싱타이고브라회의ᄉᆞ실ᄒᆞ여본모든힝셩의위ᄎᆞ룰가지고궤도가엇던거

슬알고져ᄒᆞ야젼심으로궁구ᄒᆞ엿것마ᄂᆞᆫ더가시쇽말에침닉ᄒᆞ여힝셩의궤도가졍원되

뎨일쟝

十三

뎨 이 도

십四

눈줄만밋고또고베니거쓰의말을급히밋어히 눈혼가온되되잇고모든힝셩이히롤돌너운

동혼다ᄒᆞ며그때에그쟝됴혼되수표(對數表)로화 셩을밀우워보고날마다어ᄂᆞ방에잇눈지증험ᄒᆞ며 또그션셩이샹고ᄒᆞ여낸위ᄎᆞ되로맛초아보니처음 에눈비록어그러지눈ᄃᆞᆺᄒᆞ나후에눈궤도 가얼마어그러지눈곳이잇눈고로조셰히비교ᄒᆞ여 보니션셩의말ᄒᆞᆫ것과표로밀우워엇은거시여듭푼 만어그러지눈지라그러나겝플너가셩각ᄒᆞ기롤션 셩의말솜도올코내혜아린수도올흐니내가이여듭 푼어그러지눈거슬가지고혼재법을믄드러여러별 의운동ᄒᆞ눈거슬강론ᄒᆞ리라ᄒᆞ고팔년동안을흥심 으로계산ᄒᆞ여열아홉가지법으로혼가지식맛초아 보되ᄒᆞ나도맛눈거시업스니그때에눈엇지ᄒᆞᆯ수업 눈줄알고셩각ᄒᆞ기롤졍원을가지고눈맛춤내맛칠 수업껫다ᄒᆞ고타원(橢圓)의법슐을믄드러샹고ᄒᆞ

고또그리치롤밀우워궁구ᄒᆞ여보니어그러지눈것업시합ᄒᆞ눈지라타원모양은데이도

그림과굿흐니동편에잇는을그두곳에두못슬솟고흔실을그두못에ᄂ

즉히믹고븟스로그실을거러실을ᄯ라돌나그리면곳둥굴납쟉ᄒ여지ᄂ니일홈을타런

이라ᄒ고동편을과셔편을두덤은타권의즁심이라ᄒᄂ니라○겝플녜가여둛히롤궁구

ᄒ여셔눈첫재법을엇고그후아홉히롤궁구ᄒ여셔눈둘재와셋재법을엇엇ᄂ니라

첫재법측이라○겝플녜가타환의형샹을혜아려엇어힝셩의궤도롤삼고히롤둘재그림

가온딕병뎜에둔후에다시화셩단니눈궤도롤샹고ᄒ야셔로합ᄒ고아니합ᄒ눈거슬즁

험ᄒᆯ시보눈지얼마안되여셔합지안눈곳이잇거눌그때에눈히롤타환흔즁심에두고

다시즈셰히샹고ᄒᆯ시화셩이흔박회도라가눈거슬맛초아보니슌힝ᄒ며역힝ᄒ눈것과

더딕가며머므ᄂ거시다합ᄒ야ᄯ로혜아려엇은수와어그러지ᄂ거시조곰도업스니그

째에야힝셩의궤도아눈춤법을엇엇눈디이째에눈예수후일쳔륙빅구년이라

그법측은힝셩이히롤두르ᄂ눈다타런이오히ᄂ눈타권흔즁심에잇다ᄒ엿ᄂ니라

둘재법측이라○겝플녜가비록힝셩운힝ᄒ눈궤도의더딕고샌른거시ᄀᆺ지아니흔줄은

알아내엿스나그리치롤혜아려작뎡ᄒᆯ방법이업더니금운힝셩의궤도가엇더흔거슬

안고로그궤도의지속이ᄀᆺ지아니흔연고롤궁구ᄒ여내기로쥬의롤쟉뎡ᄒ고다시흔타

권을그려ᄯ또화셩위초롤가지고여러번샹고ᄒ여보니믹양화셩이근일뎜갓가온디졍에

셔눈셜니힝ᄒ고원일뎜갓가온딕졍에셔눈더딕힝ᄒ거눌ᄂ눈죵에눈그리치롤샹고ᄒ여

뎨일쟝

十五

뎨일쟝

엇은지라뎨삼도롤보면화셩이을에셔갑에가는시간과뎡에셔병에가는시간이굿흐되

갑에셔을에가는샹거가뎡에셔병에가는샹거보다좀으니갑에셔을에가는지뎡에

셔병에가는지속보다더딘지라그러나디경(帶經)통훈긴은그림가온디츙심으로갑을병병의대

쇼가굿흔지라

뎨 삼 도

이무거명시라곳이지낸면갑무을과뎡무병의대쇼가굿흔지라

이롤인호야둘재법측을엇엇느니라

법측은 히의즁심으로브터어느힝셩의즁심시지건너간

티경이그힝셩이지낸시간이굿흐면그힝셩이지낸면젹도

굿흐니라

셋재법측이라○겝플너가비록이우희두법측을엇엇스나

쥭흥베녁이지안코힝셩이히두르는시간이히샹거와무솜

관계가잇는지엽는지알고져흥논고로그션셩타이고브라

희의계산훈거술가지고흥나식비교흥여맛초와볼시몃번

계산흥여도효험을엇지못흥엿더니후에논본수롤승방흥

여밀우어보되그냥어그러지거놀그뛰에눈삼셩방으로밀우어보

러나수흘때에일에실슈흥여날내맛초지못흥고여러돌후에야맛논수롤엇은지라그

뛰논예수후일쳔륙빅십구년인디이셋재법측을엇엇스니법측은 아모두힝셩이히롤

十六

두루는시간의승방을서로비교ᄒᆞᆫ거시그두흴셩에셔희의샹거의삼승방을비교ᄒᆞᆫ것과

ᄀᆞᆺᄒᆞ니라
가령록셩이희를ᄒᆞᆫ박회도눈시간의승방과화셩이희에셔샹거의삼승방과비ᄒᆞᆫ것

니라파ᄀᆞᆺᄒᆞ
녀ᄀᆞ이셰가지법측을엇으매리치에합ᄒᆞ눈줄알고ᄒᆞᆫ편으로눈송구ᄒᆞᆫ무음으로
말ᄒᆞ기롤되엿도다내가지금사름이보던지ᄒᆞ후에사름이보던지내게
샹관업스되아모ᄯᆡ라도볼사름이잇슬터이라하ᄂᆞ님ᄭᅴ셔륙쳔년동안이나이법측을알

아내는사름을기드리셧스나도ᄒᆞᆫ빅년동안이칙볼사름을기드려도ᄒᆞᆫ홀것업노라ᄒᆞ

엿ᄂᆞ니라

십단은 셸닐너오의ᄉᆞ젹이라

일묘눈 텬문경을믄드러낸일이라

게플너와ᄒᆞᆫᄯᆡ에셸닐너오라ᄒᆞᆫ유명ᄒᆞᆫ겨치ᄉᆞ가잇스니뎌가ᄒᆞ로눈례빈당에셔고요
히안졋다가우연히례빈당에달닌등이흔들거려멋지안코ᄒᆞᆫ모양으로왓다갓다ᄒᆞᆫ거
슬보고가만히싱각ᄒᆞ야츄로시게ᄆᆞᆫ돌리치롤쎄돗고ᄯᅩᄒᆞᆫ물건이ᄯᅡ에ᄯᅥ러지눈리치롤
써드라스되다만뎌가달너미의말을그냥좃더니그후에이달너아국비ᄉᆞ셩대학당에가
셔ᄀᆞ르치눈듸그ᄯᆡ에멋춤엇던텬문ᄉᆞ가유학ᄎᆞ로학당에왓스니이눈고베니거쓰의말
을밋눈쟈라셸닐너오가뎌의말을묵묵히싱각ᄒᆞ야젼에좃던거슬브리고고베니거쓰의

뎨 일 쟝

十七

뎨 일 쟝

강론을열심으로연구ᄒ더니얼마못ᄒ야할난국에셔시계룰믄ᄃ눈쟝인이ᄒ긔계룰믄ᄃ
러냇눈듸능히먼듸물건을잡아다려갓갑게보이눈지라셸닐니오가광학과긔계의리치
룰잘아눈고로그긔계믄ᄃ단말을듯고즉시그리치룰써ᄃ라져텬문경ᄒ나흘지여낸
지라다만경미럽게짓지못ᄒ고연통으로믄ᄃ럿눈듸ᄃ두솟ᄒ류리알ᄒ나식붓칠ᄉᄃ
룸이라그러나이텬문경을믄ᄃ단다음브터눈달녀미의강론ᄒ거슬그게녁여그말이어
그러지고그릇돤거슬분명히증거ᄒ엿ᄂ니라

이도눈 텬문경으로여러가지차자낸일이라

셸닐니오가즈긔믄ᄃ눈긔계로몬져돌을보니돌면에놉흔것과깁흔골싹이가잇고ᄯ돌가
온듸평평ᄒ곳에ᄯ극히검은그림ᄌ룰보왓스며에수후일쳔륙빅십년양력졍월칠일에
다시목셩을샹고흘시텬문경으로보니목셩에셔멀니안가셔극히붉은별셋시잇스니이
눈사룸의안력으로눈능히볼수업눈별이라더가쳐음볼ᄯ눈흥셩인줄알앗더니둘재번
보눈밤에눈그셰별이다위ᄎ가변ᄒ눈거슬보고ᄆ음에대단히긔이히녁엿더니그후에
눈날이흐려보지못ᄒ고사흘만에날이묽아진고로다시보니그셰별의위ᄎ가ᄯ변ᄒ엿
거늘그셧ᄃ으로밤마다보다가우연히ᄯ혼별을엇은지라그ᄯ브터눈그네별의위ᄎ가
변ᄒ눈거슬보고못ᄎ내그리치룰궁구ᄒ야이네별이목셩을둘너도눈듸각각원근에합
당ᄒᄀ궤도와더듸며ᄲ르게운뎐ᄒ눈법측이잇고ᄯ목셩과ᄀᄎ치히룰에워도라가눈줄알

十八

앗ᄂᆞ니라이거슬보면목셩과목셩에붓흔들이져은하늘이니더옥사ᄅᆞᆷ으로하여곰고베
니거쓰의말을신죵케ᄒᆞᄂᆞᆫ거시라

삼됴는　셸닐니오의말을듯ᄂᆞᆫ사ᄅᆞᆷ이처음에ᄂᆞᆫ밋지안라가ᄂᆞ죵에밋
은일이라

셸닐니오가아리치ᄅᆞᆯ안후로여러사ᄅᆞᆷ의게말ᄒᆞ되사ᄅᆞᆷ이다밋지안코허무흔거스로지
여냇다ᄒᆞ야엇던사ᄅᆞᆷ은어리셕고망녕되다ᄒᆞ며엇던사ᄅᆞᆷ은요슐이라ᄒᆞ니그ᄯᆡ에사ᄅᆞᆷ
들이뎌의게유혹을밧을가념려ᄒᆞ야뎌의ᄆᆞᆫ둔뎐문경을흔번도보지안코그냥달녀미의
말을굿건히밋고셸닐니오가돌면에놉흔산과깁흔골싹이가잇다ᄒᆞᆷ으로더옥여러사ᄅᆞᆷ
이복죵치안코말ᄒᆞ기ᄅᆞᆯ빗치ᄆᆞᆯ과아ᄅᆞᆷ다온들에엇지이런일이잇스리오이굿치말ᄒᆞᄂᆞᆫ
거슨다만리치에합당치아닐분아니라ᄯᅩ흔들을훼방ᄒᆞ는죄로몸면ᄒᆞ기어렵다ᄒᆞᄂᆞᆫ지라못
사ᄅᆞᆷ들이다이굿치흉보되뎌가궁구ᄒᆞ야엇은거슨실노확실ᄒᆞ야곳곳마다ᄎᆞᆷ빙거가잇
ᄂᆞᆫ고로유식흔사ᄅᆞᆷ들이졈졈그말이리치에합당흔줄알고열심으로복죵ᄒᆞ야달녀미의
말은ᄇᆞ리고의론치아니ᄒᆞ며흔고담으로볼ᄲᅮᆫ이라그ᄯᆡᄇᆞ터셸닐니오의말이크게펴지
니라

메일쟝

십일단은　뉴턴의 ᄉᆞ젹이라

뎨 일 쟝

일됴는　셥력의 리치룰알아낸일이라

예수후일쳔륙빅륙십륙년에영국에뉴턴이라ᄒᆞ는효쇼년이잇스니나히스물다ᄉᆞᆺ이라
맛춤셩즁에여질이도는고로촌으로피병ᄒᆞ러가셔ᄒᆞ로는동산가온ᄃᆡ둔니며나무아래
셔셔되ᄒᆞ다가우연히혼ᄉ과가ᄯᅡ에ᄯᅥ러지는거슬보고ᄆᆞ음에감겨ᄒᆞ야싱각ᄒᆞ기롤ᄉ
과롤ᄯᅡ에ᄯᅥ러지게ᄒᆞ는이셥력이혹돌에ᄉᆞ지놉히올나가지안는가ᄯᅩ혼뎌공에ᄉᆞ지울
나가지안는가ᄒᆞ야이러케여러히동안리치룰깁히궁구ᄒᆞ고회계ᄒᆞ여셔즁거혼후에이
셥력이뎌공모든곳에다잇는줄을알아냇스니이리치는뎌공에큰열쇠니라

이됴는　셥력잇는즁거라

뉴턴의엇은리치룰알고져ᄒᆞ면몬져겨믈가에셔강론ᄒᆞ는ᄒᆡᆼ동법을알거시니가령혼믈
건이ᄒᆡᆼ동ᄒᆞ는ᄃᆡ그힘을만일다른힘이막지아니ᄒᆞ면반ᄃᆞ시직션을좃차갈터인ᄃᆡᄒᆡᆼ셩
이뎌공가온ᄃᆡ운ᄒᆡᆼᄒᆞᄂᆞᆫᄃᆡ거긔는막고걸너는힘이업는고로그ᄒᆡᆼᄒᆞᄂᆞᆫ지속이처음이나
ᄂᆞᆼ죵이나다름이업스니그힘셩의가ᄂᆞᆫ길은곳은줄일터인ᄃᆡ그러나지금그케도롤상고
ᄒᆞ면다둥그러오니필경잡아다리는힘이잇기에그러케되ᄂᆞᆫ거시라가령공즁을향ᄒᆞ야
ᄒᆞᆫ돌을더지고그러지ᄂᆞᆫ줄을보면곳게가지안코굽으러지ᄂᆞ려오게홈이라　ᄯᅩ혼공긔가잇셔막ᄂᆞ니　눈연고로도되ᄂᆞ니
노ᄯᅡ의셥력이먼뒤로갓가온ᄃᆡᄉᆞ지졈졈잡아다려ᄂᆞ려오게홈이라
라ᄯᅩ혼돌이ᄯᅡ흘둘너ᄒᆡᆼᄒᆞᄂᆞᆫ거슬볼지라도굽은줄노돈니ᄂᆞᆫ니ᄯᅡ히돌을잡아다려굽으

二十

러지게느려오게ᄒᆞ는것ᄀᆞ치돌도그러케ᄒᆞ나보다ᄒᆞ엿ᄂᆞ니라뉴텬이물건이ᄯᅡ에ᄯᅥ러

지ᄂᆞᆫ지속을보고겨물학리치로쳣초에열여숫자ᄒᆞᆫ치ᄂᆞ려가ᄂᆞᆫ거ᄉᆞᆯ알아스며ᄯᅩ겥플ᄂᆡ

의법측을ᄌᆞ셰히보고싱각ᄒᆞ기ᄅᆞᆯ이셥력이텬공에갈것ᄀᆞᆺᄒᆞ면ᄃᆡ심에셔ᅡ모물건이던지ᄒᆞ초

의셥력이그샹거의승방을좃차어질듯ᄒᆞᄂᆞ그런고로디면에셔ᅡ모물건이던지ᄒᆞᆫ돌

동안에얼마나ᄯᅥ러진거ᄉᆞᆯ알면그셥력이얼마나되ᄂᆞᆫ거ᄉᆞᆯ계산ᄒᆞᆯ수잇ᄂᆞ니그와ᄀᆞᆺ치돌

이직션으로가지아니ᄒᆞ고ᄯᅳᆼ그러온줄ᄂᆞ가ᄂᆞᆫ것도ᄯᅡ의셥력이잡아다려셔그러케되ᄂᆞᆫ

듯ᄒᆞ다ᄒᆞ야이젼텬문ᄉᆞ들이임의알아낸ᄯᅡ에셔ᄯᅡ가ᄯᅡ반경의륙십빅되ᄂᆞ수ᄅᆞᆯ

가지고계산ᄒᆞ여본즉ᄯᅡ의셥력이돌잇ᄂᆞᆫ듸갈것ᄀᆞᆺᄒᆞ면열여숫자ᄒᆞᆫ치의삼쳔륙빅분지

일이되니곳 .053 치가되ᄂᆞᆫ지라뉴텬이ᄯᅩᄒᆞ싱각ᄒᆞ기ᄅᆞᆯ만일이법이올흘것ᄀᆞᆺᄒᆞ면이

수가쏙맛ᄌᆞ리라ᄒᆞ고ᄌᆞ셰히회계ᄒᆞ여본즉민초에ᄯᅥ러지ᄂᆞᆫ거시 .053 이되지안코 047

이되ᄂᆞᆫ지라뉴텬은산학에대단히능ᄒᆞᆫ사름이라더가다시여러번회계ᄒᆞ여보앗스나이

러케어그러지ᄂᆞᆫ거슬보고그법이그른줄알고미우셥셥ᄒᆞ녁엿다가그후이십년후에무

숨일노ᄂᆞᆫ던에가슬ᄯᅢ에엇던텬문ᄉᆞ가ᄯᅡ희경을ᄌᆞ셰히회계ᄒᆞ야새로경의수ᄅᆞᆯ엇엇ᄂᆞᆫ

되ᄯᅡ희경이칠쳔구빅이십륙영리된다ᄒᆞᄂᆞᆫ말ᄂᆞᆯ뉴텬이싱각ᄒᆞ기ᄅᆞᆯ이젼에ᄂᆞᆫᄯᅡ희경이륙

쳔팔빅칠십영리된다ᄒᆞ고회계ᄒᆞ고로맛지아니ᄒᆞᆫ가보다ᄒᆞ고즉시도라와다

시ᄯᅡ희새경을가지고반경을엇어회계ᄒᆞ여보니어그러지ᄂᆞᆫ것업시쏙합ᄒᆞᄂᆞᆫ지라그러

뎨 일 쟝

나깃부게 보라는 ᄆᆞᆷ이 박졀ᄒᆞ야 급히 맛ᄎᆞ려ᄒᆞ니 두 손이 셜니고 심신이 황홀ᄒᆞ야 계산

홀수업셔 그 쳔고의 게 부탁ᄒᆞ야 맛초왓ᄂᆞ니라 그후에 뉴텬이 ᄯᅩ엇은 수룰 가지고 힝셩들

을 계산ᄒᆞ야 그 궤도의 엇더ᄒᆞᆫ거술 알고져ᄒᆞ며 ᄂᆞ죵에 다시히 가 모든 힝셩을 ᄉᆞ러 당긔ᄂᆞᆫ

줄 알고 각각 멀며 갓가온거술 분별ᄒᆞ야 셥력의 법측을 ᄆᆞᆫ드러 셰샹에 젼파ᄒᆞ엿ᄂᆞ니라

삼뇨는   셥력의 법측이라

법측은 모든 물건이 셔로 잡아다리ᄂᆞᆫ힘이 잇스니 그 힘은 질노 더브러ᄂᆞᆫ졍비례가 되고 ᄯᅩ

ᄒᆞ상 거의 승방으로 더브러ᄂᆞᆫ반 비례가 되ᄂᆞ니라

이 셥력은 대단히 오묘ᄒᆞᆫ 거시니 엇더케 그러케 되ᄂᆞᆫ 거순 안다 홀 수 업스나 그러케 되ᄂᆞᆫ줄

은 알 수 잇스니 비유로 말ᄒᆞ면 내 ᄆᆞᆷ에셔 식히ᄂᆞᆫ 뒤로 힘이 잇셔 운동ᄒᆞᆫ 것ᄀᆞᆺ치 하ᄂᆞᆫ 님

쎄셔 작뎡ᄒᆞ신 ᄯᅳᆺ 뒤로 모든 만물이 다 이 법측 뒤로 힘줄이 잇ᄂᆞᆫ 것ᄀᆞᆺ 서로 잡아 당긔ᄂᆞᆫ힘

을 주어셔 뒤 숭숭ᄒᆞ지 아니ᄒᆞ고 묘ᄒᆞ게 운동케ᄒᆞ엿ᄂᆞᆫ니라

뎨 이 쟝은   텬공을의 론홈이라

우리가 텬공을 보매 실노 한량이 업고 가을ᄒᆞ야 혜아릴수 업스며 쳐다보면 무수훈 형샹이 반ᄯᅩ

반ᄯᅩ 빗최이ᄂᆞᆫ거술 보니 만일 그 위 초롤 뎡ᄒᆞ랴면 바롬을 잡고 그림 ᄌᆞᆺ잡ᄂᆞᆫ 것ᄀᆞᆺᄒᆞ여 ᄆᆞ

옴만어 즈럽게ᄒᆞ니 그런고로 텬문ᄉᆞ들이 훈법측을 뎡ᄒᆞ고 그 수룰 버프러 비호ᄂᆞᆫ쟈 로 하

여 곰잡을거시잇셔 그거슬의지호야써게호엿느니라

일단은 텬구 (天球)라

텬구란거손쳐다보이는하늘이맛치업허노흔가마모양굿흔고로일홈을텬구라호느니

라그러나텬구롤온젼히다보지눈못호고졀반만보이느니라그리치롤알고져호면몬져

두가지요긴흔거슬알거시니첫재눈가령디구두곳에셔두줄을길게느려평힝으로쥼텬

에놉히올녀보내면그두줄이흔듸붓허합호지아니호엿스나그러나사롬이아래셔셔다

보기에눈셔로합호야호나된거스로보이눈지라가령멀기가일이만리되눈듸도눈으로

능히물건의춤실샹을보지못호든하믈며멀고먼하늘에잇눈거시야더옥눈으로분

별홀수잇스리오이리치롤솟차밀우워보면디구가령공에띄호여셔눈불과넓은바다의

흔조알이라○둘재눈디구의직경이팔쳔영리로되텬공을혜아리눈티극히젭어셔쥭

히쓰지못홍리니가령디구의궤도로말홍면일억팔쳔뉵빅만영리나되나두솟히줄호나

식믜고평힝으로놉히텬공에올녀보낼것굿흐면두줄이흔듸합흔것굿흐리니싸히궤도

어느곳에잇슬때던지디구상아모듸셔나모든힝셩을쳐다보면그방위가거반흔모양으

로보이느니라턴문가에셔턴공을흔근구슬과굿치보느니우희눈갹등별이버려싸홀흔

가온티두고돌나싸스되다만사롬이나졔별을보지못홍는거손히빗치모든별빗보다볽

메이쟝

二十三

음이라만일뎨일됴흔텬문경으로보면나쳬라도별을넉넉히볼수잇스니그런고로텬문

가에셔는나쳬라도밤과굿치아모별을다보느니라그러나다만사름의보는거슨텬구의

졀반만보느니라사름이거흐는짜흔텬구흔가온듸잇는듯흐야다만오목흔면만보이는

줄알지라

데이쟝

이단은 텬구혜아리는세가지법이라

텬문가에셔하늘혜아리는법이세가지잇스니다텬구오목흔면에셔그
려동그림이롤일운것굿흔듸첫재는디평계이오둘재는겨도이오셋재
는황도라쏘이세가지법에달닌것네가지가잇스니첫재는졍권이오둘
재는초권이오셋재는뎜이오넷재는도수니라

일도눈　　디평계법이라　　사름셋눈곳을근본

일츙은　　졍권(正圈)이라　삼아혜아리느니라

첫재는졍권이니텬디평의큰권인듸진디평이라흐느니그면이디심으로말믜암아지내

며텬구를평분흐야둘이되게흐니흔텬디평계우희잇는거신듸보이지안는하늘이라쏘사름의눈으로보는듸게눈시디평과

나은텬디평계아래잇는거신듸보이지안는하늘이오

평이라흐느니눈혀겨은권인듸그디계가텬디셔로다은듯흔곳에잇느니라시디평과

二十四

진디평두권의평면은셔로평횡되여그샹거ᄂᆞᆫ디구의반경이니라디면우희어ᄃᆡ셔던지두곳에셔디평이곳지아니ᄒᆞ되디구량면졍ᄃᆡ혼곳에셔ᄂᆞᆫ진디평이곳이ᄯᅡ헤셔샹거가멀지라도만일두디평의샹거가디구의온젼혼경이라진디평과시디평이곳에두줄을ᄂᆞ려평횡으로뎐구셕지을녀보낼것ᄀᆞᄐᆞ면셔로합ᄒᆞ여ᄒᆞ나된모양으로보일거시라

이츙은츳권 (次圈) 이라

둘재ᄂᆞᆫ츳권이니묘유권 (卯酉圈) 과죠오권 (子午圈) 인ᄃᆡ묘유권은슈권 (竪圈) 이니디평동셔이뎜을지내가고죠오권도ᄯᅩ혼슈권인ᄃᆡ디평남북이뎜을지내ᄂᆞ니다디평의두극을지내ᄂᆞ니라 (뎐하ᄂᆞᆫ뎡뎐뎌라모곳에) 을지내가니디평계의샹거가구십도라아모곳에셔던지보ᄂᆞᆫ사ᄅᆞᆷ의텬뎡에십ᄌᆞ모양으로졍각되게지내ᄂᆞ니라

삼츙은 뎜 (點) 이라

셋재ᄂᆞᆫ뎜이니곳텬뎡 (天頂) 텬뎌 (天底) 와동셔남북네뎜이라텬뎡은머리우흐로곳추놉흔ᄃᆡ롤ᄀᆞ르침이오텬뎌ᄂᆞᆫ아래로곳추ᄂᆞ즌ᄃᆡ롤ᄀᆞ르친거시니이두뎜이아래우희마조ᄯᅴ우고디평의두극이되ᄂᆞ긔로좃차지냄이라디평계의동셔남북네뎜은사ᄅᆞᆷ마다아ᄂᆞᆫ거시니ᄌᆞ셔히의론치안노라

뎨이쟝

二十五

뎨이쟝

스ᄎ은 도수(度數)라

볏재ᄂᆞᆫ도수ᄂᆞ니분도의수가녜가지인ᄃᆡ쳣재ᄂᆞᆫ디평경도(地平經度) 이오둘재ᄂᆞᆫ여도

(餘度) 이오셋재ᄂᆞᆫ고도(高度) 이오넷재ᄂᆞᆫ거텬뎡도(距天頂度) 라○디평경도ᄂᆞᆫ곳오

션으로혜아리ᄃᆡ남녁에셔시작ᄒᆞ야디평권을좃차혹동편으로나혹셔편으로나아모별

을지내ᄂᆞᆫ슈권선지가ᄂᆞᆫ슈권이 의샹거도 디평권에셔브터혜아려아모별을지내ᄂᆞᆫ슈권을좃차우

○여도ᄂᆞᆫ아모별을지내ᄂᆞᆫ슈권에셔브터혜아려디평권을좃차혹동편이나셔편으로묘

유권에ᄂᆞ르ᄂᆞᆫ샹거라○고도ᄂᆞᆫ디평권에셔브터혜아려아모별지내ᄂᆞᆫ슈권을좃차아

희로텬뎡을향ᄒᆞ야아모별자리에ᄂᆞ르ᄂᆞᆫ샹거니그도수ᄯᅩ호구십에셔지내지못ᄒᆞᄂᆞ

니라○거텬뎡도ᄂᆞᆫ고도ᄂᆞ의놉ᄂᆞᆫ도니텬뎡으로브터혜아려아모별지내ᄂᆞᆫ슈권을좃차

모별자리선지ᄂᆞ르ᄂᆞᆫ샹거라○이우희디평법은텬문가에셔쟝환(墻環) 과즈오의(子

午儀) 두긔계로텬샹을보ᄂᆞᆫ티흥샹쓰ᄂᆞ니라뎨스도룰보면뎡은텬뎡이오더ᄂᆞᆫ텬뎌이

오북남은젹도의츅이오뎡뎌ᄂᆞᆫ디평계의츅이오병을갑병은진디평계이오무ᄂᆞᆫ아모별

이오뎡무ᄅᆞᆯ뎌뎡은그별을지내ᄂᆞᆫ슈권이오병뎡갑뎌병은곳오션이오갑을은그별의디

평경도이오을무ᄅᆞᆯ무ᄂᆞᆫ그별의고도이오뎡무ᄂᆞᆫ그별의거텬뎡도라

이뇨ᄂᆞᆫ 젹도(赤道) 의법이라

일ᄎ은 졍권이라

二十六

뎨 ㅅ 도

첫재는뎡권이니뎐격도인뒤격도의면을널니펴셔뎐구서로맛나는곳에니르는샹거가
텬격도니라무론디면어느곳에셔던지그뎐뎡에셔뎐극에니르는도수와곳흐니라
라이룰거슨형학리치로그곳에셔뎐뎡에눈도수와곳흐니라

위도눈거긔셔적도룰알고시뎐적도눈가거긔가뎐뎡에셔마난놉혼도에가눈도수와곳흐니라그셔고로곳아모적위모적

이층은 초권이라

둘재는초권이니곳시션(時線)과혹이은라적경
위권(赤緯圈)인듸시션가온듸이분경권(二分經
권(二至經圈)이잇느니라○시션이란거슨뎐격도룰삼
빅륙십도에눈호와시로회계호혼즉스물네시와쫙합호야
믹시에열다섯도식되눈고로열다섯도가셔경션을호
식그러일홈을시션이라호느디면의경션을넓게펴셔뎐
구션지나르게호눈것과다룸이업느니라쏘이스물네시
구션지나르게호

뎨이쟝

션밧긔아모별이지내눈경션을그별의시션이라호느니라○이분경권은뎐격도룰지나
눈춘츄두분뎜의권이라○이지경권은뎐격도룰지나하두지뎜의권이라○젹위권
은뎐구의젹은권인뒤뎐격도와평힝된거시니싸에위션을넓게펴셔뎐구션지나르게호
눈리치와곳흐니라

뎨 이 쟝

삼충은　뎜이라

셋재는뎜이니하ᄂᆞᆯ의두극뎜과츈츄두분뎜이라○두극뎜은디츅의샷흘ᄯᅳ러길게ᄒᆞ야텬구와서로맛나ᄂᆞᆫ곳선지니른디니이ᄂᆞᆫ텬북극과텬남극이라하ᄂᆞᆯ의북극은뷔이고별이업스되오직혼별이그작뎡혼곳에갓가히잇ᄂᆞᆫ고로일홈을북극셩이라ᄒᆞᄂᆞ니라그런북극의방향을게산홀것곳ᄒᆞ면아모곳이던지다남이되고북극외에아모곳에셔던지북극을향ᄒᆞ여보면다북으로보이ᄂᆞ니라○츈츄두분뎜은텬젹도와황도

니ᄂᆞᆫ길이라디구공부록삼충
말슴을보면주셰히알거시로라

황도에ᄂᆞᆫ공셔에히셔도보기황도에ᄂᆞᆫ텬공에히셔ᄃᆞᆫ보

가서로사괴이ᄂᆞᆫ두뎜이니라

소충은　도수라

넷재는도수니흥나은젹경도이오흥나은거북극도니라○젹경도ᄂᆞᆫ츈분뎜으로브터혜아려동을향ᄒᆞ야젹도룰좃차아모별을지버ᄂᆞᆫ경션선지니르ᄂᆞᆫ샹거라젹경도ᄂᆞᆫᄯᅡ의경도와리치ᄂᆞᆫ거반곳ᄒᆞ나다만ᄯᅡ의경도ᄂᆞᆫ일빅팔십도선지ᄂᆞᆫᄃᆞᆼ으로향ᄒᆞ야셔도혜아리고셔로향ᄒᆞ야셔도혜아리되하ᄂᆞᆯ에젹경도ᄂᆞᆫ삼빅륙십도선지ᄃᆞᆼ편으로만향ᄒᆞ야혜아리ᄂᆞ니라ᄯᅡ의경도ᄂᆞᆫ영국셔울논던시린웨치관셩디에서브터시작ᄒᆞ야혜아리ᄂᆞᆫ것곳치하ᄂᆞᆯ젹도ᄂᆞᆫ츈분뎜을지내ᄂᆞᆫ시션에셔시작ᄒᆞ야혜아리ᄂᆞ니라○젹위도ᄂᆞᆫ젹도로브터혜아려시션을좃차북편으로나남편으로나아모별잇ᄂᆞᆫ디선지가ᄂᆞᆫ샹거가그별의젹위도니ᄂᆞ니면의위도리치와곳ᄒᆞ나라○거북극도ᄂᆞᆫ북극뎜으로브

터혜아려 또혼 시션을 좃차아 모곳에 가는 샹거가 그곳의 거북극도니라 이거북극도의 도

수는 일빅팔십에서지 내지 못ᄒᆞᄂᆞ니라 〇 이우희 졔 도법은 텬문가에셔 항샹 쓰는 거시니

졔도의 (赤道儀) 일홈이라ᄒᆞᆫ 원경의훈 와 항셩표 (恒星表) 란 든 긔계로 더옥 만히 쓰ᄂᆞ니라 항셩좃차

삼묘는 황도 (黃道) 의법이라

일흠은 졍권이라

첫재는 졍권이니 황도라 황도는 ᄯᅡ에셔 눈으로 보기에 히 둔니는 길이니 졔도와 서로 사괴
이는 각이 이십삼도반이라 십칠분초팔가되ᄂᆞ니라 분명히 말ᄒᆞ면 이십삼도라 디구의 졔도가 그 궤도로 빗그러지
게 사괴인 수와 굿ᄒᆞ니 일홈을 젹황각이라ᄒᆞᄂᆞ니라 ᄯᅩ 혼 졔도와 디평계가 서로 사괴인 각
은 미시에 다르니 츈분뎜에 잇고 츄분뎜에 잇슬ᄯᅢ에ᄂᆞ 그 각이 ᄀᆞ장크
고 츈분뎜에 동디평계에 잇고 츄분뎜에 잇슬ᄯᅢ에ᄂᆞ 그 각이 ᄀᆞ장젹으니
라 여긔 도에 이장크 십삼도반을 감ᄒᆞ면 이십삼도반에 합혼 것과
을재 긔오 세눈여긔 도에 이십삼도반을 감ᄒᆞ면 이십삼도반에 합혼 것과
에하지동지이곳의 곳주오권읫도반칠십삼되리니 반눈되각이니 ᄀᆞ장눈적이온ᄯᅢ니ᄀᆞ장
눈지지이뎜그곳의조오권에고잇춘고분츄뎜분이이디셔평계읫평에계잇ᄂᆞ
뎜이셔평계에평에계잇ᄂᆞ장눈적이오십도ᄯᅢ에그여적위도도

이층은 초권이라

장크고 츈분뎜에 동디평계에 잇고 츄분뎜에 잇슬ᄯᅢ에ᄂᆞ 그 각이 ᄀᆞ

둘재는 초권이니 황경권 (黃經圈) 과 황위권 (黃緯圈) 이라 〇 황경권은 졔 도법에 졔 경권
들이 남북극에셔 사괴인 것굿치 황도에셔 졍각되 게 사괴인 권들이 황도두극뎜에셔 사

데이쟝

二十九

데이쟝

三十

괴엿느니라○황위권은다졋은권인티황도와평힝되기롤졋위권과텬졀도와평힝되는

것굿흐니라

삼층은　뎜이라

셋재눈뎜이니황도면에두극뎜과츈츄두분뎜과동하두지뎜이라○두극뎜은디구궤도

평면의츅이하눌에셔지통훈곳이니라○두분뎜은텬졀도와황도와셔로사괴인두뎜이

니만일히가북을향ᄒ야텬졀도롤지내눈곳슐츈분뎜이라ᄒ고(일양력삼월이십 히가남을)

향ᄒ야텬졀도롤지내눈곳슐츄분뎜이라ᄒᄂ니라(일양력구월이십 이두분뎜이히가텬졀)

도롤지내눈때니이때눈온세샹에밤과낫의쟝단이굿흐니라○두지뎜은황도가텬졀

에셔뎨일먼두뎜이니라하지뎜은히가텬졀도우희뎨일놉흔티잇눈뎜이오(십일양력일류월이십 이이도)

라하지뎜은히가텬졀도우희뎨일놉흔티잇눈뎜이오(십일양력일쥼이월이)

눈뎜이오(일양력일쥼이월이라) 동지뎜은히가텬졀도아래뎨일눗초잇눈뎜이라(십일양력일쥼이월이)

소츙은　도수라

넷재눈도수니황경도(黃經度)와황위도(黃緯度)니라○황경도눈츈분뎜브터혜아려

황도롤솟차동으로향ᄒ눈거시라○황위도눈황도로브터혜아려황경션(黃經線)을솟

차북으로나남으로나가눈거시라

삼단은황도띄 (黃道帶) 라

황도띄는그모양이떡와ᄀᆞᆺ쳐황도량편에버린거시니좌우편에여듧도식되여셔도할녑
이가열여솟도이라이는텬문가온ᄃᆡ쟝오랜거시니즁국과인도와이굽셔예수쳔수쳔
년에다의론홍엿느니나라이황도띄ᄅᆞᆯ열두단에평균ᄒᆞ게ᄂᆞ호와ᄂᆞᄃᆡ길이가각각삼십도,
이니얼홈을궁이라ᄒᆞ고민궁에각각명목이잇스니쥼국셔는ᄌᆞ(子)츅(丑)인(寅)묘(卯)
진(辰)ᄉᆞ(巳)午(오)未(미)신(申)유(酉)술(戌)ᄒᆡ(亥)라ᄒᆞ고셔국셔넷젹에ᄯᅩᄒᆫ열
두궁의명목을ᄂᆞ호와각각뎡호표가잇스니一은웅양(雄羊)인ᄃᆡ그표는양의쑬잇는거
시오二는금우(金牛)인ᄃᆡ그표는소머리와쑬이오三은쌍ᄌᆞ(雙子)인ᄃᆡ그표는두사롭
이홈ᄭᅦ션거시오四(사)는거ᄒᆔ(巨蟹)인ᄃᆡ그표는게그린거시오五는ᄉᆞᄌᆞ(獅子)인ᄃᆡ그표
는ᄉᆞᄌᆞ그림이오六은실녀(室女)인ᄃᆡ그표는녀인그림이오七은련평(天枰)인ᄃᆡ그표
는련평그림이오八은련갈(天蝎)인ᄃᆡ그표는젼갈그림이오九는인마(人馬)인ᄃᆡ그표
는살되ᄀᆞᆺ흔그림이오十은산양(山羊)인ᄃᆡ그표는산양그림이오十一은보병(寶瓶)인
ᄃᆡ그표는물을ᄂᆞ리는모양이오十二는쌍어(雙魚)니그표는두고기를홀셔믠모양이라

뎨이쟝

一　子　ᄋ　웅양
二　丑　ᄽ　금우

뎨이쟝

三	寅	쌍즈
四	卯	거히
五	辰	스즈
六	巳	실녀
七	午	텬갈
八	未	텬평
九	申	인마
十	酉	산양
士	戌	보병
圡	亥	쌍어

습문

一문○북극셩이보는사름잇는곳에텬디평계에셔멧되그리나놉흐뇨

一문○츈분때에눈희의젹경도가얼마며츄분때에눈희의젹경도가얼마뇨

三문○처음으로원경을가지고하늘형샹을보아셔엇은거시무어시뇨

四문○츈츄두분덤이아모곳즌오션을지닐째에그곳텬디평계보다얼마나놉겟느뇨

五문○목셩은열두희동안에나힐룰호박회도는디가령싸와희의샹거가구쳔삼빅만영리면겝플너의셋재법측뒤로계산홍면녹셩이히에셔샹거가얼마나되겟느뇨

六문○북경의위도가삼십구도오십수푼록초인디가령히가뎐젹도에잇셔즛오권을지닐째에눈그곳의텬디평계보다얼마나놉겟느뇨

七문○아모곳에여위도가무엇시뇨

八문○그딕잇눈곳에텬뎡의져위도가얼마나되느뇨

九문○나졔눈무슴셩둑에별이잘보이지안느뇨

十문○황도눈웨황도라호느뇨

十一문○뎨일몬져싸이둥그럽다강론호쟈가누구뇨

十二문○셩슐이무엇시뇨

十三문○홍셩과힝셩을엇더케분간호엿느뇨

十四문○사름이달너미의말을멧히동안이나밋엇느뇨

十五문○고베니거쓰의말아지금말홍눈것과굿지아닌것무어시뇨

十六문○셸닐너오눈텬문학에무슴유익호게호거시잇스며뉴턴은텬문학에무슴유익호게호거시잇느뇨

뎨 이 쟝

뎨이쟝

十七문○황도가젹도와빗겨사괴인졀황각이멋듸그리뇨

十八문○텬뎡이무어시며던뎌가무어시며디평경도가무어시며고도가무어시며황도가무어시며동하이지뎜이무어시며춘츄이분뎜이무어시며거북극도가무어시며황도가무어시며이지경권이무어시며동하이지뎜이무어시며텬뎡도가무어시며황도디가무어시며

十九문○가령히의젹경도가팔십도이면황도어느궁에잇스며히의젹경도가이빅팔십도이면황도어느궁에잇스며히의젹경도가이빅팔십도이면황도어느궁에잇겟느뇨

二十문○황도가던디평과사괴인각이웨훙샹변훙여옴기느뇨

二十一문○텬젹도와던디평의사괴인각이웨변홈이업느뇨

二十二문○만일히가즈오권을지낼때에고도가륙십팔도이오히의젹위도가북으로스물혼도이면그보논곳의위도가얼마나되겟느뇨

二十三문○히가젹위도롤지낸단말은무슴말이뇨

二十四문○믹년에히가젹위도롤멋번이나지내며쏘지낼때에그방향이훈길굿흐뇨각각다르뇨

二十五문○만일히의젹경도논아흔도이면젹위도논얼마나되겟느뇨

二十六문○황도듸궁의일홈은무어시뇨

二十七문○그궁의표가모양이각각엇더ㅎ뇨

三十四

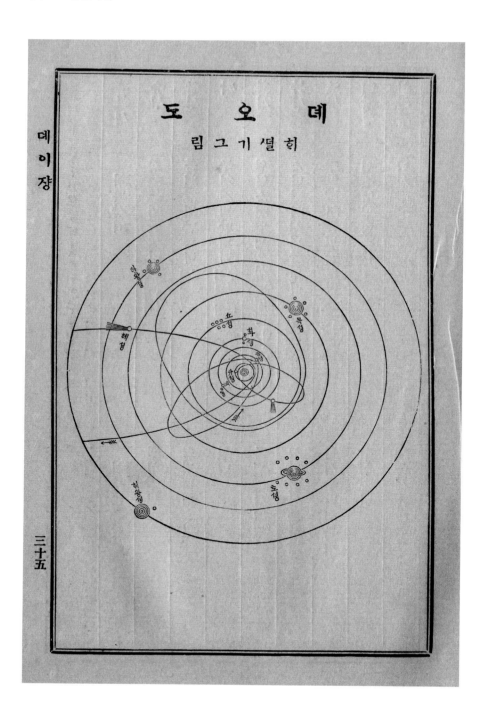

데이쟝

데오도에달닌말이라

三十六

형성	허와샹거	허도눈동안
슈성	삼쳔륙빅만영리 일억팔빅이만리	팔십팔일
금성	륙쳔칠빅만영리 억일빅만리	이빅이십오일
싸	구쳔삼빅만영리 구빅만리	일년
화셩	일억ᄉ쳔일빅오십만영리 이억ᄉ쳔빅오십만리	룩빅팔십칠일
목셩	ᄉ억팔쳔삼빅만영리 십ᄉ억ᄉ쳔만리	십일년십분지팔
토셩	팔억팔쳔륙빅만영리 이십륙억오쳔팔빅만리	이십구년십분지오
텬왕셩	십팔억영리 오십ᄉ억리	팔십ᄉ년
허왕셩	이십팔억영리 팔십ᄉ억리	빅룩십ᄉ년십분지팔

텬문략히이권

이권 희별기를의 론홈이라

디면에셔모든별들을쳐다보고혜아리면때로힝동ㅎ는거시잇스니다만현져히보이
는히와돌샨아니오쏘혼모든힝셩이잇셔텬공에운힝ㅎ는디다히에쇽ㅎ고텬공에굿치
모헌고로히셜기라ㅎㄴ니라히에쇽혼모든별들을밀우워보면몃쇼셩밧긔는다황디안
희버럿스니아럼으로히셜기에모든별들을쳐례되로이아래긔록ㅎ노라

一은히니히셜기ㅎ가온디잇ㄴ니라

二는대힝셩이니슈셩금셩싸화셩목셩토셩텬왕셩히왕셩여듧별이니라

三은쇼힝셩이니그수는덩ㅎ기어려우나지금임의차자엇은거시스빅오십여별이니
라

四는돌들이니지금혜아려아는거순도합이스물이넘ㄴ니라

五는류셩과비셩이라

六은혜셩이니그수가만흐나히셜기에쇽흔줄분명히알거슨열셋신디그궤도는다힝
셩과굿치라권이니때룰좃차히갓가히드러오ㄴ니라

예이쟝

七은황도광 (黃道光) 이니라

히썰기의형셰라

○히썰기의형셰롤알고져ᄒᆞ면믁믁히그잇ᄂᆞᆫ곳을싱각ᄒᆞ야 그가무슴물건을의지ᄒᆞᆫ것업시공즁에달닌줄알거시라그러나그가온티뉴턴이처음으 로알아낸셥력리치가잇스니대개아모물건이던지셥력업ᄂᆞᆫ거시셥력으로말ᄒᆞ 면모든ᄒᆡᆼ셩들이서로ᄲᅡ라당긔여물너가지도안코나아가지도안ᄂᆞᆫ고로능히이곳치되 ᄂᆞ니라ᄒᆡᆼ셩은가온티잇셔셔본테가극히크니그셥력이모든ᄒᆡᆼ셩보다대단히만ᄒᆞᆫ고로여 러별노ᄒᆞ여곰히롤에워공즁에운젼ᄒᆞ게ᄒᆞ기롤맛치군즁에쟝슈와ᄀᆞ치ᄒᆞ고모든ᄒᆡᆼ셩 은각각그쵹을의지ᄒᆞ야ᄯᅩ그타권의궤도롤좃차ᄒᆡᆼ셩롤에워도라가며ᄯᅩᄒᆞᆫᄒᆡᆼ셩 에돌이잇셔각각그ᄒᆡᆼ셩을에워도라가면셔ᄯᅩᄒᆡᆼ롤에웨도라가며그밧긔ᄂᆞᆫ혜셩이잇스 니ᄒᆡᆼ셩의궤도롤속속히지내는티그도라오ᄂᆞᆫ거슨때롤뎡ᄒᆞ기어렵고그곳을뎡ᄒᆞ기어 러우니ᄆᆞ음으로능히혜아릴수업스며ᄯᅩᄒᆞᆫ류셩이잇셔뎐공에임의티로나라단니매그 속솔히사름의ᄯᅳᆺ밧긔나고ᄯᅩᄒᆞᆫᄎᆞ데가업ᄂᆞᆫ것ᄀᆞᆺᄒᆞᆫ지라이거슬보면혹붓으치고ᄯᅥ러질 념려가잇슬듯ᄒᆞ나그러나그ᄒᆡᆼ동ᄒᆞᆫ시각이다뎡ᄒᆞᆫ법이잇셔사름이지은졍묘ᄒᆞᆫ시계 보다더옥긔모ᄒᆞᆫ법측이잇ᄂᆞ니라

데일쟝은 히룰의 론홈이라 <small>히포눈◉이모양이라</small>
일단은 히와짜의 샹거라

히가짜에셔평균샹거가구쳔삼빅만영리오이억칠쳔만리구빅만리짜의궤도가라권인티히가그두 즁심즁에호즁심에잇눈고로짜이원일뎜에잇슬째에히의샹거가근일뎜에잇슬째에히 의샹거보다삼빅만영리가더머니라이거슬보면하놀의광활홈은실노사롭의지식으로 쎄드롤수업눈줄알겟도다우리가뎐공즁에버린별들의위츳롤알랴면너무멀어셔알기 어렵고고긔이흐게녁일수밧긔업눈지라가령뎐구혜아려보눈첫수롤가지고말홀지라도 히와짜의샹거가구쳔삼빅만영리가되눈티사롭이입으로그수롤외이고붓스로그수롤 긔록홀수잇스되ㅁ음으로혜아리기눈어려우니라그러나비유로말홍야대강쎄듯게홀 수잇스니가령소래롤히에셔싸에오게홀것곳호면십스년만에야싸에오겟고쏘화륜거 룰로고짜에셔써나셔밤낫멋추지안코미시에삼십영리식갈곳호면삼빅오십이년에 야히에갈터인티처음써난사롬도늙어죽고그아돌파손즈도늙어죽고열흔티손즈 만에야히에밋처갈터이니그손즈가짜에처음써난일을알랴면우리가녯젹스귀보눈것 곳겟다ᄒ느니라쏘갓난어린ᄋ히가짜에셔그팔을펴셔히에보낼수잇슬것곳호면그손

뎨일쟝

예 일 쟝

은극히쓰거울지라도너무면고로졉어져브터셩인되여늙어죽기젼에는그쓰거운거슬
써듯지못헝리라이몃가지비유룰보면히가싸에셔먼거슬써드롭수잇느니라그러나텬
문가에셔는이구쳔삼빅만영리룰혼자굿치써셔하늘을혜아려상거룰회계허는딕이수
로뎡혼솔을삼아아모디셔아모디가눈상거눈히와싸의평균상거의반케경도의몃비라허니
이굿치흔즉말은간단허고쯧슨즈셰허야쓰기에대단히편리허니라

이단은 히의빗치라

히빗체대쇼물사름의흥샹쓰는촉불빗츠로비교허면촉불류쳔기룰흔곳에켜놋코흔자
동안되는딕셔보여야야몱은날에히빗만치붉고쏘돌빗츠로비교허면보름돌눅십만을합허
야흔곳에빗최개허여야그빗치몱은날에히빗만치붉으니

빗던문가에셔말허기룰히가남
치니만일다른별에셔보아면납
지아라그빗노보이딕직허녀셩빗보다더옥가루온케보이촌엇겟다허나빗나굿고소면변조리눈검샹푸고허면납
여보가면납그빗노보이딕직허녀셩빗보다더옥가루온케보이촌엇겟다허나빗나굿고소면변조리눈검샹푸고허면납

삼단은 히의열거라

쉬말운허고면로밧사거룰써이운히공빗거치붉능허히것만보고빗고푸출막거소되보지못흔소허느니라

희의열긔눈포로혜아리지못허나수로혜아려알수잇스니비유로말허건딕가령이빅자

四十

두터온어름이온디구밧긔둘녜슬것ᄀᆞᆺ흐면싸에셔일년동안에밧눈히의열긔가쥭히고

어름을눅눈것업시녹일수잇ᄂᆞ니라히가비록이ᄀᆞᆺ치더우나싸에셔밧눈열긔가

ᄶᅥ난열긔와비교ᄒᆞ면불과수만륙쳔분지일이되ᄂᆞ니이샨아니라히의열긔가만방으로

허여지ᄂᆞᆫ거시잇스니싸흐로나간히의열긔가만방으로나간히의열긔의이십이억분지

일이되ᄂᆞ니라ᄯᅩ흔셕탄으로히면을둘녀싸딕목쳑으로빗쳬더운거시셕탄불을의지ᄒᆞ야날것

ᄀᆞᆺ흐면만일셕탄으로히면을둘녀싸딕목쳑으로되엿슬것ᄀᆞᆺ흐면오쳔년이지내지못ᄒᆞ야온히

지가될거시오만일히의톄질이셕탄으로되엿슬것ᄀᆞᆺ흐면오쳔년이지내지못ᄒᆞ야온히

가눕눈것업시지리라넷젹텬문허실요한이일즉흔비유롤베프러말ᄒᆞᆷ기롤가령

어룸기둥흔긔가잇눈딕그경이일빅삼십오리오길이가륙십만리되눈거슬히면에세울

것ᄀᆞᆺ흐면흔초동안에다녹으리라ᄒᆞ엿스니이두어가지말만볼지라도히의열긔가극히

밍렬ᄒᆞᆷ줄을죡히알지라

ᄉᆞ단은 히의시톄 (視體)라

사름의눈으로히롤보면그경의길이가반도좀눕으니

일빅셜흔닐곱히면을줄노니여노흘것ᄀᆞᆺ흐면텬구의반환과ᄀᆞᆺ게되리라그러나우리가

보눈히면의대쇼가흥샹ᄀᆞᆺ지아니ᄒᆞ야겨울에눈히가녀룸보다삼빅영리갓가히잇눈고

실수눈삼십이분이수로회계ᄒᆞ면
초좀되ᄂᆞ니라

뎨일쟝

四十一

데 일 쟝

룩십칠만치보이고동지에는일쳔삼십수만치보일거시라
로녀름보다크게보이느니라만일히면에평균수가쳔만치보일것것흐면하지에는구빅

오단은 히의진톄 (眞體)라

도 룩 데

둘ㅇ ㅇ셔

도궤의돌

히의직경은팔십룩만오쳔수빅영리라만
일그대쇼물알고져ᄒ면멋가지비유로싱
각ᄒᄌ즉알지니가령디면에잇는산즁에뎨
일놉흔희마리아산은놉기가십오리즘되
눈디만일히면에산이잇슬것것흐면놉기
가일쳔팔빅리되여야그대쇼가맛즐거시
오또흔히가가령흔큰빅셥흘이되여셔디
구롤그즁심에두고디구에셔밧글향ᄒ야
히의외면ᄭᆞ지가기가얼마나먼거슬혜아
려볼것것흐면돌이ᄉᆞ흘두루는궤도롭지
내셔도이십만영리롤다가셔야히의외면
이될거시니이눈ᄉᆞ헤셔돌에가눈샹거의

四十二

곱졀이거반되ᄂᆞ니라 륙도롤보면알거시라 ○ 만일히의톄쳐을ᄡᅡ 희톄쳐과비교ᄒᆞ면일

빅삼십만비즘크니ᄡᅡ 일빅삼십만을합ᄒᆞ여셔ᄒᆞ룰만ᄃᆞ러야 히와굿ᄒᆞ니라만일히의

톄질노말ᄒᆞ면모든힘셩과여러들ᄲᅵᆯ지다ㆍ모와ᄒᆞ나을문드러비교ᄒᆞ여도히가칠빅오십

비가만ᄒᆞ며만일ᄡᅡ와비교ᄒᆞ면삼십삼만비가만ᄒᆞᆫ지라 톄질은ᄡᅡ보다셥기나라히의경즁

은셔국던수로이훈던은영국근수로ᄂᆞᆫ일쳔구빅팔십굿秤던이니 히의톄젹은비록그나라히산억이만이오만억이됴요만가만

보면히의톄가큰고로큰힘을ᄂᆡ여셔능히ᄡᅡ와히에붓흔힝셩들을운동케ᄒᆞ고능히그자 이법에ᄂᆞᆫ십쳔이만이오만억이됴요만

리롤ᄡᅥ나지안케문득신대쥬져하ᄂᆞ님의능력을알겟도다 ○ 히의밀솔을물과비교ᄒᆞ

물보다ᄒᆞ나십분지ᄉᆞ가촘촘고ᄡᅡ희밀솔과비교ᄒᆞ면불과ᄉᆞ분지일이되ᄂᆞ니라

의경즁은그뎨의대쇼ᄃᆡ안코모ᄒᆞᆫ미뎜이셥기고촘촘ᄒᆞᄃᆡ로되교ᄒᆞᆫ방자되눈나무의다숫방치되눈금울비교ᄒᆞ면

질무거우니나셔진부의질이뎜이니라금운방자되교ᄒᆞᆫ면금이나대무쇼와물과분건모면

그런고로무숨물건을ᄡᅡ헤셔브터히에옴길것곳ᄒᆞ면그경

즁은만히더커지되히의대쇼ᄃᆡ로커지지안ᄂᆞ니라가령ᄒᆞᆫ사룸이ᄡᅡ에셔일빅오십

근즁되눈ᄃᆡ그사룸을옴겨히젹도에둘것곳ᄒᆞ면즁수가두던이될거시니팔십근ᄉᆞ빅오십

케되면힝동ᄒᆞ지못ᄒᆞ고즉시셥력의게셜니워죽을거시오ᄯᅩ훈ᄡᅡ젹도에셔들을더지면 그러

첫초에열여솟자훈치ᄯᅥ러지눈ᄃᆡ그돌을히젹도에셔ᄯᅥ러칠것곳ᄒᆞ면첫초에

녁자나ᄯᅥ러지리라 ᄒᆞ엿던던문사가이거슬보고두어발자최에셔여가지못ᄒᆞ겟다ᄒᆞᄂᆞᆯ것라 ᄒᆞ면던란알이멀니갈수업고셩각ᄒᆞ기롤만일히것

데 칠 도

룩단은 히의흑반이라

데일장

四十四

히면을보랴면아츰과저녁두때에눈으로볼수잇
고만일열두시즘보랴면빗잇는류리로혹네스쿠물류
에내롤그려서도쓰노니만일그히를ᄀ리우고볼
러치아니ᄒᆞ려면눈이샹ᄒᆞ느니라
지라도히면이뭇고둥군것만보이고검은자최눈
보이지안으되만일힘젹은원경으로보면원경히
경도눈
타나는거슬볼수잇스되형상이여러가지모양으
로보이느니닐곱재그림과굿흐니라○히면에흑
반이눈거슬예수후팔빅칠년에야비로소보고히
면에검웃검웃호덤이잇눈줄알앗스나조셰히눈

보지못ᄒᆞ엿더니예수후일쳔륙빅십년에원경이나
로히면을보아혹반을확실히게차잣느니라○흑반의만코겨은거스로말ᄒᆞ면엇던때눈
견면에다업슬때도잇스나그런때눈얼마안되느니엇던문ᄉᆞ가십년동안에일쳔구빅
여든두날을원경으로히면을보눈듸검웃호덤을보지못호날이삼빅닐흔두날뿐이라ᄯᅩ

혼엇던때는그반이이빅이나눔느니라그위초가거반히면젹도두겻희잇셔두되룰일우엇

스니그두티가다갓가온티눈겨도에셔다솟도되고면티눈겨도에셔삼십도이라즛셰

히보고혜아리면무리로줄을지은듯ᄒ고그니여달닌긴줄이히의젹도와평힝된듯ᄒ거

시만ᄒ니라

일됴는 반의대쇼라

흑반이ᄯ회젼면보다큰거시만혼티시뢰더란뎐문ᄉ가일즉혼반을계지훙여보앗는티

그경이이만구쳔영리나되고ᄯ허쉴요한이란뎐문ᄉ가혼반을계산ᄒ여보왓는티그경

이오만영리요에수후일쳔팔빅ᄉ십삼년에히면에혼반이나타낫는티경이칠만오쳔영

리라칠일동안은원경을안가지고눈으로능히보앗고예수후일쳔팔빅오십팔년에일식

홀때에혼반이나타나분명히보이는티경이십만팔쳔영리요에수후일쳔팔빅구십이년

양력이월십일에히면에혼반이나타낫는티원경을안가지고눈으로보앗스니혼두조각

이셔로혼거시아니오여러반이셔로모혓는티잇는곳이길이가십ᄉ만영리요졉은경

은십만영리라ᄯ회젼면에비ᄒ면일빅ᄉ십비나더크며그가온티ᄀ장큰거손두

잇스니직경이다ᄉ만이쳔리요외허는넙기가십구만오쳔리라 여암허와외허ᄂ보시오 아래혹 재그림보시오

반이만일ᄒ면에일긔가츙돌홈으로터져틈이된거실것ᄀ호면그틈이엇지큰지그틈에

디구롤던지는거시화산속에돌ᄒ나을더지는것과ᄀ호리라

예 일 쟝

대 팔 도

뎨 일 쟝

이됴눈 반을두단에눈홈이라

혹반의빗치이단이더단보다더옥검은거시잇스니일홈은암허라ᄒᆞ고이단밧그로다가가면셔회식빗치좀잇눈ᄃᆡ눈일홈을외허라ᄒᆞᄂᆞ니라그러나이둘이ᄒᆞᄯᆡ에발ᄒᆞ자안코엇던ᄯᆡ눈다암허가되고외허가업스며엇던ᄯᆡ눈다외허가되고압허가업스니암허가온ᄃᆡ깁히검은곳소즁심이되엿스며또엇던ᄯᆡ에눈반가온ᄃᆡ흰줄이나타나그가온ᄃᆡ로건너가가둘ᄃᆞ리모양과굿치되기도ᄒᆞᄂᆞ니라

삼됴눈 반의힝동이라

혹반이날노그위ᄎᆞᆺ롬옴기되다만훈결굿게옴기지아니ᄒᆞᄂᆞ니처음에눈희면동편에셔보이다가후에눈졈졈셔편으로옴겨셔십ᄉ일만에다시동편에셔보이니그형상이비록조곰변훈거시잇스나ᄌᆞ셰히보면젼에잇던반인줄알거시라

일즁은 혹반이희면을지나갈동안지속과형상이변홈이라

반이더ᄐᆡ가고셜ᄂᆞ가눈거슬보면동편에셔브터셔편으로가눈ᄃᆡ희면훈가온ᄃᆡ석지갈

四十六

데 구 도

동안은날마다졈졈더샐니가고가온듸롤지내셔논졈졈더가가는니라반이처음보일제눈타권모양이되엿다가힝갓가히잇슬졔논그형샹이더옥둥구러워졋다가즁뎜을지내셔눈또훈타권모양으로보이눈듸힝셔편에잇슬때와굿치되엿다가보이지안는니라

이츙은 반의변흠으로힝가즈젼흐눈줄이알음이라혹반이변흐눈리치로말흠면힝가부츅으로즈젼흐눈시되이니이러케강론흐눈거시시학(視學)의리치와합흐눈지라반이힝동편에처음보일졔브터힝면을지내셔편에가셔엽셔졋다가다시동에나타나기신지그동안날수눈이십칠일이오이스물닐곱날동안에

디구가제궤도롤좃차압흐로가스니보눈사롭의위초가변흐고로혹반이두날동안오여야젼과굿치흔직션으로볼터인듸이스물닐곱날에셔두날을감흐여야혹반의혼박회도라간츔슈회롤알수잇느니라○그러나긔이훈것슨나잇스니혹반이겨져도갓가온듸셔눈샐니가고그눔은듸졍에셔눈더듸가눈듸겨

대일쟝

四十七

뎨 일 쟝

도갓가온디경에셔눈스믈다숫날동안에히면을훈박회도라오고겨도와남북극소이훈

졀반되눈곳에셔눈이십팔일동안에히면을훈박회도라오느니라돌고겨도와남북극

니눈거슬보면히가죠뎐눙눈거시분명눙되혹반이젹도에셔눈셜니돌고겨도와남북극

두슈이훈졀반되눈디눈더딕도라가눈거슬보면히가뎡질이아닌고로히의온톄가훈결

굿쳐죠뎐눙지안눈듯눙니라○아홉재그림을보면이리치를알거시니어느날에쌰히디

에잇슬쌔에사롬이혹에잇눈혹반을히의즁심과훈직션되게바로보고그후에스믈닐곱날

후에싸히혜가잇슬쌔에그뎐에혹에셔보앗던혹반이훈박회도라와혹에니르럿다가

반에온거슬젼과굿치히의즁심과훈직션으로볼거시라혹반이혹에셔브터반을지나셔

다시혹에도라오눈거슨진쥬(眞周) 시흥성 라교뎐 니스믈다숫날동안돈닌길이오혹반을

쩌나셔반을지나다시혹에도라왓다가반에간거슨시쥬 시동 니스믈닐곱날동안돈닌

길인딕혹에셔반에갈동안은두날가눈길이라

　　삼츙은　반의힝동눈길이라

혹반의힝동눈길을죠셰히보면직경이아니오엇던쌔에눈굽으러지게북으로향눙고엇

던쌔에눈평힝이되니그연고롤궁구홀면히의츅이황도와빗기사괴인고로반이굽으며

곳은거시굿지아니훈형샹을버느니그빗그러진각은닐곱도십오푼이라뎨십도롤보면

혹반둔니눈길이민월굿지아니훈거슬알수잇느니라

四十八

도　십　대

삼월　　　　　륙월　　　　　구월

스됴눈　반의 뎡흔때라

혹반을샹고호여보면긔이호여알기어려운거시잇스니뎌반이

만히나타나고젹게나타남이십일년십분지일노도수롤삼아때

룰ᄯ라만흥졋다젹어졋다ᄒᆞᄂᆞᆫ것과굿치되ᄂᆞ니라○엇던사룸은반의만코

헛다허여졋다ᄒᆞᄂᆞᆫ것과굿치되ᄂᆞ니라○엇던사룸은반의만코

젹은거시실노히가모든힝셩과샹관된연고라ᄒᆞᄂᆞᆫ이도잇고유

명훈텬문가에셔닐ᄋᆞ되슈셩금셩두별이그근일덤에잇셔히와

갓가히올때에반이만히싱기고목셩은톄가크니ᄯᅩ흑반싱기ᄂᆞᆫ

ᄃᆡ샹관이잇다ᄒᆞ며ᄯᅩ닐ᄋᆞ되두큰힝셩이히와훈직션되엿슬때

에흑반이만코만일금셩목셩두별이샹샹합될때에흑반이금셩

ᄒᆞ나만보일때보다더만히보인다ᄒᆞ되여러텬문가에셔ᄂᆞᆫ그말

을올치안케인지라○엇던사룸은반의만코젹은거시히의흥

풍과샹관되여만흐면풍년지고젹ᄋᆞ면흉년진다ᄒᆞ나그러나이

의론도실노빙거흘거시업ᄂᆞᆫ지라ᄯᅩ텬긔로샹관된다ᄒᆞᄂᆞᆫ쟈잇섯스나ᄯᅩ훈죡히빙거ᄒᆞ

지못흘거시니밋을수업ᄂᆞ니라

뎨 일 챵

오됴눈　반의빗과히의빗츨서로비교흘이라

四十九

대 일 쟝

여러텬문ㅅ가ㅈ셰히술펴보니흑반이우묵ㅎ게싱겨셔암허의깁고엿혼거시혹이쳔영
리로륙쳔영리ㅅ지된다ㅎㄴ니라그빗치비록어두오나붉은빗도좀잇스니히면보다어
두울ㅅ분인듸가령극히붉은뎐긔등을켜셔히록그리우면그등불빗치히빗보다어두운고
로혼검은덤이될거시라만일히면의빗치쳔이될것굿ㅎ면외허의빗촌팔빅이오암허의
빗촌오빅ㅅ십이되ㄴ니라

칠단은 히면의형식이라

힘껴은원경으로히록보면그면의형샹이굴깍티기와굿고묽은날에힘만흔원경으로보
면그형식이대단히다르니극히빗난셰쇼혼쌀알이그우희어즈럽게헤여진것과굿ㅎ며
그러나뎐문가에셔각각말ㅎ기롤히면의형샹이버들닙과굿다고도ㅎ고형샹이셤긴죽
굿다고도ㅎ고초가집쳠하모양굿다고도ㅎㄴ니라또쌀알이촘촘히모혀됴롤일운것굿
혼듸그빗치희니일홈은명됴(明條)라ㅎㄴ니라쌀알이라혼거슨녀러젹은쌀아기가합
ㅎ여셔된거신듸젹은거슬ㄱㄹ침이니사룸이싸헤셔보기에는이젹은쌀아기가심히져
게보이나그실샹을말ㅎ면그즁에극히젹은거시경이빅영리된다ㅎ엿ㄴ니라

팔단은 히의톄질이라

五十

일됴는 젼에 강론흔 말이라

히의톄질과흑반의원인을의론컨디사룸은아눈거시한덩이잇셔분명히안다홀수눈업

스나젼에사룸들은말흥기룰히의안톄눈굿은혹구 (黑球) 이오톄밧긔눈긔운세층이둘

녯스니첫재층은구룸굿치촘촘흥야닉톄룰둘넛눈디일홈은암죠 (暗罩) 라흥느니능히

빗츨반되흥눈거시오둘재층은일홈이광죠 (光罩) 니흰빗긔운이라우희의론흔세층의리치

여긔셔싱기눈디이거슨사룸의눈으로불수잇눈거시오솃재층은명죠 (明罩) 니그긔운

은능히빗츨동홀수잇눈거신디구룸들은공긔와굿흔지라이우희의론흔세층은명

티로싱각흥면흑반싱기눈씨둙은그긔운이요동흥고힘잇게울나감으로셰뎌룰셜녀구

멍이된거시니그가온디빗치보기에검은거슨히의뇌톄인티곳암허이오스면으로도라

가면셔눈촘촘흥긔운이보기에조곰붉은거슨암죠니이눈곳외허라그러나엇던쌔에눈

외허눈보지못흥고흑암흔것만보눈거슨광죠의구멍이암죠의구멍보다져은고로암죠

룰보지못흥매외허가업눈거시오쏘엇던쌔에눈외허만보이고흑암이업스니혹은말흥

기룰암죠가몬져그구멍을닷아히의뇌톄룰그리우고광죠의구멍은그량잇눈고로흑뎜

을보지못흥고외허만잇스면고로말흥면혹안희잇눈긔운이뿔어밧그로흥

돌흥여광죠의긔운을갈으면흥충밧긔운이됴룰일우워구멍소면변자리에충충히써우

느니라이거슬보면히가본쵸으로굿견흥눈줄알기쉬온지라반이쳐음보일제눈빗겨보

뎨일쟝

데 일 쟝

이는고로암허는보지못ᄒ고와허만보이다가히가굴너옴긴후에졈졈곳게되ᄒ는고로
그ᄯᅢ에눈암허와외허롤다보다가후에다시옴겨히뎌편에잇슬ᄯᅢ에눈다시외허만보이
ᄂ니라

이됴눈 지금강론ᄒ눈말이라

지금사름의강힝눈리치눈다분광경을가지고혜아려즁험ᄒᆼ야낫낫치솔펴내엿눈디
아직그알아낸거술온젼ᄒ게되엿다말ᄒᆯ수업눈거손ᄒᆼ샹새리롤엇어버여젼에ᄒᆼ던
말을곳침이라그러나오직분명히알수잇눈거순히눈긔운으로된극히원질은우리가이
것츠로도라가면셔눈여러금류가녹아셔된긔운이둘녓눈디그가온디원질은우리가이
젼에브터임의아눈쇠가잇스니동과텰ᄀᆺ흔거시라○이즈음뎐문가에셔히롤혜아려
츙에눈호왓스니첫재눈뇌톄(內體)인디혹긔질노된거시오압력이너심히만흔고로그뎨
히이우충이고또류질이나되지못ᄒ고누수나라둘재눈광죠(光罩)인디둣터이가수쳔영리니이눈곳
사름의눈으로보긔에눈히의톄ᄀᆺ치보이눈거시오셋재눈셕죠(色罩)인디극히광명ᄒ
야여러가지괴운으로일운거시나그즁경긔가ᄀᆞ장만흔지라거긔셔빗쳬싹이발ᄒᆼ야빗
거셔지씰으고나오눈디붉은빗쳬만흔지라빗쳬눈속이훈초동안에일빅오십영
리롤힝ᄒ고쏘혼가눈한뎡은십만영리지멀니가눈것도잇눈지라환죠(圜罩)
인디젼일식될째에돌ᄉ면번자리에둘즉빈거술라보눈
니젼일식될째에류판곳하셔가히보암즉빈거시니라보긔에심히붉지눈못ᄒ고흰진쥬빗과

五十二

굿흔빗치소면번자리에넘처게빗최눈되이러케나아가기롤십여만리선지가기도ㅎ눈

니라히가비록여러층이잇스나원경으로나사롬의눈으로샹보눈거슨불과광죠쓰럼

이라그밧괴충은전일식될때에보고혹분광경으로도보ㄴ니라○히의빗과열이ㅅ면으

로발ㅎ여헤여지니그외면에긔운은졈졈셔늘ㅎ여주러진즉무거워지고무거워진즉아

래로ㄴ려와히즁심으로가고히가온디열질은그냥밧그로올나가셔차고더운긔운이서

로밧고여고불찬거손ㄴ려오면더운것파ㅊ흐나라올나가기도ㅎ고ㄴ려가기도ㅎ눈되올나가

눈거슨빗나셔붉고ㄴ려오눈거손좀어두온지라그런고로히면에어셔어셕흔샛문의가

보이며엇던때눈ㄴ리고오르눈거시만ㅎ니그형셰가심히밍렬ㅎ고로올나가눈거손명

죠되고ㄴ여오눈거손혹반이되ㄴ니라

구단은 히의더운연고라

근년에텬문가에셔히의더운거시나눈셔둙을혜아리눈되줄어셔젹어지눈연고인줄아

ㄴ니라의물건의혜가젹어지면안회더운거시감ㅎ야밧그르나올거시ㅅ감ㅎ야밧긔열이더ㅎ눈니라히가더운거시감

흠으로줄어져그례를일운미뎜이셔로부비눈고로그속에숨은열이밧그로발ㅎ야톄밧

긔감ㅎ연열을최운다ㅎ나히의직경이미년에삼빅자식줄어짐으로히의열긔가줄지아니

ㅎ되그직경이줄어지눈거슬극히졍미러운원경으로보고도쎄닷지못ㅎ눈니라혹은널

뎨일쟝

五十三

뎨 일 쟝

五十四

으티히롤두른무궁호류셩이잇는디흥샹히의셥력을밧는선들에히면에쩌러지니그흘

너동눈는힘이변홍야더운거시되여 내셥력과열거두가지가셔로변홍야열이로능히셥력을셔쳐울

파을내이는것 히톄의열긔롤더흔다흥느니가령슈셩만흔류셩이히의셥력을밧아히면

에쩌러지면그치는힘에셔나는열이쥭히히톄에셔쳘년동안헤여진거슬치운다흥되여

러텬문스가그말을밋지아니흥는거슨이러케쩌러질류셩이넉넉지못흠이라 ○히의열

이줄어지는연고로싱긔는거시분명흔티이곳치되면히가셔져빗출내지못흥기롤디구

가빗출발흥지못흘과긋치될쌔가잇슬거시라뉴캠이란텬문스가일즉그쌔롤밀우어보

고말흥기롤오빅만년에히가졀반이나줄어지고쳔만년에 눈히의빗과열이쥭히사룸을

빗최지못흥게되리라흥엿느니라

뎨이쟝은 힝셩을의 론흠이라

일단은 힝셩의 총론이라

힝셩을의론흠 랴면 가히 히에셔 브터 밧그로 향흥야 말우워보디 힝셩의 위초룰 안찰홍야 히의샹거와 톄의대쇼와 히와날이 길며졉은것과 쥬야의분별과 차고더운것과 공긔와둘 이만코져은것과 그밧긔도 다른여러가지 샹고홀거슬 샹고홀거시니 이거슬보고셩각흥 면 우리사룸이 극히 멀니잇는 힝셩의졍황과 형식을 대강알수잇느니라 ○ 또모든별들가 온디셔 하느님의 죵젹을보면뎌가 큰지혜와 일뎡흥 법측으로 창조흥시고 다스리는거슬 알겟고 또흔 빗과열의뎡흥도수가 영원히변흥지아니흥는것과 또흔 돌이싸에떠러지는 셥력과굿흔셥력이며 먼힝셩에도 잇눈줄을 알거시오 또흔뎌 힝셩의원질도 이디구의원 질과굿흐니 만일여긔셔 격치학리치되로 칙을출판흥면 뎌목셩과화셩굿흔디셔도죡히 쓸만흔칙이될거시라 이거슬보면 권능만흐신 하느님쎄셔흐리치와흐경영디로 모든물 건을다흐결굿치슐피신줄알거시라

뎨이쟝

일됴눈 힝셩의셔로굿흔거시라

데 이 쟝

첫재ᄂᆞᆫ힝셩이히롤두르ᄂᆞᆫ방향이다굿흐니황도북편에셔보면다동으로브터셔로가니

시계시침도라가ᄂᆞᆫ것과비교ᄒᆞ면역힝ᄒᆞᄂᆞᆫ거시오둘재ᄂᆞᆫ궤도가다타뎐이니졍원보다

조곰만다른거시라셋재ᄂᆞᆫ그궤도가다황도롤향ᄒᆞ야교각 (交角) 을지엿스되다만그각

의대쇼ᄂᆞᆫ각각굿지아니ᄒᆞ며그서로사괴이ᄂᆞᆫ곳이둘이니 교ᄃᆞᆷ이ᄒᆞᆯ락ᄒᆞ그궤도가둘에ᄂᆞᆫ호

여졀반은황도북편에잇고졀반은황도남편에잇ᄂᆞ니라넷재ᄂᆞᆫ다암톄인ᄃᆡ그발ᄒᆞᆼᄂᆞᆫ빗

촌다히빗츨밧아셔빗최이ᄂᆞ니라다ᄉᆞᆺ재ᄂᆞᆫ디구와굿치본츅으로ᄌᆞ젼ᄒᆞ기롤다동으로

브터셔로도라가ᄂᆞ니그런고로쥬야의분별이잇ᄂᆞ니라여ᄉᆞᆺ재ᄂᆞᆫ셥력의뎡ᄒᆞᆫ법ᄃᆡ로그

궤도롤좃차힝ᄒᆞᆼᄃᆡ민양군일뎜에셔ᄂᆞᆫ샏르고원일뎜에셔ᄂᆞᆫ더ᄃᆡ니라

이됴ᄂᆞᆫ 힝셩의굿지아니ᄒᆞᆫ거시라

힝셩을두무리에ᄂᆞᆫ호와슈셩금셩ᄯᅡ화셩네별은ᄂᆡ힝셩이라ᄒᆞ고목셩토셩텬왕셩히왕

셩네별은외힝셩이라ᄒᆞᄂᆞᆫ디ᄂᆡ힝셩과외힝셩이서로굿지아니ᄒᆞᆫ것멋가지잇스니첫재

ᄂᆞᆫ ᄂᆡ힝셩은디구화셩두별밧긔ᄂᆞᆫ다돌이업고외힝셩은다돌이잇ᄂᆞᆫ거시오둘재ᄂᆞᆫᄂᆡ힝

셩의밀솔은더촌촌ᄒᆞ여평균수로말ᄒᆞ면외힝셩보다다ᄉᆞᆺ비가더ᄒᆞᆫ거시오셋재ᄂᆞᆫᄂᆡ힝

셩은본츅으로ᄌᆞ젼홈이외힝셩보다더딘고로ᄂᆡ힝셩의날은길고외힝셩의날은졉으니

평균수로말ᄒᆞ면ᄂᆡ힝셩의날은스물네시이오외힝셩의날은불과열시니라

五十六

도 삼 십 뎨　　　도 이 십 뎨

뎨이쟝

삼도는 타환의 법식이라

열둘재 그림을 보면 심과 심두뎜은 타권의 두 즁심이라 ㅎ고 갑병은 쟝경(長經)이라 ㅎ고 을뎡은 단경(短經)이라 ㅎ며 쥬은 뎡즁(正中)이라 ㅎ고 즁갑은 쟝경의 반경이라 ㅎ고 즁을은 단경의 반경이라 ㅎ고 즁심과 즁갑을 비례ㅎ여 엇은 수 가곳타 솔의 대쇼라 ㅎ고 심갑은 근일뎜원군의 수이오 (뎜최비) 심병은 원일뎜원군의 수니라 (뎜최고)

스도는 힝셩의 궤도 법식이라

힝셩의 궤도 법식이라 가령 두쇠 고래롤 가지고 눌너 납작ㅎ게 ᄆᆞᆫ드러 좀 벙으러지게 홈셰 미여 이 아래 열셋재 그림과 굿치 각을 일우게 ㅎ면 ㅎ나은 황도로 알고 ㅎ나은 힝셩의 궤도로 알거시니 만일 어느 힝셩이 제 궤도로 가다가 황도로 지내 올나 가면 그 지내가는 곳손승교뎜(升交點) (뎜졍교) 이라 ㅎ고 그 뒤면에 가셔 황도롤 아래로 지내 가는 곳손강교뎜(降交點) (뎜츙교) 이라 ㅎ며 그 두 교뎜에 건너 간줄은 교뎜의 츅이라 ㅎ며 황도롤 좃차 웅양계 처음에셔브터 시작ㅎ야 동을 향ㅎ야 교뎜 잇는 뒤 션지지도라

뎨이쟝

도 ᄉ 십 뎨

오는샹거는교뎜경도(交點經度)라ᄒᆞᄂᆞ니라

라나가령훈산을헤아려ᄒᆞ면에셔멋쟝멋자된다ᄒᆞᆷ과ᄌᆞᆺ치텬문가에셔훈별을헤아려황도

누나가령훈산을헤아려ᄒᆞ면에셔

초면에셔놉다ᄒᆞᄂᆞ니분멋
가놉다ᄒᆞᄂᆞ니라

가힝셩의대쇼라

八슈셩
七화셩
六금셩
五ᄯᅡ
四현왕셩
三히왕셩
二토셩
一목셩

런뎨ᄀᆞᆺ치큰거슬실
노무어스로쌱ᄀᆞᆺ치
비유ᄒᆞᆼ야써돗게ᄒᆞ
긔눈어려오나ᄯᅡ훈
비유로대강말ᄒᆞᆫ건
ᄃᆡ가령훈광활훈평
원을튁ᄒᆞ야훈가온
ᄃᆡ경이두자되ᄂᆞᆫ구
슬을두어히에비ᄒᆞᆼ

오됴눈 힝셩을
서로비교ᄒᆞᆫᄂᆞᆫ
비유라

五十八

고그구슐즁심으로브터밧글향ᄒ야팔십이쳑즘나가셔다시계즈씨훈알을두어셔눈슈셩에비ᄒ고일빅ᄉ십이쳑즘나가셔팟훈알을두어셔눈금셩에비ᄒ고ᄯᅩ이빅십오쳑에팟훈알을두어셔눈디구에비ᄒ고삼빅이십칠쳑에호쵸훈알을두어화셩에비ᄒ고오빅쳑으로룩빅쳑ᄉ이에모래알을펴셔쇼셩에비ᄒ고일쳔삼빅여쳑에훈즁귤(中橘)을두어목셩에비ᄒ고오분지이영리에은귤을두어텬왕셩에비ᄒ고ᄉ분지일영리에큰잉도훈알을두어텬왕셩에비ᄒ홀수잇ᄂ니라열빗재그림을보면각힝셩의대쇼롤짐쟉홀수잇ᄂ니라ᄯᅩ일로그운동의지속을비ᄒ면슈셩은ᄒ날에셕자롤가고금셩은두자롤가고디구눈ᄒ나팔밧그로나가셔팔쳔영리되ᄂ니ᄅ야ᄀ쟛갓가온ᄒ셩잇ᄂ곳이될거시라다시이솔ᄃ분지닐곱자롤가고화셩은ᄒ자반을가고목셩은열치롤가고토셩은닐곱치반을가고텬왕셩은다ᄉ치롤가고히왕셩은ᄂ네치롤가니이거슬보면힝셩이히와샹거가멀스록그힝동ᄒ눈속솔이더옥더듸여질줄알거시라

　　룩됴눈　　힝셩의회합이라

두어힝셩이혼곳에모히눈거슨사름이보기드믄일이라이일을즘국셔몬져괴록ᄒ엿스니젼욱(頓項)ᄯᅢ에화셩목셩토셩슈셩네별이예슈젼이쳔ᄉ십륙년양력이월이십팔일에혼곳에모혓눈티그모힌자리눈쌍어셩좌안열도브터열여듧도ᄉ이에잇셧다ᄒ엿고예슈후일쳔칠빅이십오년에금셩슈셩목셩화셩네별이원경으로혼번에다볼수잇

뎨이쟝

예 이 쟝

六十

게모헛고예수후일쳔팔빅오십구년에금셩목셩두별이대단히갓갑게모혀눈으로보기

에훈별과굿치되엿느니라

칠됴눈　　힝셩에싱물이사눈지아니사눈지의론홈이라

사룸이다른힝셩이디구와굿흔거시만흔거술보면그우희우리굿흔사룸이잇눈가업눈

가무룰거시니이말을딥답ᄒᆞ려ᄒᆞ면실노ᄀᆞ르칠방법이업스나혹던디룰창조ᄒᆞ신하느

님쎄셔이디구룰지으신거슨득별히사룸잇슬곳슬문둘기위ᄒᆞ심이니비록온젼히사룸

을위ᄒᆞ야흔거시라고눈홀수업스나젼능ᄒᆞ신하느님쎄셔사룸을위ᄒᆞ야예비ᄒᆞ신줄알

만흔증거가여러가지잇스니가령쌍속에눈셕탄과셕유룰간직ᄒᆞ얏사룸으로쓰게ᄒᆞ고

나무룰길녀사룸이지목으로쓰게ᄒᆞ고산에눈금은동텰을간직ᄒᆞ야사룸이키여셔모든

긔계룰문둘게ᄒᆞ며강과바다룰문드러빈가리왕케ᄒᆞ며평원을넙게두어곡식을심으게

ᄒᆞ고ᄯᅩ사룸의신톄눈디구긔후와합당ᄒᆞ게ᄒᆞ셧스니이거술보면하느님쎄셔사룸을위

ᄒᆞ야이디구룰문둔줄을알지라○싱각건디혹하느님쎄셔뎌힝셩우희신령ᄒᆞ고지혜잇

ᄂᆞᆫ쟈룰살게ᄒᆞ엿눈지도알수업스나다만우리의확실히아눈거슨만일다른별에도싱물

이혹살것굿흐면그의양싱ᄒᆞ눈경샹은반득시크게다룰터이니우리사룸이힝셩을조셰

히의론홀진디이싸의긔후와굿지아니흔거시셰가지잇스니쳣재눈힝빗과더운

거시디구보다널곱비나더흐되셔지잇고ᄯᅩ흔디구보다쳔분지일이나덜흔디셔지잇고ᄯᅩ흔

이오둘재눈셥력의대쇼눈디구보다두비반되눈것시셔지잇고ᄯᅩ흔디구보다열반즘부족

혼것삿지잇슴이 오셋재는그바탕의밀솔은디구보다오분지일이나촘촘혼것도잇고또 혼디구보다섬겨병마기와굿치된것도잇느니라 또혼각별의일긔와링열노말호면대단 히셔로어그러지는 거시잇스니슈셩과

각힝셩에셔힝롤보는대쇼롤비교혼그림이다

뎨 십 오 도

十힝왕셩 히왕셩은링열이이
九텬왕셩 빅도나어그러졋스
八토셩 매슈셩우희눈세샹
七목셩 사룸은쓰거온거솔
六월쇼셩 견딜수업고히왕셩
五군쇼셩 우희눈세샹사룸이
四화셩 찬거솔견딜수업느
三따 니라싸우희셔혼근
二금셩 즁되눈물건을히면
一슈셩 에옴기면이십팔근

뎨이쟝

즁이될거시오돌면에옴기면두량즁과못되느니라사룸이대일큰쇼셩쎄스다에갈것 곳흐면쒸놀기가심히쉬울터이오몸이여슷길되눈디올나갓다가쎠러져도샹호지아니

六十一

데이쟝

六十二

호리니우리눈힝셩이디구와다른곳이잇눈것만알띠람이라그러나슈셩이더러캐덥고

히왕셩이더러캐찰지라도젼능호신하느님쎄셔엇더캐긔후와디셰롤변호게호시샤그

곳에도빗셩이살수잇게호셧눈지혹령그러운사롬을내이샤뎌곳형편에합당캐호셧슬

넌지알수업스니가령셰샹에초목늡스귀긋흔것슬볼지라도두님사귀가쏙긋흔거시업

고쏘두돌의대쇼형샹이쏙긋흔것도업스니하느님쎄셔이런셰미훈일에도이러캐호셧

거든엇지다른별에사롬을내시기롤슬겁게녁이지아니호셧겟느뇨비록잇눈지업눈지

쏙쟉뎡홀수업스나싱각컨디잇슬듯호거슨극히먼힝셩이라도다빗과더운거시잇셔셰

샹사롬의사눈디구와굿치사롬을양육홀수잇느니라

팔표눈　힝셩을늬외로분홀이라

힝셩을두무리에분호엿눈디쳣재눈늬힝셩이니슈셩금셩두별이라이눈디구궤도안희

잇눈고로늬힝셩이라호고둘재눈외힝셩이니화셩목셩토셩텬왕셩히왕셩다숫별과쇼

셩들이라이눈다디구궤도밧긔잇눈고로외힝셩이라호느니라

구됴눈　힝셩의운동홈을히에셔본형샹이라

만일사롬이히면에셔셔모든힝셩이텬공에운힝호눈거슬볼것굿호면각각제지속티로

황도되십이궁을솟차초례로운힝호눈거슬불거시오만일아모힝셩우회서셔브라보면

그셋눈힝셩이운동호눈고로모든힝셩의힝동호눈거슬히에셔보눈것보다미우다르게

뎨십륙도

볼거시라그러나히면에셔보는거슨진동(眞動)이오힝셩우희셔보는거슨시동(視動)
이라만일자리룰의론할터이면히중심에셔보는거슨일심위추(日心位次)라흐고싸줌
심에셔보는거슨디심위추(地心位次)라흐느니비컨듸금셩이히와싸두스이에잇셔하
샹합될때에두사룸이흐나은히에잇고흐나은싸희잇셔뎨십오도되로금셩을향흐야볼
것흐면그두사룸의방향은피추
반듸가되느니라

십됴논 뇌힝셩의운동이라
사룸이싸우희셔뇌힝셩을보는듸
히롤둥지고는도모지볼수업느니
이거슨뇌힝셩은그궤도가듸구궤
도안희잇는고로히와샹거가극히
먼때라도구십도가되지못흐느니
라민양히롤둘녀훈박회돌제마다
히로더브러두번식합흐느니히와
싸두스이에잇셔일즈로합흐는
하샹이라흐고그궤도로도라가
셔히롤가온듸두고싸와일즈로합

뎨이쟝

六十三

데이쟝

대십철도

홀째 눈샹샹합이라ᄒᆞᄂ니라데십륙도를보면ᄒᆡᆼ셩이갑에잇셔ᄒᆞ아래싸와합ᄒᆞᆫ거

손하샹합이오을에가면ᄒᆡ우희가져싸와합ᄒᆞᄂ거손샹샹합이오병뎡두곳에가면ᄒᆡ에

샹거가면곳이니쟝도라ᄒᆞ며을에셔갑에갈동안은ᄒᆡᆼ셩이ᄒᆡ동편에잇셔ᄒᆡ보다더듸ᄯᅥ

러지ᄂ고로져녁별이라ᄒᆞ고갑에셔을에갈동안은ᄒᆡ셔편에잇셔ᄒᆡ보다몬져ᄯᅳᄂ고로

셔벽별이라ᄒᆞ며샹샹합될째에ᄂᄒᆡ빗체ᄀ리워못보고하샹합될째에ᄂᄒᆡ압ᄒᆞ로지내

가니엇던째에바로ᄒᆡ면으로지내가게되면사ᄅᆞᆷ보기에검은덤ᄀ치되여심히셜니지내

가ᄂᄂ니이거손ᄒᆡᆼ셩과일(行星過日)이라ᄒᆞᄂ니

라

일층은 ᄂᄒᆡᆼ셩의시역ᄒᆡᆼ이라

열닐곱재그림을보면갑은싸이오을은어ᄂᄒᆡᆼ셩

이면싸은궤도로갑에셔무에갈동안에ᄒᆡᆼ셩은을

에셔뎡에갈거시니ᄒᆡᆼ셩이ᄒᆡ와샹거가갓가와셔

지속이싸보다션른고로ᄒᆡᆼ셩이을에셔뎡에가ᄂ

샹거가싸히갑에셔무에가ᄂ샹거보다먼지라ᄒᆡᆼ

셩이을에잇슬째에황도가온듸쌍됴셩좌병뎜에

잇ᄂ모양으로보이되오직싸흔갑에셔무에가고

六十四

뎨십팔도

뎨이쟝

고힝셩은을에셔뎡에가잇슬때에눈힝셩이볍에잇눈거스
로보이지안코역힝으로도라와웅양셩좌긔에와잇눈모양
으로보이니이눈시동이오힝에셔보기에눈힝셩이졔궤도
로압흐로가스니이눈진동이라싸에셔보기에눈힝셩이뎡
을지내셔얼마동안은머므러잇눈모양곳다가얼마후에다
시졔궤도로도라가눈모양으로보이느니라

십일됴눈 뇌힝셩의형상들이라

싸에셔뇌힝셩을브라보면찻다줄엇다ᄒᆞᆫ눈형샹이둘과곳
흐니샹샹합될때에눈힝셩의빗밧은면이싸로향ᄒᆞᆷ엿스나
히빗치ᄀ리운고로금셩슈셩두별이샹샹합되엿슬때에온
젼혹게찰지라도히빗체ᄀ리워보지못ᄒᆞᄂᆞ니라그러나샹
샹합되되기젼이나샹샹합되엿다가방금지내간후에눈원
경으로보면그테룰볼수잇눈ᄃᆡ샹샹합을지내셔히에셔뎨
일먼동뎜에갈동안은졈졈어스러지고동뎜에잇슬때에눈
쑉반돌모양굿치되엿다가동뎜에셔하샹합될때에셔지갈동
안은졈졈어스러지며쑉하샹합될때에눈싸에셔갓가온고

六十五

뎨이쟝

뎨십구도

로톄ᄂᆞᆫ크나빗밧은면이ᄒᆞ로룰향ᄒᆞ고로ᄡᅡ에셔보지못ᄒᆞ고하샹합된다음에ᄒᆞ에셔ᄃᆡ일

먼셔뎜에갈동안은빗치뎜뎜거지고셔뎜에잇슬ᄯᆡ에ᄂᆞᆫ반달모양되엿다가셔뎜에셔샹

샹합에갈ᄯᆡᄭᅵ지ᄂᆞ뎜뎜빗치온젼

ᄒᆞ나샹샹합되여갈ᄯᆡ에보면ᄯᅡ와

샹거가멀니잇ᄂᆞᆫ고로젹게보이ᄂᆞ

니라열여듧재그림을볼거시라

십이됴ᄂᆞᆫ　외ᄒᆡᆼ셩의운동

흘이라

외ᄒᆡᆼ셩의궤도ᄂᆞᆫ다ᄯᅡ궤도밧긔잇

ᄂᆞ니라열아홉재그림을보면디구

ᄂᆞᆫᄯᅡ에잇고외ᄒᆡᆼ셩은츅에잇슬ᄯᆡ에

ᄂᆞᆫ사ᄅᆞᆷ보기에ᄒᆡ와별이맛션고로

이ᄯᆡ에ᄂᆞᆫ극원시(極遠時)샹츙(相沖)라

ᄒᆞ니이ᄂᆞᆫ ᄒᆡ에셔ᄒᆡᆼ셩이극히ᄆᆞᆫ

ᄯᆡ인ᄃᆡ일빅팔십도이라ᄒᆡᆼ셩이그

곳에잇슬ᄯᆡ에ᄂᆞᆫ밤즁에별을텅

六十六

에 보겟고 그때에 그곳마즌편에셔는 낫시되여 히물뎐뎡에 볼거시오 극원시에 히는 뎌편
에 잇스면 힝셩은 이편에 잇깃스며 힝셩이 동에 오룰거시면 히는 셔에 쩌러질거시오 힝셩
이 텬에 잇슬때에 눈 샹합될거신되 그때에 눈 히빗체 ᄀ리워 눈으로 보지못ᄒ며 외힝셩이
동편으로 히에셔 구십도 되는인에 잇던지 셔편으로 히에셔 구십도 되는오에 잇슬때에 눈
샹한뎜(象限點)에 잇다ᄒ느니라

일총은 외힝셩의시역힝이라

이웃그림에 싸는디구이 오츅은별이면 싸 히압흐로물에 갈동안에 별은인에 갈터이니 싸
흔히에셔 갓가와셔 별니단니는고로 싸에셔 물에 가기보다 츅에셔 인에 가는샹거 가면지
라디구가 싸에 잇슬때에 사름보기에 눈 별이 병뎜 거히셩좌에 잇는 것ᄀ치 보이나 실노거가
에가 면별이거스러가셔 갑뎜 쌍조셩좌에 잇는 것ᄀ치 보이나실노거스러가는거시아니
오운힝ᄒ는지속이 긋지아닌연고라 싸히조에 갈동안에 별이묘에 갈터이니 그때에보기
에 눈별이 을에 잇는것ᄀ치보이느니이는 갑보다 압흐로가스니 다시 순힝혼지라 이러케
싸히궤도룰좃차도라 갈동안에거 반다 순힝으로도라가나 역힝ᄒ는거슨 혹볼수 잇느니
라힝셩이 히에셔 멀니 잇슬스록시역힝이젹어지
라힝셩이히에셔멀니잇슬스록시역힝이젹어지
니 눈힝리치룰알랴
면 데십륙구도에 잇는 외힝

십삼됴는 힝셩젼시恒星轉時와 동교젼시同交轉時라
힝셩젼시란거슨 힝셩이 혼힝셩으로마 조친쌔브터 도라 가다 가다시 힝셩으로마 조칠쌔
려셩밧기 다룬힝셩의 궤도룰그
리성밧기다룬힝셩의궤도룰그
놋코 밀우워 보면 알느니라

데이쟝

六十七

뎨 이 쟝

셕지니르는동안이라○두뉘힝셩이셔로합ᄒᆞᆯᄯᅢ브터도라가셔다시셔로합ᄒᆞᆫᄯᅢᄭᅡ지

니르는동안을그뉘힝셩의동교젼시라ᄒᆞᄂᆞ니라만일디구가동치아닐것ᄀᆞᆺᄒᆞ면힝셩젼

시와동교젼시가ᄀᆞᆺ고미박회돌동안에두번합ᄒᆞᆯ거시라그러나디구도힝

셩이훈박회를도라가ᄒᆞᆯ셩젼시에니룰동안에디구도얼마흐로옴겻스니뉘힝셩이흥

셩젼시룰지나히와디구와합ᄒᆞ여직션되ᄂᆞᆫ디셕지니르야동교젼시가되ᄂᆞ니라힝셩이

동교는거시셴룰수록동교젼시가자조되ᄂᆞ니라슈셩의궤도가금셩의궤도안희스매

동교는거시금셩보다셴른고로동교젼시도금셩의동교젼시보다자조되ᄂᆞ니라모지

말ᄒᆞ면뉘힝셩의동교젼시가흥셩젼시보다길거시오셩의동교젼시ᄂᆞᆫ힝셩에셔볼것ᄀᆞᆺ호

합에니셔시작ᄒᆞᆯ야다시샹합에니르는동안을그외힝셩의동교젼시룰지내셔도

상도라ᄒᆞ보기에는거스로보이ᄂᆞ니라○외힝셩이히룰둘너상층에셔시작ᄒᆞᆯ야다시샹층에올ᄯᅢ나

궤도가외힝셩안희셔셜니가는고로ᄭᅡ이궤도로호박회도라가흥셩젼시룰지내셔도

얼마더가셔히와외힝셩과합ᄒᆞ여직션되ᄂᆞᆫ디셕지니르야그외힝셩의동교젼시가되

ᄂᆞ니라외힝셩은가는거시더딀스록동교젼시가더옥셴르니팔십ᄉᆞ년에히룰훈번도ᄂᆞᆫ

텬왕셩은두히룰훈못되여히룰훈번도ᄂᆞᆫ화셩보다지속이더딘고로동교젼시가화셩보다미

우셴르니라가령화셩은ᄯᅡ이둘칠분지일박회돈후에동교젼시되고목셩은ᄯᅡ이훈나십

일분지일박회돈후에동교젼시가되되텬왕셩은ᄯᅡ이훈나빅분지일박회룰돈후에동교

젼시가되ᄂᆞ니라

六十八

도 십 이 뎨

십ᄉᆞ됴ᄂᆞᆫ 힝셩이져녁별과시벽별됨이라

뇌힝셩은샹샹합에셔하샹합에올동안에
눈져녁별이되고하샹합에셔샹샹합에갈
동안은새벽별이되며외힝셩은샹츌 (相
冲) 될때브터샹합ᄒᆞᆯ때ᄭᆞ지져녁별이되
고샹합에셔브터샹츌에갈동안은시벽별
이되ᄂᆞ니힝셩이져녁별되ᄂᆞᆫ동안이이아
래말과ᄀᆞᆺᄒᆞ니라
슈셩은 두둘이오
금셩은 아홉둘반이오
화셩은 열세둘이오
목셩은 여ᄉᆞᆺ둘반이오
토셩은 여ᄉᆞᆺ둘ᄉᆞ분지일이오
텬왕셩은 여ᄉᆞᆺ둘이라

데이쟝

六十九

데이쟝

七十

(Menberly)

이단은 슈셩을의 론홈이라 묘는우

일로는 슈셩의형편을의론홈이라

팔힝셩즁에슈셩이히에셔데일갓가오니지속이ㄱ쟝샌른별이라일긔가쳥량혼날은히

쩌러진후에셔방디평계우희조곰올나가반득거리눈별을볼수잇누니라그러나이별은

디평계우희ㄱ쟝놉히잇슬째라야스물여둛도밧긔못되눈고로보일째가만치아니ㅎ니

라슈셩의ㄱ계도다른별보다더옥라인고로디평우리사룸이ㅈ셰히보면히롤향ㅎ야

계에셔놉고눈즈거시ㅁ양서로굿지아니ㅎ니라우리사룸이ㅈ셰히보면히롤향ㅎ야

가눈것ㄱ치보이다가얼마안되여히빗체그리워보이지안타가수일을지내셔눈동방히

돗기젼에보이누니이째브터밀일졈졈놉히올나와이십팔도씨지니르누니라이럼으로

이별이히이편브터뎌편씨지릭왕ㅎ기롤죵츄굿치왓다갓다ㅎ누니라넷젹던문가에

셔훈별인줄모로고두별인줄노안고로베너거쓰가평셩에별을만히샹고ㅎ엿것

보기쉽지아니ㅎ니젼ㅎ여오눈말으듸고베너거쓰가평셩에별을만히샹고ㅎ엿것

마눈이별은여러번찻고져ㅎ엿스되못춤니보지못ㅎ고로칠십셰에죽을째에평셩흠죡

지못혼탄식을깃쳣다ㅎ더라

이됴눈 슈셩이공즁에운힝홈이라

슈셩이히롤둘너도라가눈샹거눈평균수로말ㅎ면삼쳔륙빅만영리라팔힝셩즁에이별

의궤도가굿장납작훈타권이니근일뎜에잇슬때에눈희와샹거가이쳔팔빅만영리만되되원일뎜은그보다일쳔오빅만영리가더머니원일뎜에셔희의샹거가ᄉ쳔삼빅영리라

슈셩이희에셔갓가온고로지속이더옥샌르니미초에삼십영리라갈수잇사면두푼동안에갈대셔양을젼나녀 ○우리사눈싸의팔십팔일이슈셩의훈히나라이슈셩은희에셔갓가온고

로보고형편을알기어려오니이젼에뎐문가에셔싱각ᄒ기롤슈셩이졔축에셔도눈시각은디구와굿흔줄노알앗더니오직근년에눈싱각ᄒ기롤슈셩이희롤훈박회돌동안에홀

번즈젼ᄒ눈듯ᄒ다ᄒ느니라되그럴것굿흐면슈셩이희편은늘밤다가다시샹되눈동안이일빅눅일이니슈셩이훈박회도라가셔ᄒ셩젼시된곳에셔

이십팔일을더가셔야동교젼시가되느니라

삼됴눈 슈셩에셔싸의샹거라

슈셩이희와샹거의어그러진것보다만흐니하샹합될때에눈슈셩이싸와희두ᄉ이에잇눈티그샹거롤알고져ᄒ면싸와희샹거에셔슈셩과희샹거

룰감ᄒᆯ거시오또샹샹합될때에샹거룰알랴면싸에셔희샹거와슈셩에셔희샹거룰합ᄒᆯ거시라슈셩이샹샹합될때와하샹합될때에샹거가굿지아니훈고로보이눈톄가멀머갓

가온틱로크고적게보이느니갓가올때에눈삼빈나귀보이고멀때에눈삼빈나젹어보이눈니라그샹거의크고적은거시그두힝셩이근일뎜과원일뎜에잇눈틱로어그러지느니가

뎨이쟝

七十一

데이쟝

령하샹합될때에 슈셩은원일뎜에잇고짜은근일뎜에잇스면두별의샹거가구쳔일빅오
십만영리에셔스쳔삼빅만영리룰감ᄒᆞ면스쳔팔빅오십만영리니이때ᄂᆞᆫ두별의샹거구쳔스
가온때이오샹샹합될때에ᄂᆞᆫ슈셩이원일뎜되고디구도원일뎜되면두별의샹거구쳔
빅오십만영리와스쳔삼빅만영리룰합ᄒᆞ여일억삼쳔칠빅오십만영리니이때ᄂᆞᆫ두별이
데일먼때라

ᄉ묘ᄂᆞᆫ 슈셩의대쇼라

슈셩의직경은삼쳔영리이오대쇼ᄂᆞᆫ짜의이십분지일이니슈셩이십을합ᄒᆞ야짜ᄒᆞ나만
ᄒᆞ겟고슈셩이쳔오빅만을합ᄒᆞ야ᄒᆞ나만ᄒᆞ겟고밀솔은짜의밀솔보다좀더되고톄질
은짜의이십분지일이라그면에셔돌을떠러처ᄎ면첫초에다숫자반이쩌러지겟고쏘짜에
셔ᄒᆞᆫ쥰되ᄂᆞᆫ물건은슈셩에가져가면닷량반즁이될거시니라

오묘ᄂᆞᆫ 슈셩의긔후라

슈셩의긔후ᄂᆞᆫ말ᄒᆞ기어려온거ᄉᆞᆫ히에셔데일갓가온고로그츅이엇더케센거슬알기어
려오나젼에ᄂᆞᆫ말ᄒᆞ기룰슈셩의츅이그궤도와칠십도즘어그러진고로긔후가다른별보
다ᄂᆞᆫ다르고쏘ᄒᆞᆫ뎡ᄒᆞᆫ도수가업스되다만남북극은반면은히빗출밧아낫시된고로져도
곳치덥고반면은히룰등져밤이된고로틸듸곳치치우니라히가바로빗최고빗최이ᄂᆞᆫ
거스로말ᄒᆞ면열도ᄒᆞᆫ뎡은츈분츄분이오동지때에ᄂᆞᆫ히가이별의최비뎜이되니우리짜

데이쟝

최비뎜에비교ᄒ면남디평계룰더향ᄒ고하지ᄯ에ᄂ히가최고뎜이되ᄂ우리ᄯ최고뎜
에비교ᄒ면북디평계룰향ᄒᄂ고로슈셩이궤도로도라가매그우희젹도되고후와온뒤일
긔가셔로밧고여남북에두온도와한도들이셔로변ᄒᄂ지라도모지말ᄒ면슈셩의다ᄉ
뒤가혼잡ᄒ야능히ᄃ구와ᄀ치다ᄉᄐ를ᄂ호지못ᄒ엿스니이ᄂ슈셩이ᄒᄂ변도라갈ᄯ
마다민도의긔후가변ᄒᄂ연고라ᄒᄃ녀근년에ᄂ알기룰슈셩의츅이그궤도의졍각직
션파어그러지지안코바로셋스니이ᄯ와ᄀ치ᄉ졀을다분간치못ᄒ고ᄯ일년동안에본
츅으로ᄒ현식ᄌ젼ᄒ고ᄯ흔편은ᄒ샹히룰향ᄒ야낫이되고흔편은ᄒ샹히룰등져밤이
될거시니ᄒ룰향ᄒ편에잇ᄂ반구에셔ᄂᄒ샹히룰던져도흔곳으로볼터인되그즁에히
빗출바로밧ᄂᄒ곤디ᄂ대단히더울거시오거긔셔수면으로나가면셔ᄂ졈졈치울거시
며ᄯ히빗출등진편반구ᄂ극히칩긴다ᄒᄂ니라○엇더ᄒ던지슈셩에만일사ᄅ이살것
ᄀᄒ면필경우리과ᄂᄂ대단히다룰거시오그러ᄒ아니ᄒ면긔후가이ᄀ치변ᄒᄂ거슬견
듸기어려오리라엇던ᄯ에ᄂ히가바로쏘여극히덥다가도흔날을지내면갑작이차지고ᄯ
그궤도가타궈ᄂ으로근일뎜에히빗밧ᄂ열이우리사ᄂᄯ보다십비나만코원일뎜에ᄂ네
빈반이좀못되니평균히말ᄒ면ᄯ희칠비라이러케더우매물을화ᄒ야긔운되게ᄒ고함
셕을녹여류질되게ᄒ슈잇ᄂ지라○슈셩의쥬야가길고졀은거슨히가갓가온고로ᄯ와
다르고슈셩에셔히의톄룰보기가우리보다삼비나크게볼지니진실노보기에극히아름

답겟도다 그러나 밤에 눈들이 업는고로 빗치 업느니라

뎨이쟝

뎨이십일도

슈셩의 형샹도

륙됴는 텬문경으로본슈셩의형샹이라

텬문경으로 슈셩을 보면 붉고 어두운 거시 돌과 굿치 찻다이
스러졋다ᄒᆞᄂᆞ니 처음에는 나뷔 눈셥 모양 굿다가 후에는 반
돌굿치되고 다시 졈졈 차셔 샹샹합될때에는 온젼ᄒᆞᆫ돌모양이
되ᄂᆞ니 그러나 온젼ᄒᆞᆫ돌 모양될때에는 ᄒᆡ빗체 ᄀᆞ리워
보지못ᄒᆞ고 거긔롤지내셔 졈졈어져 하샹합될때에는 눈디
구에셔 갓가온고로 크게보일것굿ᄒᆞ나 빗밧은면은우리편
을등지고 ᄒᆡ롤향ᄒᆞᆫ고로 보지못ᄒᆞᄂᆞ니라 이러ᄒᆞᆫ거슬보면
슈셩이 둥구러 온줄도 알고 ᄯᅩ그 빗슨 제톄에셔 나는거시아
니오 ᄒᆡ의 쏘이는빗츨 밧아셔 빗츨내는줄도 알거시라 ᄯᅩᄒᆞᆫ
니힝셩이니 온젼히 찰때는 볼수 가업고 ᄯᅩ싸희 갓가히올때
에도 빗밧은면이 우리롤향ᄒᆞ지아니ᄒᆞᆫ고로 볼수업느니라

일됴는 금셩의형편을의론홈이라

삼단은 금셩을의론홈이라

금셩을의론홈이라 됴는우

七十四

히로브터밧글향호야둘재별은금셩이니 이별은여러힝셩즁에대일븕으며엇던때눈서
벽별이되고엇던때눈저녁별이되눈지라 나타나눈형샹은슈셩과곳호나그궤도가더큰
고로우리보기에히에셔ㄱ장멀니갈때눈동편으로도스십팔도식지가고셔편으로도스
십팔도식지가ㄴ니슈셩과다이십도가더만흔지라금셩의궤도눈타권이라도조곰만납
작호야동차(動差)가젹은고로엇던때에눈스십오도만왓다갓다호ㄴ니라금셩은궤도
가슈셩보다큰고로시벽에나타날때에도슈셩보다일흐고져녁에나타날때에도슈셩보
느즈며이금셩도ㄴ힝셩인고로슈셩과ㄱ치하샹으로샹샹ㅎ될때서지눈서벽별이되
고샹샹으로하샹합될때서지눈저녁별이되ㄴ니데일븕은때눈하샹합젼후삼십오일
이라그때에눈밤에돌이업슬지라금셩빗치만흔고로싸헤무슴물건의그림즛가보이
ㄴ니라쏘흔그때에금셩이최고뎜에잇스면나제라도능히볼수잇스나그러나팔년즁에
흔번만이러케되눈디이거손디구와금셩이팔년만에야ㄱ장갓가온곳에모힘이니이팔
년즁에금셩이히롤열세번도라가ㄴ니라

이됴눈 금셩이공즁에운힝홈이라

데 이 쟝

원일뎜과근일뎜의어그러지눈수보다열다솟곱졀이나더젹은지라○금셩이이빅이십
영리이오근일뎜을원일뎜에비교호면어그러지눈수가빅만영리즘되니이거손슈셩의
팔힝셩즁에금셩의궤도가ㄱ장둥구러오ㄴ니라히에셔샹거롤평균히말호면뉵쳔칠빅만

데 이 쟝

오일만에히룰둘녀흔박회도라가는니민초에이십이영리룰가는듸금셩의흔히는우리

사는디구의히수로말ᄒ면닐곱돌반이니이거손흥셩젼시인듸히에셔보기에는흔박회

도라간거스로불거시라동교젼시로말ᄒ면오빅팔십스일이니이거슨싸희셔보기에는

흔박회도라간것과ᄀᆞᆺ흔지라○슈셩의동교젼시는일빅십륙일동안이니흥셩젼시룰지

내셔이십팔일동안더간거시로되금셩은두박회반을돈후에야다시젼과ᄀᆞᆺ치흔직션되

ᄂᆞ니라이거슨두쳐듁인듸ᄒᆞ나흔금셩의지쇽은슈셩보다큼이오ᄒᆞ나흔슈셩의지쇽은

우리싸보다두곱이더ᄲᆞ르되금셩의지쇽은우리싸보다륙분지일만더ᄲᆞ름이라금셩이

본츅에셔이십삼시이십일푼동안에ᄌᆞ젼ᄒᆞ는고로그날의쟝단이우리디구와크게다르

지아니ᄒᆞ니라그러나엇던던문스는말ᄒ기룰닉힝셩은히와갓가와셔보지못ᄒ는고로

즈셰히아지못혼다ᄒᆞ느니라

황도의평면과금셩의궤도의어그러진각이세도반이라

삼됴눈　금셩에셔싸희샹거라

하샹합될때에금셩과싸희샹거룰알랴면히와금셩의샹거룰감ᄒ면

금셩과싸희샹거가되고샹샹합될때에는그두수룰합ᄒᆞᆯ거시라대개금셩이싸희갓

가올때에눈이쳔오빅만영리라금셩이멀니잇슬때와갓가이잇슬때에시톄의대쇼룰비

교ᄒᆞ여말ᄒᆞ면ᄀ쟝갓가히잇슬때에눈륙십만치보이고ᄀ쟝멀니잇슬때에눈열만치보

七十六

뎨이십이도

금셩의 형샹

일거시로디갓가히잇슬때에눈데일크게볼것ㄱ
흐되그빗밧은면이우리롤향홀때에눈히빗체ㄱ
리워셔온젼ㅎ게되는거슬보지못ㅎ고우리싸희
셔그빗츨ㄱ쟝봙게볼때에그빗밧은면의ㅅ분지
일만보ㄴ니라이십이도를볼거시라

ㅅ됴눈 금셩의대쇼라

금셩의직경은칠쳔륙빅팔영리니그대쇼와밀솔
이싸희십분지구라가령그면에셔돌을쩌러치면
쳣초에열셕자가ㄴ려갈거시오가령디구에셔혼
근되는물건을금셩면우희옴겨두면그즁수가열

셕량즁이될거시라

　　오됴눈 금셩의긔후라

금셩의긔후눈말ㅎ기어려온거ㅅ히에셔갓가온
고로그츅이엇더케센거슬알기어려오나엇던련
문ㅅ눈성각ㅎ기롤금셩의츅이그궤도와대단히

빗겨진고로긔후가슈셩과비슷ㅎ니열도와팅도가셔로련ㅎ야두극의일긔가차고더운

데이쟝

七十七

도 삼 십 이 뎨

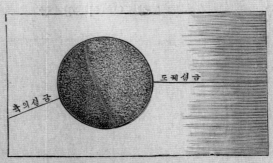

도궤셩금

츅의셩금

데이쟝

七十八

거시서로밧고이고밤낫의길고졉은거슬말ᄒᆞ면서로
어그러지는거시만흐니라텬문가의말ᄃᆡ로그츅이닐
흔다ᄉᆞᆺ도가빗겨져스면열도된싸히ᄎᆞ겨도량편으로각
각칠십오도ᄉᆞ지될거시오한도된싸히혼남북극에셔칠
십오도ᄉᆞ지될터인고로열도넓비가일빅오십도될거
시니이와ᄀᆞᆺᄒᆞ면한도와열도가서로련혼거시륙십도
가되ᄂᆞ니이눈두도가겸혼거시라금셩은싸보다히의빗
과열을곱이나만히밧고다만그케도가거반졍원됨으
로그후가거의고로오니라ᄎᆞ고더운거슬알랴면이
십삼도롤보시오

륙됴눈 텬문경으로본금셩의형상이라
금셩은슈셩과ᄀᆞᆺ치닉힝셩이니형상은우리싸헤달닌
들의형상과ᄀᆞᆺ치나뷔눈섭될ᄯᆡ도잇고온젼흔들될ᄯᆡ
도잇ᄂᆞ니라

도잇ᄂᆞ니라
이거슬비로소ᄉᆡ두라안이노셜닐니오인티원경난다음에이너본거시니이젼
성도ᄊᆞ에달닌돌과ᄀᆞᆺ치찻나다이즈러졋다ᄒᆞ겟다ᄒᆞ더니셜
엇던이눈싱각ᄒᆞ기롤이별은그

에고ᄇᆡ니거스가말ᄒᆞ기롤이후에장ᄎᆞ케롤문두려너힝셩을보게되면이금셩
이히면을지나려ᄒᆞᆯᄯᆡ에텬문

텬닐오가원경으로보고그러혼중거롤나ᄂᆡ엿ᄂᆞ니라
밧그로도라가면셔촘촘흔공긔가둘넛스리니이눈금셩

데 이 십 스 도

가에셔본즉멀거스러흔빗치가락지모양으로힝셩의검은
테롤두룬거시보이니이거슬공긔잇눈중거라만일둘
닌공긔가업슬것굿흐면그별이나뷔눈셥모양으로만보이
고그고레눈보이지아니흐리라쏘흐면에산도잇슬듯흔
거슨이별이나뷔눈셥쳐럼되엿슬때에보이눈형상으로중
거흘거시니그증거눈두가지잇눈되첫재눈나뷔눈셥모양
으로된거슬보면그안희변자리로어두운것과붉은거시쪽
쪽히분간되지안코빗잇눈편은빗치졈졈붉아졋고빗업눈
편은어두운거시졈졈더흐엿스니그션둙은공긔가빗츨밧
아붉지못흔곳에헷쳐빗최게흘이니그러치아니흐면엇지
환흔형샹이잇스리오금셩에도공긔가잇눈고로쌰와굿치
아춤과져녁에환흐게되눈모양이잇눈니라둘재눈나뷔눈
셥에변을보아도가즉흥지안코뫼봉아리굿치아삭아삭흔
그림즈가잇스며쏘그면에검은덤굿흔거시잇눈지라이십
스도롤보시오허실이란뎐문스눈싱각흥긔롤금셩의테눈

데 이 쟝

보
지못
흥고밧
긔
운만
본다흥엿
느니라○금셩에눈돌이업느니라

떼이쟝

수단은 디구를의 론홈이라. 표는 ⊕

八十

일도는 디구의형편을굴 침이라

처음으로공부ᄒ는이는ᄯᅢ도힝셩이라ᄒ는말을괴이ᄒ게녁이기쉬울거슨ᄉᆡᆼ각건디여

힝셩들은다빗치잇스되ᄯᅡ는어두운톄이오뎌힝셩들은다가붉야와보이는것ᄀᆞᆺ치보이고뎌

든든ᄒ여보이고뎌힝셩들은자리롤흥샹옴기되ᄯᅡ는흥샹동ᄒ지안는것ᄀᆞᆺ치보이고뎌

힝셩은빗잇는조고마ᄒᆞᆷ뎜모양ᄀᆞᆺ흐되ᄯᅡ는극히크고넓은듯흠이라그러나우리가공부

ᄒ면ᄯᅡ도다른힝셩과ᄀᆞᆺ치빗잇는힝셩인줄알거시니다른별에셔는디구보기롤디구에

셔다른별보는것ᄀᆞᆺ치홀거시라우리가알거슨첫재는ᄯᅡ도그케도롤솟차극히셜니힝동

ᄒ는거시오둘재는이ᄯᅡ히어ᄯᅵ봇지아니ᄒ고공즁에달닌거시니이는능히보고문지지못

ᄒ는흡력이잇셔그러호거시오셋재는이ᄯᅡ큰힝셩에비ᄒ면지극히조고

마호거시니뎌하놀에잇는여러셰계에비교ᄒ면흔털ᄯᅥᆺ만호거시니라

이도는 디구의대쇼라

디구의진톄롤말ᄒᆞᆯ진디구슬ᄀᆞᆺ치ᄯᅩᆨ둥그러온거시아니오두극은납작ᄒ야흔둥글납작

흔톄롤운지라두극의직경은칠쳔팔빅구십구영리반이오져도의직경은칠쳔구빅이

십륙영리반이니두직경의어그러진거시이십칠영리라가령우리가직경이셜흔쳐되는

둥군구슬을가지고비교홍두극의경션이혼푼즘더길터이니혼푼이업스야디구형샹

과쪽궂흘거시라쥬회눈이만오쳔영리오밀솔은물의다숫곱반이오싸견톄의즁을던

수로계지궁면록십히던이며 (60,0000,0000,0000,0000) 싸면의놉고깁흔거슬무

숨물건으로비교홍면직경이열여숫치되눈죽방울ㅎ나을가지고엽은조희흔츙을발나

셔눈놉룩디에비홍고바다면에젹은모래혼알을두어셔눈산에비홍고또두터온조희

흔츙발나셔눈놉흔산줄기에비홍고죽방울면을둥긔쳐자리롤내여셔눈깁흔우물에비

홀거시니라

삼됴눈   싸둥구러온증거라

싸히둥구러온증거눈대강다숫가지로말홀수잇스니쳣재눈사롬이빈듯고일향동으로

만가며써난곳에다시도라옴이오둘재눈빈가멀니잇슬때에눈돗디만보이다가갓가히

오면온톄가다뵈임이오셋재눈일식홀때에싸그림즈가둥굴게보임이오넷재눈북으로

갈스록극셩이놉하감이오다숫재눈놉흔듸올나갈스록디평계줄이더넙어짐이라만일

우리가놉흔듸올나가보면평원에셔보눈것보다더멀니볼거시니이눈안졍이더됴와져

셔그런거시아니오실샹은디면이둥구러온고로셧눈곳보다스면으로눅녀려감이라

싸히밀영리에두드러진거시여둛치니두영리멀것궂흐면둘의승방으로여둛을승흥여

설흔두치가될터이오세영리멀것궂흐면셋의승방으로여둛을승흥야닐흔두치될터이

뎨이쟝

八十一

뎨이쟝

八十二

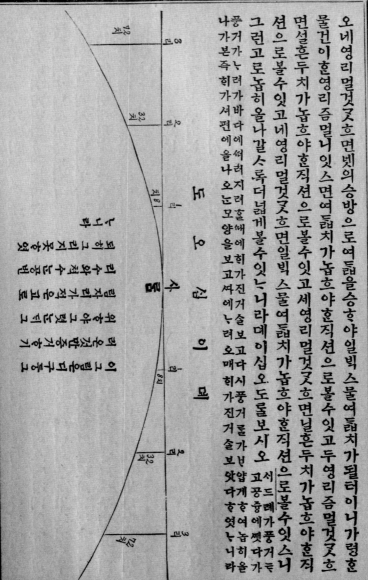

오뇌영리멀것굿ㅎ면녯의승방으로여둛을승ㅎ야일빅스물여둛치가될터이니가령ㅎ

물건이ㅎ영리즘멀니잇스면여둛치가놉ㅎ야ㅎ직션으로불수잇고두영리즘멀것굿ㅎ

면셜흔두치가놉ㅎ야ㅎ직션으로불수잇고셰영리멀것굿ㅎ면널흔두치가놉ㅎ야ㅎ직

션으로불수잇고네영리멀것굿ㅎ면일빅스물여둛치가놉ㅎ야ㅎ직션으로불수잇스니

그런고로놉히올나갈스록더널게볼수잇느니라뎨이십오도롬보시오

나풍가본즉히가가셔편에울나오는모양을보고셔에누려오매히가진거슬려보왓다ㅎ엿느니라

고셔풍동례에쎗다가풍거로가비얍게ㅎ엿누니라

소묘는 디구의진동(眞動)과시동(視動)이라

모든하늘에잇는별이동ᄒᆞᆫ거술알랴면몬져시동리치롤알으야ᄒᆞᆯ거시니가령비유로
말ᄒᆞ면ᄃᆡ리우희서셔그아래흐르는물을볼때에보기에는ᄃᆡ리가가는것ᄀᆞᆺᄒᆞ니이눈시
동이오실샹은물이가는거시니이눈진동이라ᄯᅩ사름이비가온ᄃᆡ안져셔ᄉᆞ방을슬펴
볼때에비가가면산쳔이가는것ᄀᆞᆺᄒᆞ나실샹은비가가는거시오ᄯᅩ비롤ᄃᆞ고갈째에좌우
편언덕에잇는나무가뒤로물너가는것ᄀᆞᆺᄒᆞᆫᄃᆡ비가ᄲᅡᆯ니갈ᄉᆞ록언덕이더ᄲᅡᆯ니뒤로물너
가는것ᄀᆞᆺᄒᆞ나실샹은비가가는거시오ᄯᅩ구룸ᄉᆞ이로돌을보면돌이다라가는것ᄀᆞᆺᄒᆞ나
실샹은구룸이가는거시라우리가디구에사는거시맛치ᄒᆞᆫ큰비롤ᄃᆞ고공즁에셔ᄃᆞ니는
모양이니나제눈ᄒᆡ롤보고밤에눈돌과별을보면돌과별들이힘동ᄒᆞᆷ눈줄만알고ᄯᅡ히도
라감으로히와돌과별이옴기눈줄은ᄭᅢᄃᆞᆺ지못ᄒᆞ기쉬우니라

오묘는 디구가ᄆᆡᆫ일ᄌᆞ견흠이라

ᄯᅡ히셔로브터동으로도라우리디평게로셔편별은놉히지ᄂᆡ고동편별은ᄂᆞᆺ추지ᄂᆡ게ᄒᆞ
ᄂᆞ니우리보기에는디평게눈동치안코별이동ᄒᆞ야셔로ᄯᅥ러지고동으로ᄡᅥ며히도그러
케셧다졋다ᄒᆞ눈줄노아ᄂᆞ니이거솔시동이라ᄒᆞ눈니라그러나실샹은우리디구가디평
게가동편은ᄂᆞ져지고셔편은올나가는거시니그런고로하늘아윈편으로도라밤낫이밧
고이ᄂᆞ니라근년사룸들은그리치가합당ᄒᆞᆫ증거롤만히엇어내셔쉬히알앗스나넷젹사룸

뎨이쟝

뎨 이 쟝

은텬문리치롤싱각다가이리치에와셔눈발뿌리에돌이걸니눈것굿치싱각이걸니더
니고베니거스가빗튼고가다가이리치롤처음써드릿누니라

일충은　민일히의시동이라

히가가눈것굿치보이눈것과쥬야되눈신들은이우희도말호엿거니와이아래이십륙도
롤보면갑오병조눈디구이오조오션은굴티인디셔로브터동으로도라가눈거시니아모
때던지그반면은히빗츨밧고반면은히빗츨등지눈거시라가령사름이혹뎡에셧스면히
가싸변자리에처음나와셔졈졈편을향호야올나오눈것굿치보이고뎡에셔갑아가면
히가가텬뎡에잇셔졍오가된것굿치보이다가그다음에논히가졈졈쩌러지눈것굿치보이
며갑에셔을에가면히가셔디평계에걸녓다가이니밤되기시작호눈거스로보이고을에
셔병에가면밤즁으로보이다가다시뎡에가면히가쏘호둥디평계에잇셔새날이되누니
라

이충은　싸도라가눈지속이굿지아니홈이라

디구도라가눈지속이디면각쳐에션른틱도잇고더된틱도잇스니남북극두곳은지속이
업고남북극셔브터젹도로갓가히나갈스록졈졈더셜니도라가누니쳥국북경곳혼틱눈
미시에칠빅칠십영리식가고젹도에가셔눈미시에쳔여영리식가누니라그러나싸히이
러케셜니도라갈지라도우리가알지못홍눈거슨싸흘두룬공긔가우리와굿치도라감이

뎨이십륙도

라만일싸이갑작이멋고돌지아니ᄒᆞᆯ것ᄀᆞᆺᄒᆞ면우리온셰샹사
람이다죽을거시오집과나무와돌과바다가공즁에셔ᄠᅥ러질
거시라ᄯᅩ히ᄲᅡᆯ나져갈것ᄀᆞᆺᄒᆞ면날은졉어지겟
고리즁력이큰고로모든물건즁수가가보야와질거시니가령
디구가ᄒᆞᆫ시이십스푼에ᄒᆞᆫ번즌젼ᄒᆞᆯ것ᄀᆞᆺᄒᆞ면리즁력이싸의
흡력을딕덕ᄒᆞᆼ야서로맛셜니갈것ᄀᆞᆺᄒᆞ면리즁력이큰
즁수가업ᄂᆞᆫ고로운동ᄒᆞ기가미우쉽겟고ᄯᅩ이보다더셜니가
면젹도에셔ᄂᆞᆫ동물이다공즁으로나라가기롤맛치풍구지속
에박회가셜니도라갈스록겨가멀니나라가ᄂᆞᆫ것ᄀᆞᆺ치ᄒᆞᆼ리라
이러케되면사롬이싸ᄒᆞᆯ붓잡고야나라가지안코견딕리라

삼츙은 미일별가ᄂᆞᆫ길이ᄀᆞᆺ잔케보임이라

스물닐곱재그림을보면우리북온도에잇ᄂᆞᆫ사롬이별보ᄂᆞᆫ모
양을알거시라그림에ᄡᅡᄂᆞᆫᄒᆞᆫ가온듸잇고무뎡을은우리ᄌᆞ
오션이오무즈을임은뎡계
션이오북은북극이오남은남극이오뎡은텬뎡이오뎌ᄂᆞᆫ텬뎌
평계보다얼마놉흔거슬알거시니이ᄂᆞᆫ그곳의젹
도나라북을의샹거롤알면북극이뎡뎜에
위도롤구르쳔거시라가령ᄌᆞ오션에셔ᄂᆞᆫ북극아래갑에잇ᄂᆞᆫᄒᆞᆫ별을볼것ᄀᆞᆺᄒᆞ면디구가미

뎨이쟝

八十五

일즉뎐흐눈방향이경에셔브터시작ᄒ야즈에갓다가병을지나임을좃차경에도라올디동안에갑에잇눈별도믜일역힘으로도라가기를갑에셔브터시작ᄒ야인을지나셔북극우희

뎨이십칠도

조오션에잇눈뎡에갓다가후에다시뎜친줄노도라와셔즈오션에잇눈갑에니르면복극을돌아훈박회도라간거시나그러나훈박회도라갈동안에뎜친줄을좃차다시도라와셔을에갈거시후에뎜친줄을좃차다시도라와셔신에갓다가그니그러나이별도쏘훈쌔이그러케도라갈동안에뎜친줄을좃차다시도라와셔디평계아래병닷치기만ᄒᆞᆫ거시오쏘훈별은디평계아래병에디평계아래늑려가지안코을에셔디평계우희에잇눈을에셔브터시작ᄒ야역힘으로올나가기를축을지나즈오션에잇눈별은쌔이그러케즈뎐홀동안에디평계쏘훈별은쌔이그러케즈뎐홀동안에디평동안에뎜친줄을좃차가지아니ᄒᆞᆫ엿느니라아훈안에훈박회도라간거시나그러나훈박회도라갈도라와셔즈오션에잇눈갑에니르면복극을돌

에셔떠나셔뎐져도롤좃차디평계에잇눈뎜친줄노좃차디평계에잇눈즈롤지내셔병에니를터인디병에셔즈에갈동안은디평계아래잇눈고로볼수업고즈에셔브터경을지나셔임에을동안은디평계우희잇눈고로볼

八十六

수잇고임에셔병에울동안은볼

수잇고열두시동안은볼수업ᄂᆞ니그런즉열두시동안은볼

셔디평계에잇ᄂᆞᆫ묘ᄅᆞᆯ지나즛오션에잇ᄂᆞᆫ긔에갓다가뎜쳔줄노진을지나뎡에울거신ᄃᆡ

묘에셔브터긔에갓다가진에울동안은볼수잇고진에셔뎡에갓다가뎜쳔줄노솟차뎌에도라올동안은ᄃᆡ평

계아래잇ᄂᆞᆫ고로볼수업ᄂᆞᆫ거시오ᄯᅩᄒᆞᆫᄒᆞᆫ별은ᄣᅡ이그러케도라갈동안에뎌에셔나셔

니라이거슬보고싱각ᄒᆞᆯ면텬져도우희ᄂᆞᆫ북극갓가히잇슬스록별을더오래볼거시오뎐

져도아래ᄂᆞᆫ남극에갓가히잇슬스록별을졈졈더젹게볼거시니라

ᄉ츙은　별가ᄂᆞᆫ지속이굿지안케보임이라

우리보기에눈별들이뷘싹틔기와굿혼궁챵속에붓혀셔ᄒᆞᆫ가지로도라가ᄂᆞᆫ모양굿혼지

라그러나디면각곳에도라가ᄂᆞᆫ지속이각각굿지아니ᄒᆞᆫ것과굿치별의역힝ᄂᆞᆷ여시동ᄂᆞᆷ

눈지속이각각다르ᄂᆞ니라두극에갓가온별들은그ᄃᆞᆫ니ᄂᆞᆫ박회가뎌으매시동이더디고텬

져도갓가온별들은그박회가크매시동이ᄲᅡᆯ르니라

오츙은　디면각곳에셔별보ᄂᆞᆫ거시굿지아니ᄒᆞᆷ이라

만일우리가북극에잇스면북극셩은우리머리우희텬뎡에잇슬거시며다른별은우리ᄅᆞᆯ

원권으로둘너도라갈거신ᄃᆡ그원권의듕심은텬뎡평계원권의듕심과굿흐니이ᄂᆞᆫ우리

뎨이쟝

八十七

뎨 이 쟝

八十八

의텬뎡이오그원권은디평계원권과평힝되는디북극셩갓가온별은져은권으로도라가

고져도에갓가히잇눈별은큰권으로도라가느니라또흐우리가져도에잇슬것갓흐면북

극셩은우리디평계흔곳에홍샹잇고다른별들은다디평계와졍각된원권으로도라가눈

디그원권들이져도에셔눈데일크게되고져도안열두시눈별을보자못홍고디평계우희잇슬동

권이져어질거신딕디평계아래잇슬동안열두시눈별을보지못홍고디평계우희잇슬동

안열두시눈별을볼수잇느니라또흐우리가남반구에잇슬것갓흐면남극갓가온별은져

은권으로남극을예워도라가고다른별들은져도갓가히갈스록큰원권으로도라가눈디

남반구에셔보눈모든별도동에셔브터셔흐로도라가눈딕남극에셔셔브터멀니갈스록별

이디평계아래잇눈동안이만흔고로졈졈져게보느니이눈북반구에셔보눈것과반딕라

남반구에눈남극셩이업눈고로북반구보다혜아리기어려오니라또우리가남극에가잇

슬것갓흐면북극셔와굿치별이남극을원권으로도라가눈거슬볼거시나오직남극셩이

업눈고로다른별도라가눈원권즁심에잇눈텬뎡에눈별이업슬거시라

록됴눈　디구가히롤에워도라가눈진동이라

디구가히롤에워도라가눈궤도눈흐라권인딕희의샹거룰평균슈로말홍면구쳔삼빅만

영리라디구궤도의타솔(橢圓)이금셩의궤도이타솔보다더만흐되오직그타솔이미빅

년동안에십만분지스가져어지느니라그런고로엇던사룸은싱각홍기룰디구궤도가느

뎨이십팔도

미졀보눈하놀형샹

죵에 눈팔경졍원이되리라ᄒᆞ나그러케되지아니ᄒᆞᆯ거슨수쳔년동안에졈졈변ᄒᆞ야둥그러워질듯ᄒᆞ다가그후에다

시변ᄒᆞ야납작ᄒᆞ여질듯ᄒᆞ니그런즉그케도가이굿치ᄒᆞᆼ샹둥그러워져갓다납작ᄒᆞ여져갓다ᄒᆞᆯ거시니ᄶᅡᆨ졍원될리치눈업ᄂᆞ니라그케도의길이눈류억영리즘되고디구도라가눈속솔은민초에십팔영리즘되ᄂᆞ니라ᄯᅡ히히ᄅᆞᆯ에워도라가눈고로형샹이다ᄅᆞᄭᅢ보이눈거슬이아래멋가지말ᄒᆞ노라

일츙은 민졀에하눌 형샹이다ᄅᆞ비보임 이라

뎨이쟝

八十九

뎨이쟝

스물여듧재그림을보면갑을병뎡은싸희궤도이오신긔경무논희롤두룬혓셩들이라디

구가갑에잇슬것굿흐면신에잇논별은밤즁에텬뎡즈오셔에잇거시오또희마즌편에

잇논고로보기쉽고경에잇논별은희빗체그리워볼수업슬거시오또셔에지별뛰에

그별도흠셔지냄이오셕돌을지내셔디구가그궤도의소분지일을가셔을에가면밤즁에

긔에잇논별은텬뎡즈오셔에잇고신에잇논별은셔산에써러지겟스며경에잇논동

방에셔써나오고무에잇논별은희빗체그리워보지못흘거시오또셕돌을지내셔디구

가병에가면밤즁에경에잇논별은텬뎡즈오셔에잇고무에잇논별은동방에셔써나오

고긔에잇논별은셔산에써러지고신에잇논별은희빗체그리워보지못흘거시오또셕돌

을지내셔뎡에가면밤즁에무에잇논별은텬뎡즈오셔에잇고긔에잇논별은희빗체그리

워보지못흘거시오또셕돌을지내셔다시갑에가면싸히혼박회도라간거신디다시첫번

써나논쌔에본것과굿치되리라이러케도라가논거슬보면스졀에별이혼결굿치보이지

안논리치롤알수잇느니라

    이츙은   미년에우리보기에희가디구롤혼박회도라가논길이라

이젼에미일보논시동은말훙엿거니와지금은희가황도디로모든셩좌가온디돈니논거시민

년시동을말흘터이니희가미년에별가온디로돈니논거시민일돈니논것굿치보기쉽지

아니혼거슨희빗치별빗보다더붉은고로별빗츨그리워희가별지내논거슬알지못흘이

九十

라 그러나 우리가 히 뼈러진 다음에셔 방뎡디 평계에 무슴 별 잇눈 거슬 보고 히가 어느 셩좌

에 잇눈지 알거시니니 이 삼일 동안에 히 뼈러질 째마다 이젼 보던 별은 믹일 조곰식 뼈러지

고 다른 별이 그곳에 잇눈 거슬 보면 히가 옴기눈 거슬 알거시라 이법디로 디평계에셔 밀우

워 보면 믹년에 히가 셩좌에 둔니눈 길을 알수 잇느니라 스물 아홉 재 그림을 보면 싸히 꿰도

어듸 가던지 히와 듸면 훈것 굿흐니 싸히 운동 흐눈 고로 싸히 훈박회 돈 거슬 히가 훈박회 도

라 간거스로 알거시니 가령 싸훈 츈분뎜에 텬평셩좌 처음에 잇스면 히눈 츈분뎜에 웅양셩

좌 처음에 잇슬거시오 또 거긔롤 지내셔 싸히 인마에 드러갈것 굿흐면 히눈 금우에셔 보일

거시오 또 거긔롤 지나 싸히 인마에 드러갈것 굿흐면 히눈 즈에셔 보일거시오 또 싸히 하지

뎜에 산양셩좌 처음에 잇스면 히눈 동지뎜에 거긔셩좌 처음에 보일거시오 또 싸히 거긔롤

지내셔 보병에 드러갈것 굿흐면 히눈 스즈에 보일거시오 또 거긔롤 지내셔 싸훈 쌍어에 드

러가면 히눈 실녀에 보일거시오 또 거긔롤 지내셔 싸훈 츄분뎜에 웅양셩좌 처음에 잇슬것

굿흐면 히눈 츄분뎜에 텬평셩좌 처음에 잇슬거시라 이러케 싸히 꿰도로 도라가면셔 히롤

보면 히가 황도로 가눈것 굿흥야 일년에 하눌을 훈번 돌고 느종에눈 첫번 잇던 셩좌에 다시

오느니라 황도가 뎐혀 도로 더브러 두곳에 사괴이느니 일홈을 분뎜이라 흐느니라 이 우회

뎨이쟝

말흥기 온듸 이십팔뎐에 잇눈 적시도 법가 롤 싸히 텬평셩좌에 잇다 흐눈 거슨 사룸이 히에 잇셔

셔 싸흘 볼것 굿흐면 싸히 텬평셩좌에 잇눈것 굿다 흐눈 말이니 이째에 사룸이 싸헤셔 히롤

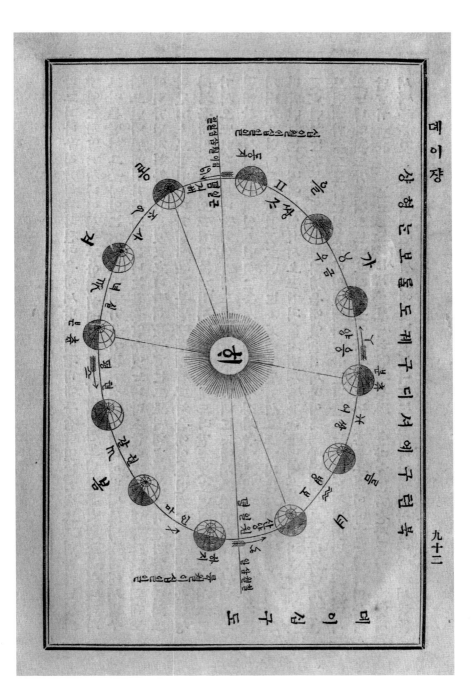

뎨이쟝

보면히가웅양셩좌에잇는것것흘터이오쏘흔싸히하지때에산양셩좌에잇스니히는거히셩좌에보일거시라그러나동용흥는말이싸희디위는싱각지안코히의디위롤ᄃᆞᆨ쳐말흥기롤춘분에눈웅양에잇고하지에는거히에잇고츄분에눈텬평에잇고동지에눈산양에잇다ᄒᆞᄂᆞ니라스물아홉재그림에하지라춘분이라ᄒᆞᄂᆞᆫ거손다싸희ᄉᆞ졀을ᄃᆞᆨ침이니히가황도디위에잇는거시오싸희디위에잇는거시아니라십이궁일홈괴록혼거산학도들노히에셔보는싸희디위롤알게ᄒᆞ려홈이니학도들은십이궁일홈이궤도에붓지아니ᄒᆞ고황도에붓흔줄은닛지말거시니이는다구궤도가ᄉᆞ방으로하늘을동혼곳이니라

삼충은 히의남북시동이라

이우희히의미일시동과민년시동은임의말흥엿거니와이밧긔다시흔시동을말흥노니우리가히롤보면녀롬졍오에눈텬공놉흔곳에잇고겨울졍오에눈남디평계롤향흥야ᄂᆞ준곳에잇스며히잇는시간은녀롬에눈길고겨울에눈졀으며 쏘쓰며지는곳은녀롬에눈두뎜북편이오겨울에눈동셔두뎜남편이라이리치눈이아래말과ᄯᅳᆺ시갓가오니이리치롤알고져ᄒᆞ면아래

대황도교각십삼도

북극 23½
식도
황도
남극
추
황도와항
가편의선

데이쟝

뎨이쟝

말을보고알거시라

　스츙은　스졀의밧고이는것과쥬야의쟝단이라

(一) 이우희스물아홉재그림을즈셰히보고그길우희각디위가엇더케되는거슬싱각ᄒᆞ여보

면이아래멋가지일을알거시니라

황도가어그러짐이라○황도가싸희츅과셔로어그러진거시륙십륙도반이오싸희츅

이황도와졍각된직션과어그러진각은이십삼도반이니이논황도가싸희젹도와어그러

지는도수와ᄀᆞᆺᄒᆞ니이각일홈은황도교각황젹각이라ᄒᆞᄂᆞ니라삼십도롤볼거시라

(二) 싸희츅이늘평힝됨이라○디구가케도로도라가는뒤로그츅이간곳마다평힝되는고

로방향이변치아니ᄒᆞ고항샹북극셩을향ᄒᆞᄂᆞ니라힝동ᄒᆞ는리치룰싱각ᄒᆞ면아모물건

이던지셜니도라가게훈즉그츅은방향을변치아니ᄒᆞᆯ거시니이거슬보고싱각ᄒᆞ면싸도

이러케츅을변ᄒᆞᆼ지안코즈젼ᄒᆞᆯ줄알거시라비유로말ᄒᆞᆫ면으히들이쳐박회ᄀᆞᆺᄒᆞᆫ거슬굴

닐때에도라가고셕구러지지아니ᄒᆞᄂᆞᆫ거슨그박회가셜니도라감으로츅이변ᄒᆞᆼ지아니

ᄒᆞᆷ이오쏘사름이만일놉흔곳에셔셕판ᄀᆞᆺ흔물건을던질때에샹ᄒᆞᆼ지안케던지랴고모셕

이로돌녀ᄂᆞᆫ려치면그도라가는츅을변치안코모셕이로싸헤ᄂᆞ려지ᄂᆞᆫ니라도셰리가셜니

(三) 디면에셔히빗밧눈가이각쳐에ᄀᆞᆺ지아니ᄒᆞᆷ이라○가령싸히텬평셩좌에나혹웅양셩

돌때에눈썩구러지지안코돌지아니ᄒᆞᆯ때에눈썩구러지ᄂᆞᆫ것도쏘흔그리치와ᄀᆞᆺᄒᆞ니라

九十四

좌에잇스면히빗치져도우흐로바로빗최이되져도남북량편으로멀니나갈스록히빗치더옥비스럼흐게빗치우고남북극에눈히빗치디평계로브터와셔갈우지내가느니라싸면에셔히빗밧눈거시이러케굿지아니흐고로각쳐에빗과더운거시각각다른지라또흐이거슬보고셩각흐면팅디와열디의분간되눈거슬알거시니라

(四)디구가도라가셔방위롤곳치눈디로히빗밧눈것도달나짐이라○가령디구눈산양셩좌에잇고히눈거히셩좌에잇슬때에눈북황도에셔눈히빗츨바로밧아졍오에히롤쇽텬뎡으로볼거시니이때에북온디와북팅디에셔싸히텬평셩좌에잇슬때보다히빗츨바로밧을거시니라여슷돌을지내셔싸흔거히셩좌에드러가고히눈산양셩좌에드러갈때에눈남황도에셔눈히빗츨바로밧아졍오에히롤쇽텬뎡으로볼거시며이때에남온디와남팅디에셔눈젼보다히빗츨더바로밧으되오직북반구에셔눈젼보다더히빗츨빗겨밧느니라이여슷돌동안에온디면에셔히빗밧눈방향이다변흐엿스니이거슬보고셩각흐면겨울과녀름의차고더운분별을알수잇느니라겨울에눈밤은길고낫즌졉으며녀름에눈밤은졉고낫즌긴것도차고더운것과크게샹관이라

(五)츈츄두분뎜이라○디구가츈분뎜에잇슬때에눈남북두반구에셔각각히빗츨평균흐게밧느니이때눈디구샹각쳐에밤낫슨다열두시식될거시니라그러나두극에셔멀지아니흔곳은그러치아니흐니라

데이쟝

뎨이쟝

(六) 남북두반구가 흔때에밧 눈히빗치고롭지아니홈이라○디구반면은다흔샹히빗츨밧으나그러나디구가두분뎜에잇슬때밧괴눈남북두반구에셔히빗츨굿치밧지못홀 거시니가령북반구에셔히빗츨만히밧으면그반구에눈낫시길고밤이뎔을거시오남반 구에셔히빗츨만히밧으면그반구에셔눈낫시길고밤이뎔을거시라

(七) 춘분츄분에밤낫이서로굿흔때밧괴눈남온되의ㅅ졀도북온되와반되되고남온되의 밤낫이길고뎔은것도북온되와반되되느니라

(八) 하지지뎜(夏至止點)이라○하지눈양력륙월이십일일즘인되그때에눈겨도북편이 십삼도반되눈곳마다히빗츨바로밧아정오에눈히롤텬뎡에볼거시라이때에가령히의 쏘이눈빗츨가지고흔금빗줄을삼아셔디구도라가눈거슬솟차그릴수잇슬것굿흐면북 황도위션을ㄱ르치눈흔동구림이롤울거시라또이날에눈히가쓰고지눈곳은동셔두 뎜에셔대일북편이오쏘텬공에오르기롤다른때보다더옥놉히오르눈고로그곳은일홈 을최고뎜이라ㅎ며쏘여긔셔눈히가멋눈것굿흔고로일홈을지뎜이라ㅎ며이때 에눈북온되에셔눈다긴뒤일년즁에낫시뎨일긴날은양력륙월이십일일즘 이라남온되에셔눈북온되와반되여이때가동지니일년즁에낫시뎨일뎔은날이라쥬 야롤분별ㅎ눈큰줄은북극셔이십삼도반을지내셔잇스니 여긔눈적도에셔륙십류도반되눈되니라 가령이 때에디구북편에히빗밧눈한댱을솟차그러흔길을일울것굿흐면ㅅ따희북한권이될거시

九十六

라이때에북극은여섯둘동안긴낫셰졍오이오남극은북극과반디되여쥬야룰분별ᄒ눈

줄은남극셔이십삼도반나가셔잇눈디이눈일홈을남한권이라ᄒ느니남극에눈이때에

여섯둘동안긴밤의밤즁이니라

(九) 츄분뎜이라○양력칠월초싱에눈싸히그궤도룰좃차도라가원일뎜에니르니이때눈

히에셔샹거가극히머니때라이때브터히가날마다조곰식남편으로쓰고져셔얼마식ᄂ자

가다가양력구월이십일즘당ᄒ여츄분이되면이때에눈히가겨도에잇슬지라만일이

때에히빗밧눈거슬좃차디면에혼금빗길을그릴수슬것굿흐면텬뎌도가될터이니이

때에북온뒤에셔눈가울이오남온뒤에셔눈봄이며따우희쥬야눈다굿흐리니히쓸때에

눈아츰여섯시오히질때눈져녁여섯시라쓰며지눈곳은동셔두뎜이니텬뎌도와디평계

두권이셔로사괴인두뎜이니라

(十) 동지지뎜이라○츄분뎜에히가텬뎌도룰지낸후에졈졈남디평계롤향ᄒ야ᄂ려가다

가양력십이월지이눈음동이십일즘가면이날이동지인뒤그날은겨도남편이십삼도

반되눈곳마다히빗솔바로밧아졍오에눈히롤던뎡에불거시니이때에히빗쏘이눈거스

로혼금빗줄을삼아디구도라가눈뒤로좃차그릴수잇슬것굿흐면남온도위션을ᄀ르쳐

눈등구립이룰일우을거시오히가쓰며지눈곳은동셔두뎜에셔뎨일남편인고로일홈을

최비뎜이라ᄒ느니라그때눈우리북반구사룸의게눈동지니우리북반구에셔히가뎨일

뎨이쟝

뎨이쟝

졀은때이오이때에날온딕에셔눈하지니일년즁에히가뎨일긴때라쥬야룰분별ᄒᆞ눈큰

줄은남극셔이십삼도반을지내셔잇스니가령히빗쑈이눈거슬히금빗쥴을삼아흔길을

그릴것굿ᄒᆞ면싸우희남한권이될거시라 여긔눈젹도반되눈되라

동안긴낫즁에졍오며북극에셔눈남극과반딕되여여솟들동안긴밤의밤즁이되ᄂᆞ니이

때에북극에셔이십삼도반나와잇눈북한권셕지눈히빗출밧지못ᄒᆞᄂᆞ니라이때에히가

남으로더ᄂᆞ려가지안코머므러셧다가흔두날후에브터눈다시북으로도라와졈졈올나

오눈모양인고로동지지뎜이라ᄒᆞᄂᆞ니라

(士) 츈분뎜이라 ○ 싸히궤도로힝ᄒᆞ야양력납월삼십일일즘에군일뎜에니르러그후에히

가북을향ᄒᆞ야졈졈옴겨뎐공으로놉히오르ᄂᆞ니우리북반구에셔눈낫즌졈졈길어가고밤

은낫시길어가눈티로졈졈졀어가다가양력삼월이십일일즘에가셔히가뎐져도에니르

면이때에눈츈분뎜이라그때에져도에셔눈히빗출바로밧아졍오에눈히롤뎡뎡으로볼거

시니히가젹도에니르면온셰샹에쥬야가다시다굿ᄒᆞ니라이때에우리북반구에셔눈봄

이오남반구에셔눈가울이니라

(士) 싸히궤도로힝ᄒᆞ매히가졈졈북을향ᄒᆞ야옴겨날

마다놉하지며날마다빗치졈졈바로빗최이다가양력륙월이십일일즘에눈다시최고뎜

에니르러하지가되ᄂᆞ니라우리가여름재말브터이열두재말셕지싸히일년에힝ᄒᆞ눈길

九十八

울보왓스니스시의밧고이눈것과쥬야의쟝단되눈리쳐룰알수잇눈니라이러케디구가
꿰도로일년동안도라가눈것과사졀과밤낫시밧고이눈거슬보고셩가ᄒ면네로브터지
금석지흥샹이틱로되엿고또이후에텬딩가엽셔질쎄ᄭ지도흥샹이틱로될줄을밋을거
시라

(츌)디구가ᄒ에셔샹거가늘굿지아니흠이라○이우희임의말ᄒ엿거니와겨울에눈녀름
보다ᄒ가삼빅만영리나갓가오니그런즉겨울이녀름보다더울ᄯᆺᄒ나그러나이쎄에
우리북온틱에셔눈ᄒ빗츨비스듬ᄒ게밧눈고로비록갓가오나ᄒ빗밧눈거시겨어셔덥
지아니ᄒ니라

(齒)남온틱의하졀이라○ᄯ라ᄒ근일뎜아근에잇슬젹에눈남온틱에하졀이되고ᄯ라ᄒ원일
뎜아근에잇슬쎄에눈북온틱에하졀이되눈고로남온틱에하졀에ᄒ빗밧눈거시북온틱에하
졀에ᄒ빗밧눈것보다삼십분지일이더우나라우리가이리쳐룰알면남온틱가심히
운연고룰알거시라근릭에엇던사롬이샹고ᄒ여보고ᄒ눈말이음력졍월에오스쓰릭아
남편에셔눈ᄒ빗쳬더운거시일빅팔십도에니르니삼십이도만더잇스면물쓸눈한뎡이
될거시라ᄒ고또엇던비함쟝이말ᄒ기룰오스쓰릭아에셔셩류화가싸헤쪄러지매죽시
불이니러난일이잇셧다ᄒ엿느니라오직남온틱의동졀에눈싸히근일뎜에잇눈고로북
온틱의동졀보다더옥차니라그런고로두반구에덥고찬거슬도합ᄒ야평균히말ᄒ면셔

뎨이쟝

九十九

뎨 이 쟝

百

로거반굿흐니라

(五)하지가극히더운째가아니오동지가극히치운째가아니라○우리북온티에셔눈극히
더운날은하지날이아니며극히치운날은동지날이아니니그연고룰말흐면이차고
더운거손히빗츨잘밧고못밧눈티달넘이라하지될째에눈싸혀셔낫에밧눈히의열긔가
밤에헷치눈열긔보다만흔고로날마다열긔가졈졈싸혀여가다가하지지낸후에극히덥
고동지될째에눈낫에밧눈히의열긔가밤에헷치눈열긔보다젹은고로동지지낸후에열
긔가졈졈주러져극히치우니그런고로하지날을지낸지얼마후에라야극히덥고동지날
을지낸지얼마후에라야극히치우니라

(六)하졀은동졀보다날수가만흔거시라○히가싸궤도즁심에잇지아니흐고타권된궤도
두즁심즁에혼즁심에잇눈고로싸히그길노힝흐야츈분브터츄분지갈동안에그궤도
졀반을넘어가눈니라그런고로하졀이동졀보다긴거시오쏘싸히속이근일뎜에셔눈
원일뎜에잇슬째에보다샌른고로동졀과하졀의날수쟝단이더옥굿지아니흐니라

(七)싸히쾌도로도라가눈지속이굿지아니흐니라○싸히근일뎜에셔브터원일뎜에지내
기싸지눈히의흡력이싸희지속을좀더디게흐고그후에원일뎜에셔브터근일뎜에니르
기싸지눈히의흡력이디구가궤도로도라가눈방향과좀순흔고로싸히더샐니가게흐눈
니라셜흔흔재그림을보고싱각흘거손싸히원일뎜에잇슬젹에졍권으로도라라갈것굿흐

뎨삼십일도

면밧긔잇는뎜천둥구립이로도라갈거
시오 쏘근일뎜에잇슬적에눈졍권으로
도라갈것곳흐면가온티잇는적은뎜천
동구립이로도라갈거신티그러나졍권
으로도라가지안코두졍권ㅅ이에잇는
타권된궤도로도라가느니원일뎜에갈
때에눈밧긔잇는졍권을닷치고근일뎜
에갈때에눈가온티잇는졍권을닷칠거
시니근일뎜에셔브터원일뎜에갈동안
은 그두졍원샹거만치히셔멀니가고
원일뎜에셔브터근일뎜에갈동안은그
두졍권샹거만치히의게로더갓가히가
니근일뎜에셔원일뎜ㅅ지갈동안은히
의흡력을좃에셔원잇는티만치ㅅ스려가고원일뎜에셔근일뎜ㅅ지갈동안은히의흡력
을원에셔ㅈ잇는티만치순흐게가느니이거손두즁심의샹거와곳흐니라

(大)
사름이북극에셔는히롤이샹흐게봄이라○만일사름이양력삼월이십일일에북극에

뎨이쟝

百一

뎨이쟝

서셔히롤보면긔이후게힝후눈거슬볼터이니후히가텬공디평계로도눈것곳치보이고이

십스시에훈박회도라갈적마다오르지도아니후고누리지도아니후야디평계즐과평훈

줄노도라가눈것곳치보이되다만날마다졈졈놉하져셔양력룩월이십일일하지섯지눈

디평계에셔이십삼도반을올나가누니이눈디평계에셔텬뎡가눈샹거의스분지일좀남

눈거시라이째눈뎨일놉히잇슬째이오일노브터졈졈누려가기롤그길이나스실과곳치

보이다가셕돌을지내면디평계에누르니곳츄분이라그째에히롤보면히졀반은바다면

에나타나눈것과곳고졀반은물속에슘은것과곳흔지라일노브터아래로써려져셔오래

지아니후야온톄가다보이지아니후고다만환후기만후다가환훈것도안보이고동지가

되면디평계아래이십삼도반을누려가누니이째에북극에셔눈밤즁이오또겨울이라일

노브터다시도라와셔우희로올나가며졈졈환후여지다가다시디평계에셔나타나고츈

분에눈나타나셔젼과곳치스물네시동안훈박회돌고다시올나와나스실곳흔길노힝후

야양력룩월이십일일에던디평계에누르누니북극에셔히롤보눈형샹이이러후나라

(尤)싸희츕이황도와졍각직션될것흐면히가텬도롤눌향훌거시니디평계훈곳에셔만미일쓰고훈곳에셔만미

션될것곳흐면엇더케됨이라○만일싸희츕이황도와졍각직

일져셔던공에훈원권으로만흥샹힝후고또일년동안에각곳에쥬야가다곳겟스며또겨

도에눈눌몹시덥고남북온듸눈온화훈봄이오두극이갓가온듸경에눈눌치운겨울이

五二

뎨이장

뎨 삼 십 이 도

이천년동안에두분졈이셔편으로서러진그림

녜왈츈분뎜　　군년츄분뎜

산야ᄌᆞ 젹도　　　　　　　　뎌젹도 앗 ᄉ

뎜일곤　　　　　　　　　　　뎜일원

산야 젹도ᄌᆞ　　　　　　　　뎌젹도 앗 ᄉ

군년츈분뎜　　빗졀츈분뎜

될거시라

(ㅜ) 싸희젹도가황도와졍각직권될것곳흐면엇더케됨이라 ○ 만일싸희젹도가황도와졍각직권될것곳흐면젹도에셔는히보기롤춘분쎄눈텬젹도로도라가다가그후셕돌동안은젹도로브터북을향ᄒ야졈졈젹은원권으로도라가다가하지쎄에눈텬북극에니르러머무럿다가도로젹도로향ᄒ야차차큰원권으로도라가셔셕돌을지낸후에츄분쎄에눈젹도에다시니르러텬젹도로도라가고그다음셕돌동안은남극을향ᄒ야민일졈졈젹은원권으로도라가다가동지쎄에눈남극에가머므럿다가또그다음셕돌동안에도로젹도에니르는거슬볼거시라만일사름이젹도에셔셔보면이러ᄒ되그러나반구에셔셔보면히가민일뎡공을도라힝ᄒ야졈졈북극으로나시실곳치울나가셔빗치북극에바로최여우리

三二

북반구에셔는늘낫되게ᄒ엿다가그후에다시련져도로도라와나ᄉ실굿치져도에도라
왓다가젹도롤지내셔남극을향ᄒ야ᄂ려가남극디경에잇슬동안은우리북반구에셔는
늘밤되게ᄒᄂ니라

예이쟝

칠됴는 셰차라

전에의론ᄒ기롤츈분츄분뎜은옴기지안는다ᄒ엿스되조곰은옴기ᄂ니라이쳔여년젼
에헬나국뎐문ᄉ힙바씃가두분뎜이황도롤촛차졈졈뒤로물녀가ᄂ거슬알아냇는되
지금뎐문ᄉ가그물녀가ᄂ지속을회계ᄒ여보니미년에오십효ᄉ분지일이라만일디면
각쳐에셔밤낫시굿혼츈분ᄯᅢ에히가황도어ᄂ곳에잇ᄂ거슬혀됴엿다가그잇음히에다
시보면젼년보다오십효ᄉ분지일이셔편으로ᄯᅥ러질거시니이거슬시간으로말ᄒ면이
십분이십삼쵸라 이ᄯᅢ에젹도평면이쑥히
십분이십삼쵸라의즁심을지내ᄂ니라 만일이러케되지아닐것굿흐면미년에히가이
십분이십삼쵸가더길거시라민년에이러케어그러지ᄂ거슬셰차라ᄒᄂ니라황도는삼
빅륙십도로는호왓스니츈츄두분뎜이황도로미년에오십효ᄉ분지일식어그러져셔ᄒ
박회도라가ᄂ히수는이만오쳔팔빅년이라셜혼둘재그림을보고셩각ᄒᆯ거손힙파거쓰
가셰차리치를알아낼ᄯᅢ브터지금ᄭᅡ지이쳔여년동안에츈츄분뎜이히마다졈졈셔편으
로ᄯᅥ러진거시도합삼십도슴되ᄂ니하지동지뎜도그만치어그러지엿ᄂ니라이우회ᄉ

百四

물아홉재그림을임의보왓스니근년에츈츄분과동하지뎜이잇는곳을알거니와그네뎜은지금이셜흔둘재그림에일홈쓰지아니혼곳에잇느니라

데삼십삼도

홈변이축와도케희써로으힘의차세

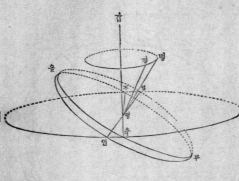

셰차의결실이라○우희스물아홉재그림을보앗스니져도의평면이황도의평면과빗기게사괴인줄을알거시라싸져도평면이그방향을조곰변흥여야히즁심지나가기를밀년오십쵸소분지일식셔편으로써러질거시라싸희츅을의론흥면져도평면과졍각직션이되엿스니그런고로디구가케도로도라갈동안에간곳마다그축의방향은평행되여변흥지아니혼다흥나그러나즈셰히궁구흥면조곰어그러지는것잇스니그방향이조곰식변홈으로이만오쳔팔빅년동안에북극이텬공에셔황도의츅을의지흥고젹은원권으로흔박회도라가느니그젹은원권

의반경은이십삼도반이라이리치룰알고져흥면셜흔셋재그림을보시오그림에텬즈디

데 이 쟝

도 ㅅ 십 삼 대

점려그어치만도십삼에안동년쳔이가표셩와좌셩

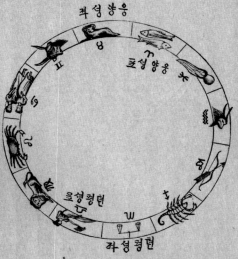

좌셩향응

쵸셩향응

쵸셩평뎐

좌셩평뎐

대 이 쟝

츅은황도의평면이오갑뎡은황도의츅인디황도와졍각된직션이라가령아모희에츅을

조무가싸희격도의평면이될것곳흐면몃히지낸후에싸희격도의평면이어그러져셔인을

임무가될거시오싸희격도가옴
기는뒤로싸희츅도옴길터인고

로옴기기젼에싸희츅은병뎡이
되엿다가옴긴후에눈뎡경이되

느니싸희츅의방향이뎡갑으로
적은원권을좃차도라가느니라

뎡갑션은그젹은원권즁심에잇
눈고로싸희츅이방향을옴길지

라도뎡갑션과사괴인각은변흐
지안눈지라그런그로병뎡갑의

샹거와경뎡갑의샹거눈곳흐
니라쏘싸츅의방향옴기눈거슬

말흐면북에셔보기에눈시계침과곳치도라가눈디이눈디구즛젼흐눈방향과반디라하

눌의북극은졈졈옴기나옴기눈거시민우더된지라지금은그샹거로말흐면북극이북극

百六

셩에셔혼도슈분지일이면지라그후에졈졈북극셩갓가히가ᄂᆞᆫ디이빅년후에ᄂᆞᆫ북극과

샹거가반도되기ᄭᅡ지갓가히갓다가거괴롭지내여일만이쳔년후에ᄂᆞᆫ직녀셩이북극셩

이될거시라슈쳔오빅년젼에ᄂᆞᆫ텬룡셩좌에잇ᄂᆞᆫ붉은별두반이북극셩이되엿더니라○

별의격경도ᄂᆞᆫ다츈분뎜으로브터동편을향ᄒᆞ야텬겨도롤솟차회계ᄒᆞᄂᆞᆫ디셰차됨으로

츈분뎜은민년에오십쵸슈분지일식ᄯᅥ러지니별의격경도ᄂᆞᆫ민년에오십쵸슈분지일식ᄯᅥ러

이ᄂᆞᆫᄂᆞ니라황도되의셩좌ᄂᆞᆫ텬공에붓치고옴기지아니ᄒᆞ되셩표ᄂᆞᆫ셰차리치되로분뎜

이옴기ᄂᆞᆫ거슬솟차옴기ᄂᆞ니셩좌일홈지을ᄯᅢ에ᄂᆞᆫ그러케옴기ᄂᆞᆫ줄모로고셩표일홈도

셩좌일홈과ᄀᆞᆺ치지엿더니그ᄯᅢ브터지금ᄭᅡ지이쳔년동안에분뎜이셜혼도즘ᄯᅥ러졋스

니츈분뎜에히가웅양셩좌에잇지아니ᄒᆞ고쌓어셩좌에잇ᄂᆞᆫ지라그러나츈분뎜이ᄯᅥ러

지ᄂᆞᆫ디로셩표도ᄯᅥ러지니셩표로말ᄒᆞ면츈분뎜에히가웅양셩표에잇다ᄒᆞ되셩좌로말

ᄒᆞ면히가실노쌓어셩좌에잇ᄂᆞᆫ지라그런고로셩표즁에ᄂᆞᆫ웅양셩표가쳣재로되셩좌즁

에ᄂᆞᆫ쌓어가쳣재니라삼십사도롤보시오

셰차되ᄂᆞᆫ리치롤알고져ᄒᆞ면몬져이아래멋가지리치롤알거시니

(一)ᄯᅡ흔둥구러온구슬과ᄀᆞᆺ치안코격도가조곰두드러지기롤균모양과ᄀᆞᆺ치혼거시오(二)

히의셥력은무슴물건이던지히에셔갓가히잇슬스록셥력이클거시오(三)히의셥력이다.

구롤ᄲᅡ아당기기롤온톄롤혼겁에ᄲᅡᄂᆞᆫ거시아니오ᄯᅡ히각질뎜을졔각ᄭᅢᆷᄲᅡᄂᆞ니라셜혼

뎨이쟝

百七

도 오 십 삼 뎨

ᄒᆞᆯ벅이길ᄂᆞᆫᄒᆞᆷ의산온가갓에도젹로ᄋᆞ력셥의희

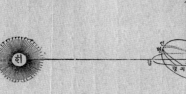

다솟재그림을보고알거시니와ᄯᅡ히동지ᄯᅢ에되ᄂᆞᆫ형샹을ᄀᆞᄅᆞ천거시니츅은북극이오

갑을은황도의평면이오진은디심이오진ᄃᆞᆫ디심이오ᄌᆞᆺ진츅은황도

교각이라동지에북남극은납작ᄒᆞ고인무ᄂᆞᆫ젹에도의두드러진곳

지엇ᄂᆞ니라디구의방향이이러케될젹에도의두드러진곳에셔인

이히와직션으로샹되ᄂᆞᆫ지안코얼마빗게질거시오히에셔인진

이진보다갓가온고로히가인을ᄲᅡᄂᆞᆫ셥력이싸줌심에잇ᄂᆞᆫ진

을ᄲᅡᄂᆞᆫ셥력보다큰거시니그셥력의형세가인은ᄂᆞ려갑에니

르게ᄒᆞᆷ려ᄒᆞ며무ᄂᆞᆫ올녀을에니르게ᄒᆞ랴ᄒᆞᄂᆞᆫ거시오진의밧

ᄂᆞᆫ셥력은무보다클터인고로그셥력의형세가진은무에셔멀

니ᄯᅥ나게ᄒᆞᆷ려ᄒᆞᄂᆞᆫ고로무ᄂᆞᆫ올녀을에니르게ᄒᆞᆷ려ᄒᆞᄂᆞ니만

일인을ᄂᆞ려갑에니르게ᄒᆞᄂᆞᆫ것과무ᄅᆞᆯ올녀을에니르게ᄒᆞ라

고ᄒᆞᄂᆞᆫ그두형셰ᄅᆞᆯ합ᄒᆞ면들다ᄯᅡ희츅이바로셔게ᄒᆞᆯ거시오

진츅이진ᄎᆞ와ᄀᆞᆺ치졍각직션이될거시로되디구가ᄌᆞᆺ젼ᄒᆞᄂᆞᆫ

고로그러케되지아니ᄒᆞ고진츅의지아젹은원권으로도

라가게ᄒᆞᆯ거사ᄅᆞᆫ가령우리가젹도에잇ᄂᆞᆫ놉흔산을가지고셩각ᄒᆞ면만일ᄒᆞ가이산을셜

지아니ᄒᆞᆯ것ᄀᆞᆺ흐면ᄯᅡ히졀반즈젼ᄒᆞᆯᄯᅢ에ᄂᆞᆫ묘인긔ᄅᆞᆯ힝ᄒᆞᆯ거시나오직이산이싸줌심보

다히가갓가온고로흡력이산을인도ᄒ야아래로ᄂ려가게ᄒ여져셔싸히바로셰게ᄒ기룰

이우희말ᄒᆫ것과ᄀᆞ치ᄒᄂᆞᆫ고로산에힝ᄒᄂᆞᆫ길은묘병뎡이되고싸히황도룰긔로지내지

안코뎡으로지낼터인고로조곰일즉될거시라이ᄂᆞᆫᄒᆞ면만말ᄒᆫ거시로되그마즌면도

이면과ᄀᆞ치일즉가게ᄒᆞᄂᆞᆫ형셰가죵잇스니싸히졀반마자도라갈동안에산이힝ᄒᆞᄂᆞᆫ길

도룩십삼데

이을보다갓가온고로황도룰조곰일즉지낼거시라이거손

훈산만의론ᄒᆫ거시나그러나젹도지경에싸형셰가본리두

드러졋스니그두드러진싸도이우희말ᄒᆫ산으로비유ᄒᆫ것

과ᄀᆞ치되ᄂᆞ니라그결국은싸젹도의방향을조곰식옴겨년

년이황도룰얼마식일으게사괴일거시라싸도ᄒᆞ지ᄯᆡ에도

동지ᄯᆡ와ᄀᆞ치싸희젹휵을바로셰게ᄒᄂᆞᆫ형셰가잇스되오직

츈츄두분ᄯᆡ에ᄂᆞᆫ싸희젹도의평면이ᄒᆡ즁심으로지난고로

그러케되지안ᄂᆞ니라싸희반경진츅은젹도변ᄒᆞᆫᄃᆡ로변

ᄒᄂᆞ쳔쳔히에워도라가셔진즈의소괴이ᄂᆞᆫ각을변ᄒᆞ지안코진즛룰이만오쳔팔빅년동

안에훈번도라가ᄂᆞ니도라가ᄂᆞᆫ권의직경은스십칠도니라

셰리도ᄂᆞᆫ거스로셰차리치룰히셔홈이라○싸휵의동ᄒᆞᄂᆞᆫ거슬셰리돌아가ᄂᆞᆫ리치로비

유ᄒᆞᆯ수잇스나그러나디구룰동ᄒᆞᆫ게ᄒᄂᆞᆫ힘과셰리룰동ᄒᆞᆫ게ᄒᄂᆞᆫ힘이서로반ᄃᆡᄒᄂᆞᆫ고

뎨이쟝

데이쟝

百十

도철십삼뎨

길춤진러으굽의극북텬

로공효도도반듸되느니라셜흔다솟재그림을보고안거산만일싸히돌지아니ᄒᆞ면히의흠

력이젹도의두드러진거술쌀아아래로느려가게ᄒᆞ여셔진츅이진ᄌᆞ에ᄂᆞ르게ᄒᆞᆯ거시니

오직싸히ᄌᆞ젼ᄒᆞᆫ고로결국이싸희츅으로ᄒᆞ여곰진ᄌᆞ룩에워도라가게ᄒᆞ고진ᄌᆞ젼ᄒᆞᆫᄂᆞᆫ

것과반듸되게도라가ᄂᆞ니라셜흔여솟재그림에진츅은도ᄂᆞᆫ셰리오진ᄌᆞᄂᆞᆫ졍각직션이

라ᄒᆞ면싸희흠력은진츅을쌰라진ᄌᆞ룩멀니ᄯᅥ나게ᄒᆞ야셰리로싸혜ᄯᅥ러지게ᄒᆞ려ᄒᆞ니

만일셰리가돌지아니ᄒᆞᆯ것ᄀᆞᆺ흐면필연싸혜ᄯᅥ러질거시

로되다만셰리가샐니돌때에ᄂᆞᆫ싸희흠력을인ᄒᆞ야기울기울ᄒᆞ며

타가쳔쳔히돌때에ᄂᆞᆫ진츅의향쟉은곳치지안

진ᄌᆞ룩에워도라가되ᄌᆞ젼ᄒᆞᆫ것과싸희도

라가ᄂᆞᆫ것과반듸되ᄂᆞ니라

팔묘ᄂᆞᆫ 쟝동차 (章動差) 라

우희ᄂᆞᆫ싸히히의힘으로셰차되게ᄒᆞᆫ거술말ᄒᆞᆷ엿거니와돌도싸흘동홍게ᄒᆞᆫ힘이잇

ᄂᆞᆫ듸이옴기ᄂᆞᆫ거술쟝동이라ᄒᆞᆯ느니라돌이싸흘동홍게ᄒᆞᆫ힘이히보다삼곱이라이ᄂᆞᆫ

돌의톄질의이쳔칠빅만분지일즘만되나싸혜셔샹거가히보다ᄉᆞᆺ빅빈나갓가온고로싸

흘동홍게ᄒᆞᆫ힘이만ᄒᆞ느니라돌의궤도의평면과황도의평면이사괴여각을지엿ᄂᆞᆫ듸히

가돌을쌀아그길을곳치게ᄒᆞᆫᄂᆞᆫ리치가우희싸면에놉흔산을쌰라그길을곳치게ᄒᆞᆫᄂᆞᆫ리

뎨삼십팔도

텬북극이ᄃᆞᆯ의흠력으로구불구불ᄒᆞᆼ게듣니는그립

갑 / 평 / 을 / 병 / 우 / 조 / 크

치와ᄀᆞᆺᄒᆞ니그효험도ᄀᆞᆺ흘지라ᄒᆡ가ᄃᆞᆯ을썲으로ᄃᆞᆯ의궤도의평면과황도의교뎜이셔편으로민년에십구도반식도라가셔십팔년십일동안에혼번도라가ᄂᆞ니ᄃᆞᆯ의궤도의

데이쟝

평면이반박회도라갈아홉히동안에눈그방향이ᄊᆞ희젹도의평면의방향과순흥게황도와ᄉᆞ괴이고그다음에반박회마자도라갈아홉히동안에는그방향이ᄊᆞ희젹도평면의방향과반디게황도와ᄉᆞ괴이ᄂᆞ니라ᄃᆞᆯ의궤도의평면과ᄊᆞ희젹도의셰셰차가좀더디되고그방향이서로반디될때에는ᄊᆞ흘동흥게눈형셰가만ᄒᆞ셰셰차가셜니되ᄂᆞ니라그방향이서로디될때에는ᄃᆞᆯ이ᄊᆞ흘동흥ᄂᆞᆫ형셰가히가ᄊᆞ흘동흥ᄂᆞᆫ형셰롤만히도와주어셔셜니가게ᄒᆞ고그방향이서로순흥게될때에눈ᄃᆞᆯ이ᄊᆞ흘동흥ᄂᆞᆫ형셰가히가ᄊᆞ흘동흥ᄂᆞᆫ형셰롤젹게도와주는고로ᄃᆞᆯ이ᄊᆞ흘동흥ᄂᆞᆫ형셰와히가ᄊᆞ흘동흥ᄂᆞᆫ형셰가합흥여셔크게될때도잇고젹게될때도잇는고로텬북

극의도라가는원권이둥구럽지안코우불불혼길노도라가ᄂᆞ니이거슬쟝동차라ᄒᆞᆫ니라설혼닐곱재그림을보고성각ᄒᆞᆯ거시ᄂᆞ그가온듸뎜쳔줄은히가ᄊᆞ흘동흥ᄂᆞᆫ힘은업고

뎨이쟝

돌이싸흘동흥눈힘만잇슬것굿흐면뎐북극이도라가눈원권이오히와돌이싸흘동흥게

흥눈힘을합흥여셔텬북극이도라가눈길은우불구불훈즐이니라그림에눈우불구불훈

거시니무과흥나속리치만싱각흘거시니이우희말흥기룰싸츅이북극을도눈동구림이

가이십삼도반이라훈거슨평균히말훈거시어니와그림을보면클때도잇고젹을때도잇

눈니라셜흔여돼재그림을보면그리치룰더즈셰히알거시라그그림을보고싱각흘거슨

갑은황도의텬북극이오을뎡병무뎜친즐은히의셥력을인흥야텬북극이갑을에워도라

가눈길이니만일둘이싸흘동흥게눈형셰가업슬것굿흐면그방향이뎐북극뎜친즐노

둔녀셔무로둔닐터인뒤그러나돌이싸흘동흥게눈형셰가잇눈고로싸츅의방향이뎐

북극의우불구불길노둔녀셔괴에갓다즛에갓다흘거시니라

젹황각도변흠이잇슴이라○례스로히말흥면젹황각이뎡흥고옴기지안눈다흥나그러

나텬문스들이급히샹고흥여보니조곰은옴긴다눈뒤민빅년에젹황각이스십륙쵸식변

흘거슨힝셩의셥력이졈졈싸희궤도의방향을변케흠이라지금은젹황각을주려지눈게흥

나오리후에눈다시늘게흘거시라일뎡훈규모가잇셔늘엇다흥눈수눈도모지훈

도이십일푼인뒤이러케어그러지눈거시만년에훈번이니즛명죵츄굿치릭왕흥기룰만

년만에갓다만년만에오눈지라

百十二

이우희말ᄒᆞᆫ셰차와쟝동차와젹황각변ᄒᆞᆫ리치ᄂᆞᆫ서로셕겨셔ᄂᆞᆫ호기어려워오되글가온

딕ᄂᆞᆫ조곰식ᄂᆞᆫ호와말ᄒᆞᆼ엿ᄉᆞᄂᆞᆼ나식ᄀᆞ릭치지아니ᄒᆞᆼ고서로얽겨셔셜ᄒᆞᆫ닐곱재그림

과곳차련북극의도라가ᄂᆞᆫ길이우불구불ᄒᆞᆫ형샹을일우엇ᄂᆞ느니라젹황각이변ᄒᆞᆼ눈고로

희의최고뎜은젼보다좀ᄂᆞ자지게ᄒᆞᆼ고최비뎜은좀놉하지게ᄒᆞᆼ느니이럼으로디구의뎡

ᄒᆞᆫ남북온도와남북한권이졈졈옴기고ᄯ도ᄒᆞᆫ녯젹젹도남편에잇던별이북으로옴기고져

도북편에잇던별이북으로더옴긴고로ᄌᆞ셰히슬피면별의젹위도도졈졈변ᄒᆞᆼ느니라

ᄯᅢ궤도의쟝경이변홈이라○우희임의셰차와쟝동차와젹황각변ᄒᆞᆫ리치ᄂᆞᆫ말ᄒᆞᆼ엿거

니와이밧긔ᄒᆞᆫ가지말홀거시잇ᄉᆞ니ᄯᅢ궤도쟝경의방향이졈졈옴기ᄂᆞᆫ딕그결국은우리

ᄉᆞ졀의쟝단을곳치게ᄒᆞᆼ느니라예수젼삼쳔구빅오십팔년복희씨젼일쳔일빅여년츈분

ᄯᆡ에ᄯᅢ히근일뎜과가을이겨울과봄보다지금은ᄯᅢ히근일뎜에잇는고로녀름과가을이일반으로길고겨울과봄이일반으로길엇스

나그러나녀름과가을이겨울과봄보다좀졀은지라지금은ᄯᅢ히근일뎜에잇는고로녀름과가을이일반으로길고겨울과봄이일반으로길엇스

이월삼십일일에잇스되예수후일쳔이빅륙십칠년에ᄂᆞᆼ양력십이월이십일일동지ᄯᆡ에

ᄯᅡ히근일뎜에잇섯스니봄과녀름이가을과겨울보다좀더길지라ᄯᅩᄒᆞᆫ예수후륙쳔ᄉᆞ빅구십삼년춘분ᄯᅢ에

러나봄과녀름이가을과겨울보다좀더긴지라ᄯᅩᄒᆞᆫ예수후일쳔칠빅구십삼년춘분ᄯᅢ에ᄯᅡ히근일

을가이겨울과봄보다더길거시오예수후일만일쳔칠빅십구년에ᄂᆞᆫ하지ᄯᆡ에ᄯᅡ히근일

ᄂᆞᆫᄯᅡ히근일뎜에가잇슬터인딕녀름과겨울과봄이서로곳고되녀름과

뎨이쟝

百十三

대이쟝

뎜에잇슬터이오쏘훈예수후일만륙쳔구빅스십오년에눈츄분쌔에짜히훈박회도라가

셔다시군일뎜에잇슬거시니라

여러가지조곰식변훙눈즁에뎡훈법측이잇슴이라○이우희말훈디로짜회궤도눈훙샹

타권형샹으로곳쳐고짜궤도의쟝경이훙샹도라가며북극도훙샹그방향을곳쳐기룰시

계침이시계면으로도라단니눈것곳쳐이만오쳔팔빅년만에훈번도라가고쏘디구가공

즁에돌녀일월셩신의셥력에쓸녀올녓다ᄂᆞ렷다훙기룰쉬지아니ᄒᆞ니다른별도을녓다ᄒᆞ

으시간이이곳지아니ᄒᆞ니오만이러케변훙기룰마지아니훌것곳흐면눈즁에눈지금형

셰가변훌거시되되다만변훙눈거시뎡훈법측이잇눈고로그한뎡훈밧긔넘어가지아니훌

지라쏘하ᄂᆞ님쎠셔챵셰긔팔쟝이십이졀에허락ᄒᆞ시기룰이후에짜히잇슬동안은심으

고거두눈것과한셔와동하쥬야가영원히긋치지아니ᄒᆞ리라훙엿고쏘근리에뎐문스가

확실훈증거룰엇엇스니이럼으로스졀이훙샹잇셔이셰샹끗쉬지눈던디룰창조ᄒᆞ신하

ᄂᆞ님쎠셔뎡훙신법측을의지ᄒᆞ야그허락ᄒᆞ신되로될줄을알거시니라

　　구됴눈　몽긔차　(蒙氣差)　라

공긔가짜면에셔빅여영리ᄭᅥ지올나가도록잇눈되짜면이갓가올스록촘촘ᄒᆞ고놉흘스

록셩긔니뎌일월셩신의빗치멋츙긔운을지내가면아래로굽으러져ᄂᆞ려가눈거시활지

과굣치되여그긔운이촘촘ᄒᆞ고셤긴되로굽으러지ᄂᆞ니라광학에뎡훈법이잇스니별의

도 구 십 삼 뎨

뎨이쟝

빗치사룸의눈에드러가기젼에오십번이나방향
을굽으러지게변홀지라도므즛막구븨에와셔사
룸의눈에드러가보일째에는그별이므즛막구븨
보이는방향으로잇눈줄노보느니그런고로사름
이일월셩신을볼째에춤잇눈곳은쪽히보지못
ᄒᆞᄂᆞ니셜혼아홉재그림을보면가령히빗치공긔
로막눈거시업슬것곳흐면긔로바로누려쏘일거
시나그러나공긔가히빗츨막눈고로굽으러져셔
무에니롤듯훈티그러나훈번만굽으러진것아니
오쏘에셔도촘촘훈공긔롤맛난고로무로가지
안코굽으러져병에가셔사룸의눈에드러가느니
그런고로사룸이히롤보매병을갑히굽은길노히
롤보지안코병을시곳은길노보는고로히잇눈쳠
디경을보지안코히빗만보는거시라몽긔차가만
히되고젹게되눈거순공긔가마르고습ᄒᆞ며덥고
찬서ᄃᆞ기라별이뎡녕에잇슬것곳흐면어그러질

百十五

뎨이쟝

거시업슬거시오뎐덩으로브터ᄂᆞ려가셔디평게갓가올스록몽긔차가더옥만히되ᄂᆞ이

거손ᄂᆞ려갈스록공긔가더옥만하촘촘ᄒᆞᆫ고로그림에히가던덩에잇슬것굿흐면히

빗처뎡에셔볍에갈거시니그샹거ᄂᆞᆫ불과빗여영리로되히가디평게에잇슬것굿흐면히

빗치뎡에셔볍에갈거시니그샹거가면고로몽긔차가더만히될거시니라엇던ᄯᅢ에ᄂᆞᆫ몽

괴차가삼십오푼ᄯᅡᆫ지될젹이잇ᄂᆞ니라

일월이디워를변호고형샹을곳첨이라○히가디평게아래잇슬지라도

사름보기에ᄂᆞᆫ디평게우희잇ᄂᆞᆫ것굿흐니라가령예슈후일쳔팔빅삼십칠년양력스월이

십일에히가ᄯᅥ러지기젼에월식ᄒᆞᆼ엿ᄂᆞ니

이ᄂᆞᆫ데가반도즘식넘은고로무론어ᄂᆞᄯᅢ던지우리보기에히와둘의아래숨아리가디평

게에바로닷칠ᄯᅢ면임의디평게아래드러간줄노알거시라이ᄯᅢ에만일몽긔차되ᄂᆞ니치

가업슬것굿흐면ᄯᅡ흘거시라스십재그림을보고알거시니사름이디구우희갑에

잇슬것굿흐면ᄯᅡ흘둘너싼공긔ᄂᆞᆫ조진뎡과굿치될거시오좌우셤은뎐디평게이오히가

뎐디평게아래히에잇슬지라도빗춘조에와셔굽으러진고로갑에잇ᄂᆞᆫ사름보기에ᄂᆞᆫ히

가시에잇ᄂᆞᆫ것굿치보고ᄯᅩ돌이뎐디평게아래돌에잇슬지라도빗춘진에와셔굽으러진

고로갑에잇ᄂᆞᆫ사름보기에ᄂᆞᆫ가에잇ᄂᆞᆫ거스로볼거시니그런고로히가던디평게아래잇

고돌이뎐디평게아래잇ᄉᆞ니ᄂᆞ이러케될ᄯᅢ에ᄯᅡ히빗출ᄭᅳ리워월식이되ᄂᆞ니라그러나

百十六

뎨십ᄉᆞ도

갑에잇ᄂᆞᆫ사ᄅᆞᆷ보기에
눈ᄒᆡ의톄와ᄃᆞᆯ의월식
된톄ᄅᆞᆯ볼수잇ᄂᆞ니라
일월셩신이디평계갓
가올ᄯᅢ에납작ᄒᆞᆫ모
양이나타난거ᄉᆞᆫ아래
변ᄌᆞ리에셔온빗촌웃
변ᄌᆞ리에셔오ᄂᆞᆫ빗보
다더촘촘ᄒᆞᆫ공긔ᄅᆞᆯ지
내셔오ᄂᆞᆫ연고니라그
런고로바로션직경이
러고ᄇᆞᆯ빗치졈어둡고ᄇᆞᆯ빗

가루션직경보다졉어져서타권형샹이되ᄂᆞ니라디평계갓가올ᄯᅢ에ᄂᆞᆫ눈
지못ᄒᆞᆫ거ᄉᆞᆫ텬뎡에잇슬ᄯᅢ보다지내ᄂᆞᆫ공긔가촘촘고둣터운션듸이라이런고로ᄇᆞᆯ빗
치낫ᄀᆞᆺ처ᄂᆞᆫ보지못ᄒᆞ니엇던ᄯᅢ에ᄂᆞᆫ눈샹ᄒᆞᆼ지안코보게될ᄯᅢ도잇ᄂᆞ니라
몽롱(朦朧)이라○ᄒᆡᄯᅥ러진후와ᄒᆡᄯᅳ기젼에환훈빗촌몽롱이라ᄒᆞᆫᄂᆞᆫᄃᆡ이ᄂᆞᆫᄒᆡ빗치공
긔에ᄡᅬ여ᄲᅥᆨ김을닙어ᄯᅡ흐로도라옴이라ᄒᆡᄯᅥ러진후에얼마동안은그빗치ᄲᅥᆨ거져ᄯᅡ면

뎨이쟝

百十七

뎨 이 쟝

에 니르기도ᄒᆞ고 그다음에 눈놉흔디 잇눈구롬과 놉흔디잇눈공긔에 빗최이눈거시니 이

눈 히 뻐러진후에 사룸이 평원에 잇셔 즈긔 눈에 히 빗씌 우눈거순 보지못ᄒᆞ나 놉흔산 우희

잇눈히 빗춘볼수잇눈리치와 굿흐니 눈려가눈디로 빗최 졈졈적어 져어 두어셔 밤이되눈니라

너히가 졈졈디 평계아래로 멀니ᄂᆞ려가눈디로 빗최 졈졈적어 져어두어셔 밤이되눈니라

또아츰에 히가쓰기젼에도 그리치와굿치되나 그러나아츰에 눈져녁과 반디되여 졈졈붉

아지ᄂᆞ니라

몽롱의시간쟝단을 회계홈이라 ○ 몽롱되눈동안은 평균수로 말ᄒᆞ면 히가디평계아래열

여듭도롤ᄂᆞ려가기ᄭᅡ지된다ᄒᆞ되 각ᄯᅡ헤셔 그곳이어ᄂᆞ위도에 잇눈것과 스시의졀긔와

공긔의 형편을술펴셔야 몽롱시간을 능히뎡홀거시니라 히둔니눈길이디평계와 만히빗

그러져 그사괸각이 젹을ᄯᅢ에 눈히가디 평계아래열여듭도ᄂᆞ눈려가눈동안이더오래되눈눈

고로 몽롱이길고 히둔니눈길이디평계와 젹게빗그러져 그사괸각이거반정각될ᄯᅢ에눈

히가디 평계아래열여듭도롤쌜니 지낸고로 몽롱이젹으니라 즁국북경의몽롱은 겨울에

눈흔시반동안되고 녀룸에눈두시동안되눈거시오 영국런던셔눈녀룸하지ᄯᅢ에 젼후흔

돌동안은 어두온밤이업고 히뻐러질ᄯᅢ브터 히쓸ᄯᅢ ᄭᅥ지 몽롱샌이니이ᄯᅢ눈히가북온도

우희 놉히잇눈디히 뻐러질ᄯᅢ도록 갈지라 다디내지못ᄒᆞᄂᆞ니라

겨도에 눈져녁몽롱이 늘흔시흔각 즘식되눈디 히가디평계롤정각직편으로도라가눈고

百十八

로디평계아래열여듧도느려가셔눈갑작히어두워밤되느니다른곳보다이상ᄒᆞ다ᄒᆞᄂ
니라몽롱이뎌일긴곳은남북극이니여ᄉᆞᆺ들동안밤되ᄂᆞᆫ즁에아츰몽롱이오십일이오져
녁몽롱이오십일이니라
히빗쳐혜여짐이라 ○ 붉은낫에히빗츌헷치ᄂᆞᆫ거시아츰져녁에몽롱되ᄂᆞᆫ리치와일반이
니공긔가빗츌썩ᄭᅥᆺ소면으로발ᄒᆞᄂᆞ니라만일이와ᄀᆞᆺ치되지아니ᄒᆞᆼ면히빗츌바로밧지
안ᄂᆞᆫ물건은보지못ᄒᆞᆯ리니이리치로밀우워보면구름이나나무나집이나무숨물건이던
지그늘친아래눈극히어두오리니이러ᄒᆞᆫ하늘에잇ᄂᆞᆫ별형샹을붉은낫에라도현연히
불거시오우리집문에히빗쳐바로ᄯᅱ우지아닐째에ᄂᆞᆫ다어두워낫에라도사름이집에셔
무숨일을ᄒᆞᆯ랴면등불을켜야될거시니라 ○ 우리가보기에ᄂᆞᆫ푸른하늘에무엇시잇ᄂᆞᆫ것
ᄀᆞᆺᄒᆞ나실상은그런거시아니오공긔가히빗츌밧아ᄉᆞ면으로헷쳐우리눈에보이게ᄒᆞᄂ
니라만일푸른하눌이업스면우리가미양하눌을쳐다볼때에두렵고썰니며우리머리가
어즐어즐ᄒᆞᆫ거시놉흔산에올나가셔깁흔굴을ᄂᆞ려다보ᄂᆞᆫ것과ᄀᆞᆺ흘지라그즁에하ᄂᆞᆫ님
의ᄉᆞ랑ᄒᆞᆼ심이나타나샤머리를들어브라볼수잇게ᄒᆞ시고ᄯᅩ흔사름의눈을즐겁게ᄒᆞ고
ᄆᆞ음을쾌락케ᄒᆞ셧도다
광ᄒᆡᆼ차 (光行差) 라 ○ 이우희몽긔차리치로일월셩신이디위롤변ᄒᆞᄂᆞᆫ거ᄉᆞᆫ임의말ᄒᆞᆼ엿
거니와ᄯᅩ흔가지변ᄒᆞᄂᆞᆫ일이잇스니이ᄂᆞ빗치동ᄒᆞᄂᆞᆫ것과ᄯᆞ히그궤도로ᄒᆡᆼᄒᆞᄂᆞᆫ거시합
ᄒᆞ야변동케ᄒᆞᄂᆞ니라그ᄯᅥᆨ을알냐면ᄊᆞ헤셔셔히션지샹거가구쳔삼빅만영리인ᄃᆡ빗치

대이쟝

百十九

혼쵸동안에십팔만륙쳔영리를가니이러케회계ᄒ면빗쳐히에셔싸샨지ᄂ려오기를팔

푼십팔쵸동안에야올거시라그런고로우리가히보기ᄂ지금된형샹되로보지안코팔푼

뎨 십 ᄉ 일 도

십팔쵸동안에이궤도로된형샹을보ᄂᄂ니라ᄯ또혼싸히팔푼십팔

쵸동안에이궤도로도라가기를실샹잇ᄂ곳은보지못

니그럼으로우리가히보기를보면가령혼구슬이텬에

ᄒᄂ니라마흔혼재그림을보면가령혼구슬이텬에

셔디에ᄯ러지ᄂ디물과조ᄉ이에무ᄉ흥흥나히잇

솔것ᄀᆺ흐면텬에셔ᄯ러지ᄂ구슬이조에와셔눈통

으로드러가ᄂ디만일그통이가만히잇고동흥지아

니ᄒ면이구슬은통아래물에ᄯ러질거시로되구슬

이조에셔디에ᄯ러질동안에그통이물에셔디에옴

길것ᄀᆺ흐면보기에ᄂ구슬이텬에셔ᄯ러지지안코

인에셔ᄯ러지ᄂ것ᄀᆺ흐니라이우희통으로비유흔

말과ᄀᆺ치사람이디구옴기ᄂ디로옴겨셔물

말과ᄀᆺ치인에셔오ᄂ것과ᄀᆺ치보이ᄂ니라더옥우리가ᄂ익히

지내본일노이리치롤비유로말ᄒ면양바롬불지안코비올ᄯ에우리가가만히서셔보

에셔디에갈동안에텬에셔오ᄂ빗쳐인에셔오ᄂ것과ᄀᆺ치보이ᄂ니라더옥우리가가만히서셔보

대ᄉ십이도

면비방울이곳추싸헤ᄯᅥ러러지ᄂᆞᆫ것곳초되쌸녀다름질ᄒᆞ면셔보면비방울이비스름ᄒᆞ게
느려와셔우리얼골에ᄯᅥ러지ᄂᆞᆫ듯ᄒᆞ며만일우리가뒤로물녀가면비가등에빗겨ᄯᅥ러지
ᄂᆞᆫ듯ᄒᆞ니일노보면비방울도진ᄒᆡᆼ(眞行)이잇ᄂᆞᆫ줄알거시니빗도ᄯᅩᄒᆞ그러

ᄒᆞ니라○광ᄒᆡᆼ차의결실은일년동안에민ᄒᆞᆼ셩
이조고마ᄒᆞᆫ타권으로도라가게ᄒᆞᆯ거신ᄃᆡ그ᄒᆞᆯ
셩의ᄎᆞᆷ곳은그타권즁심이라만일우리ᄃᆡ구가
ᄒᆡᆼ동ᄒᆞ지아닐것ᄀᆞᆺᄎᆞ면ᄒᆞᆼ셩보기를ᄎᆞᆷ곳
에보려ᄒᆞ니와싸히그궤도로도라ᄃᆞ니니ᄒᆞᆼ셩보
기를ᄎᆞᆷ잇ᄂᆞᆫ곳을타권으로둘녀도라가ᄂᆞᆫ거ᄉᆞ
로볼거시라이리ᄎᆞ를보면소십이재그림을
볼거시오갑을병뎡은싸희궤도이오즁은ᄒᆡ희
ᄂᆞᆫ곳이오심은별의진쳐(眞處)라ᄒᆞ야에셔ᄂᆞᆫ별
의진쳐를볼수잇슨나싸혼ᄒᆞᆼ상옴기ᄂᆞᆫ고로광

힝차리치를인ᄒᆞ야별의진쳐룰보지못ᄒᆞᄂᆞ니가령싸히갑에셔을향ᄒᆞ고ᄯᅥ날ᄯᅢ에ᄂᆞᆫ
별의보이ᄂᆞᆫ곳이귀이오디구가을에셔병을향ᄒᆞ고ᄯᅥ날ᄯᅢ에ᄂᆞᆫ별보이ᄂᆞᆫ곳이경이오싸히
병에셔뎡을향ᄒᆞ고ᄯᅥ날ᄯᅢ에ᄂᆞᆫ별보이ᄂᆞᆫ곳이신이오싸히뎡에셔갑을향ᄒᆞ고ᄯᅥ날ᄯᅢ에

예이쟝

뎨 이 쟝

눈별보이는곳이무너디구가어티잇슬때에별을보던지별이싸보다그궤도의소분지일
식압선거스로보이느나라무긔션과긔경션과경신션과신무션은다이십죠되는고
로별이하눌에잇슬것굿흐면직경이스십일죠되는타권으로도라갈거시니그춤수는타
권의즁심에잇느나라

십됴는 시차 (視差) 라

흘물건을두곳에셔볼것굿흐면그방향이다룰거시니그방향이어그러진각을시차라흐
느나라이리처는알기쉬온거시니혼손가락으로창을향흐고왼눈으로만보면창혼편에
잇다가후에왼눈은감고올흔눈으로보면창뎌편에옴긴것굿흐며두눈을흐나식감앗다
셧다흐면그손가락이창좌우편으로왓다갓다옴기느딕민눈으로이손가락을보아그방
향이어그러진거슬시차라흐느나라뎌문을혜아릴때에싸면에셔무숨물건을보던지다
시쳐라일홈흐며싸희즁심에셔셔면물건을볼것굿흐면진쳐라흐느나라그림에동그람이는
싸면인틱만일면에셔셔면밧글향흐야아모별을볼것굿흐면그별은시쳐에보이는거시
나그러나싸희즁심에셔볼것굿흐면그곳은진쳐라마혼셋재그림을보고알거손첫재는
면에셔별을보면심에셔보눈것보다눗게보일거시오둘재눈별이디평계갓가히잇슬스
록시차가더만흘거시니가령별이뎡뎡에셔로합흐야시차가업느나
그때에눈심에셔보던지면에셔보던지시차가업다가별이뎡계갓가히
느려올스록시차가더옥만흐지는거시오셋재눈별이더옥싸면에갓가올스록그시차가

百二十二

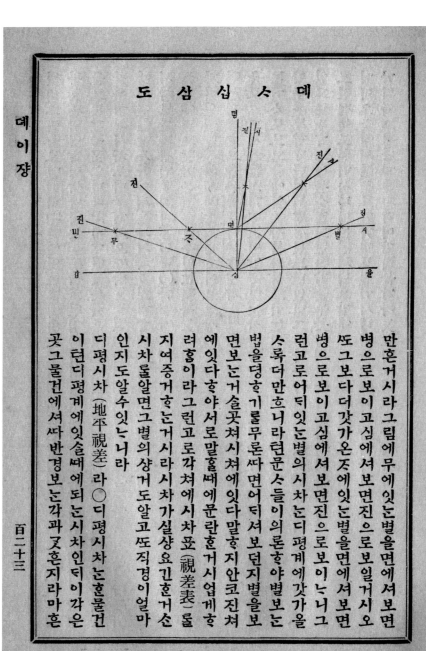

도 삼 십 소 대

데이쟝

만흔거시라그림에무에잇눈별을면에셔보면
병으로보이고심에셔보면진으로보일거시오
또그보다더갓가온곳에잇눈별을면에셔보면
병으로보이고심에셔보면진으로보이느니그
런고로어듸잇눈별의시차눈디평계에갓가올
스록더만흐니라텬문소들이의론흐야별보눈
법을뎡흐기를무론싸면어듸셔보던지별을보
면보눈거슬곳쳐셔에잇다말흐지안코진쳐
에잇다흐야서로말흘뛰에문란흔거시업게흐
려흥이라그런고로각쳐에서시차표(視差表)룰
지여즁거흥눈거시라시차가실샹요긴흔거손
시차룰알면그별의샹거도알고또직경이얼마
인지도알수잇느니라
디평시차(地平視差)라○디평시차눈흔물건
이런디평계에잇슬뛰에되눈시차인디이까은
곳그물건에셔싸반경보눈각과굿흔지라마흔

셋재그림을보면던디평계에잇눈별의시차눈진별시이오또진별시눈면별심

과굿흔딩이각이혜아리눈줄은싸희의반경이나희의디평시차눈그각이희에셔싸희반경

을보눈각과굿흐니라회계흥면들은다른것보다디구에셔갓가온고로디평시차가져으니라근리

별과희의시차보다클거시오또다른물건이싸혜셔멀니잇슬스록시차가적으니라근리

에엇던텬문스가잇셔돌의시차룰회계흥엿스니아래말과굿흐니라

시차로돌의샹거룰회계흥이라○가령싸혜셔무슴물건을보고그샹거룰알나면두눈을

쓰여야멀고갓가온거슬알수잇눈것과굿치텬문스들도관셩딕둘을샹거흐면곳에흥나식

지여일월셩신의시차룰회계흥여보고샹거룰아느니라마흔넷재그림을보면갑은런던

텬문딕라흥고을은아푸리싸호망각(好望角)텬문딕라흥야두곳에텬문스가일시에돌

을보고그시차룰회계흥눈뒤갑에잇눈사룸이돌보기눈텬북극에셔일빅여듧도샹거되

눈거스로보고을에잇눈사룸이돌보기눈텬북극에셔칠십삼도반되눈거스로볼터이니

이두수룰합흥면일빅팔십일도반인뒤그러나두극의샹거눈곳반쥬이니일빅팔십도섚

인고로감흥고남은수흔도반은갑을두곳에셔돌을어그러지게본거시라디심에셔돌을

보면진에보일거시니이눈진쳐이오갑에셔돌을보면시에보일거시니시차눈진시의샹

거이오을에셔돌을보면가에보일거시니시차눈진가의샹거라진시와진가룰합흥면시

가인뒤그러나가돌시각이갑돌을각과굿흐니그런고로가돌시각이흔도반이면갑돌을

도ᄉ십ᄉ뎨

북

덩

갑

심

을

가뎐시

을

란

남

각도훈도반될거시라ᄯᅩ갑심을을ᄉ변형에갑심과을심은희반경인고로굿흘거시
오그반경의기리가각각삼쳔구빅오십륙영리되고갑에셔을지샹거는두곳위도의어
그러진수이오뎡갑돌갑은갑에셔돌이뎐뎡의샹거이오뎐뎡의

셔얼마되는샹거인고로보고
알기쉬온디돌갑뎡을안후에
돌갑심을알기쉽고돌을뎐을
안후에돌을심을알기쉬올거
시오돌갑심각도알고ᄯᅡ희반
경갑심도알것굿흐면팔션학
법으로돌심곳돌의샹거를회
계ᄒᆞ기쉬오니라
만일ᄯᅡ혜셔ᄒᆡᆨ션지샹거가얼
마되눈줄을알고져ᄒᆞ면ᄯᅩ훈
마훈각을보기가어려울션더심히먼고로조곰만어그러져보일지라도분명히회계ᄒᆞ
이법으로훌듯ᄒᆞ나히가바로쏘일ᄯᅢ에눈공긔가빗츌셕눈힘이만흔고로시차굿치조고
기어려오니이럼으로텬문ᄉ가히의샹거룔회홀ᄯᅢ에눈다른법으로ᄒᆞ녹니라회계ᄒᆞ

메이쟝

百二十五

뎨이쟝

百二十六

눈법은여러가지나회계흥여엿은샹거가거반곳흐니평균히구쳔삼빅만영리즘된다흐
나히마다여러가지즁거로졈졈더분명히알아가느니라
년시차(年視差)라○흥셩은싸헤셔샹거가대단히먼고로비록싸헤셔흔줄을베프러흥셩잇
셔볼지라도시차가업눈것곳흐니그리치롤알고져흐면에느린줄과평힝되게흥셩잇눈곳
눈곳셔지니르게흐고또디셤에셔흔줄을느려디면에느린줄과평힝되게흥셩잇눈곳셔
지가게흐면두줄이맛붓쳐보이느니라그런고로싸희반경은죡히그각이차지못흥니이
럼으로런문스가흥셩의시차롤헤아리고져흥야디구의궤도좌우편데일먼두곳을쟉뎡
흥야법을삼으니기리가얼억팔쳔륙빅만영리라일년에별보눈곳은두곳인디이두곳에
셔보눈어그러진각의졀반이년시차(年視差)각이라흐느니라

오단운 틀을의 론홈이라

일됴눈　돌이공즁에운힝홈이라

돌의궤도가쏘호타권형이되여싸흔흔편즁심에잇눈고로돌에셔우리싸희샹거가흥샹
변흥되그궤도가거반졍원된고로과히눈변흥지안느니라돌의근디뎜은원디뎜보다이
만류쳔영리가갓갑고돌에셔싸희샹거눈평균수로이십삼만구쳔영리니싸만흔구슬삼
십긔롤흥줄에쐐여야돌에니롤거시오쏘극히쎨은화륜거라도일년을가여야돌에니롤

대ᄉ십오도

거시라

돌이ᄯᅡ흘에위도라가ᄂᆞᆫ거스로말ᄆᆡ암면ᄒᆡᆼ셩젼시ᄂᆞᆫ이십칠일여ᄃᆞᆲ시동안에될지라도오

직디구가그궤도로희롤에위도라가ᄂᆞᆫ고로두어날동안울더가여야히와ᄯᅡ히셔로합ᄒᆞ

ᄂᆞ니동교젼시ᄂᆞᆫ이십구일반이되ᄂᆞᆫ니라이러케도모지회계ᄒᆞ면ᄯᅡ흔히롤에위삼ᄇᆡᆨ륙십오일만에훈도라가고돌은삼ᄇᆡᆨ오십ᄉ일만에열두번도라가ᄂᆞ니두수의어그러진거시십일일인고로멋ᄒᆞ만에운돌이잇ᄂᆞ니라

이됴ᄂᆞᆫ 돌의쳠길이라

돌의둔니ᄂᆞᆫ쳠길을알냐면제궤도로가ᄂᆞᆫ것과ᄯᅡ와훈가지동ᄒᆞᆼᄂᆞ거슬싱각ᄒᆞ여야알거시니이두가지운동ᄒᆞᆼᄂᆞᆫ거시합ᄒᆞ여훈쳠길을일우웟ᄉᆞ니이ᄂᆞᆫ훈굽으러진줄인티돌마

다ᄯᅡ희궤도를두번식지내가ᄂᆞ니라ᄯᅡ도훈돌의궤도가히룰향ᄒᆞᆫ편은늘오목훈모양아

잇ᄂᆞ니이거슨돌의궤도의직경이ᄯᅡ희궤도의직경보다민우젹고돌이ᄯᅡ흘에위도라가

대이쟝

百二十七

뎨이쟝

百二十八

눈지속이더딈이라마흔다솟재그림을보고성각홀거손뎜치고둥그러온줄은싸희길이

오우불구불홀줄은돌의길이라그림을젹게문돈고로금음될젹에돌의길이히룰향혼편

이샛쪽혼것곳흐나실샹은그런거시아니라싸히가만히셜것곳흐면돌의궤도가거반졍

원된타권으로그릴수잇스나싸히그궤도로셜니힝홍고돌의길이히룰향홍눈편은

오목혼줄이되는니라마흔여솟재그림을보면뎜친줄은혼돌동안에돌이둔닌길을그린

거스로알거시오다룬줄은싸히혼돌동안에돈닌궤도룰그린거시니라돌이혼편만느라

흘향호고로믹돌혼번식본츅으로도견뉵눈줄알거시라

뎜친줄은돌의혼돌동안둔닌춤길이오뎜치지아닌줄은싸희궤도라

노룩십스뎨

삼됴눈 돌의대쇼라

돌의직경은이쳔일빅륙십영리오뎨의대쇼눈돌오십을모흐야디구만흘거시라그시뎨

룰눈으로보기에눈히와거반굿흔디평균수로말홍면보이눈직경이히와굿치반도가되

데 ㅅ 십 칠 도

뎨이쟝

느니그러나원디뎜에잇슬때에눈적게보이고근디뎜에잇슬때에눈크게보이느니이눈

싸혜셔멀고갓가온샹관이라그시톄눈빗치발훔으로좀

커보이느니이리처롤알고ᄒ고면죠희로둥그럽게둘을

문득되ᄒ나흔죠희로ᄒ고ᄒ나흔검은죠희로ᄒ여셔

히빗헤빗최여보면흰거시더크게뵈이느나라이와굿치

둘이나뷔눈셥모양되엿슬때에눈으로그빗잇눈편을보

면그어두온것보다좀커보이눈지라둘이디평계에잇슬

때에보이눈톄가뎌공에놉히뻐슬때보다더크나그러나

춤큰거시아니오실샹은그릇보눈연고ㅣ라뎌ㅣ평계

갓가올때에눈우리가싸우다른물건과비교홀수잇거

니와놉히잇슬때에눈무숨물건으로비교ᄒ다ᄒ평계에잇

사름이그톄롤그릇싱각ᄒ기쉬우니그톄가디평계에잇

슬때에우리가손으로동그람이롤짓던지혹죠희로둥을

지여보면공에놉히잇슬때와다름이업슬거시라마흔

닐곱재그림을보면들이ᄌᄌ에잇슬때에갑에잇눈사름은

돌을디평계에보고ᄌᄌ에잇눈사름은돌을틴뎡에볼터인

디ᄌᄌ에셔갑에가눈샹거가ᄌᄌ에셔을에가눈샹거보다ᄉ

百二十九

뎨 이 쟝

텬영리가더면지라그런고로디평계에잇슬때에더꺼질리치가엽ᄂᆞᄂᆞ니라이우희말ᄒᆞᆫ것

밧과각사름의눈으로보ᄂᆞᆫ것도다다른니만일여러사름이굿치돌을볼때에돌의대쇼롤

무릇면과각각되답ᄒᆞᆫ말이서로굿지아니ᄒᆞᄂᆞ다솟치즘되ᄂᆞᆫ뎝시만ᄒᆞ다ᄒᆞ기도ᄒᆞ

고혹은두석자되ᄂᆞᆫ소반굿다고도ᄒᆞᄂᆞ니라

스됴ᄂᆞᆫ 텬평동(天平動)이라

돌의톄가흥샹호편만디구롤향ᄒᆞ나그젼면의천분지오빅칠십륙은볼수잇ᄂᆞᆫ티그연고

ᄂᆞᆫ세가지니(一)돌의츅이그궤도와좀빗겨지고ᄯᅩ돌의궤도가ᄯᅡ희궤도와서로빗그러진

서둙이니이럼으로북극이ᄯᅡ흘만히향ᄒᆞᆯ때에ᄂᆞᆫ북극이넘겨다볼수잇고남극이ᄯᅡ흘향

ᄒᆞᆯ때에ᄂᆞᆫ남극을넘겨다볼수잇ᄂᆞ니남북극이이러케서로어그쳐여ᄯᅡ흘향ᄒᆞᄂᆞᆫ거슬위

도렴평동이라ᄒᆞ며(二)돌이본츅으로곳젼ᄒᆞᆫᄂᆞᆫᄂᆞᆯᄉᆞ속은ᄂᆞᆯ굿ᄒᆞ나그궤도로도라가ᄂᆞᆫ지속

은다른고로믹양동편에서만히도잇고셔편에서만히볼때도잇ᄂᆞᆫ티이거슬경도의

텬평동이라ᄒᆞ며(三)ᄯᅡ희톄가돌의톄보다대단히큰고로ᄯᅡ히졋젼ᄒᆞᆯ때에동셔편으로돌

의면을넓게볼수잇고ᄯᅩᄯᅡ헤셔셔남북극갓가온곳에셔ᄂᆞᆫ돌의남북극을넓게볼수잇ᄂᆞ니

라

오됴ᄂᆞᆫ 돌의빗과열리라

돌의빗촌히빗의륙십만분지일이되ᄂᆞᆫ고로온하ᄂᆞᆯ에다돌이잇슬지라도붉은낫에히빗

과굿홀수업스니넷젹텬문가에셔셩각기룰둘면이히빗출바로밧눈곳에눈열긔가심

호야쓸눈물과굿다호엿스나지금텬문가에셔눈이러케셩각지아니호느니라돌은밧긔

둘너싼공긔가업스니그면에히빗출밧을때에그빗과열긔룰보호호눈공긔가업서셔공

즁으로허여지눈고로그면이어름보다더찰듯호우리싸혜셔얼마나밧눈지지금선지분명

위공즁이나다룸이업시차나라○돌의열긔룰우리싸혜셔얼마나밧눈지지금선지분명

히작뎡치못호고의론호눈즁이나엇던이눈셩각호기룰돌의빗쏘이눈열긔가히빗쏘이눈

열의십팔분지일에셔지내지못호니돌의열이이러케져온한셔표로시험

호면오쳔분지일즘되느니라그러나이러케져온열이우리공긔로더브러차고더운샹관

이업느니라

　　　　륙됴눈　돌의즁심이라

텬문가에셔혜아리기룰혹돌의즁심이톄심과굿지아니호야두스이에어그러진거시이

십삼영리반인디가비야온면이디구룰향호엿다호고력학의리치딕로무거온편은싸홀

향호지안코밧글향홀거시라

　　　　철됴눈　돌의공과룰의론홈이라

돌에공긔가잇눈지업눈지지금선지의론호눈즁이오작뎡호지못호엿스되오직잇슬지

라도민우셩긔리니맛치츄긔통(抽氣筒)에공긔롤쎈후에남은공긔와굿흘거시라그런

대이쟝

百三十一

고로분명혼거슨들에공긔가잇슬지라도싸혜이는공긔의칠빅 오십분지일이될거시라
돌의공긔가대단히성긴중거가멋가지잇스니첫재는들이싸와흐두스이에잇슬쌔에싸
헤셔보매광힝차가업는거슬보면공긔가별노업는줄알겟고쏘돌이별압흐로지날쌔에
싸혜셔보면광힝차가업는고로별이갑작이업셔졋다갑작이나타나는거슬보면돌의공
긔가업는줄알거시오둘재는돌에구룸이나습긔가업는거슬보면돌에공긔가업는줄알
거시오셋재는들에산그늘이대단히검고쏘돌의숡아리도분명히보이고광힝차가업는
거슬보면공긔가업는줄알거시라

팔표는 돌에셔디구룰보면형샹이엇더홈이라

만일돌면에사름이잇셔디구를볼것굿흐면나타나눈형샹이셔로굿흐되그붉앗다어두
웟다ᄒᆞ눈것셔가셔로반듸될섇이오싸헤셔새돌의형샹을볼때에돌에셔눈등구러온싸
홀보되싸희시톄가돌보다십스빈나크게뵈일거시오돌의등진면에사름은그곳을쩌나
지아니ᄒᆞ면싸희경치룰볼수업소되돌량편에사ᄂᆞᆫ사름은흔평동이잇는서듸에잇다감

구됴눈 디구의빗치돌면에빗최임이라

뒤양금음과 초셩에돌의어두온톄도볼수잇눈뒤 초셩에눈새돌이늙은돌을픔은모양이
잇스니영국쇽담에새돌이늙은돌을픔엇다ᄒᆞ니이눈디구에빗치도로켜돌면에빗최이

데이쟝

도 팔 십 ᄉ 뎨

매 ᄯᅩ 흔 ᄃᆞᆯ 의 밤 을 ᄇᆰ 게 ᄒᆞᆯ 거 시 니 라

십뎨 ᄂᆞᆫ ᄃᆞᆯ의 모든
형샹이라

ᄃᆞᆯ의 모든 형샹을 보면 그
테 ᄂᆞᆫ 실노 어둡고 빗 치 업
ᄂᆞᆫ 디 그 빗 ᄎᆞᆫ ᄒᆡ 빗 ᄎᆞᆯ 빌어
가 지 고 나 ᄂᆞᆫ 줄 알 거 시 니
마 흔 여 ᄃᆞᆲ 재 그림 을 보 면
그 모 든 형 샹 을 증 거 ᄒᆞᆯ 수
잇 ᄉᆞ 니 (一) ᄃᆞᆯ 과 ᄒᆡ 가 금 음
에 샹 합 ᄒᆞᆯ ᄯᅢ ᄅᆞᆯ 지 낸 후 에
ᄒᆡ 진 다 음 에 셔 편 으 로 나
뷔 눈 셥 ᄀᆞᆺ 흔 ᄃᆞᆯ 형 샹 을 볼
거 시 니 ᄒᆡ 진 다 음 에 얼 마
안 되 여 셔 ᄃᆞᆯ 도 지 ᄂᆞ 니 라
ᄃᆞᆯ 의 ᄒᆡ 빗 밧 은 면 을 다 보

百三十三

뎨 이 쟝

지못ᄒᆞ고 변자리만 보되 그 빗잇ᄂᆞᆫ면이 히를 향ᄒᆞᆫ고로 그 굽으러진 각이 동을 향ᄒᆞ엿ᄂᆞ니라 이ᄯᅢ브터 ᄃᆞᆯ이 반ᄃᆞᆯ되기석 지민일졈졈넓어지고 미일히에셔 십삼도멀니가셔졈졈더 듸게ᄡᅳ며더듸ᄯᅥ러질거시오 그ᄯᅢ에ᄂᆞᆫ우리ᄯᅡ흘향ᄒᆞᆫᄂᆞᆫ면의졀반이 히빗출밧ᄂᆞᆫ되이 ᄯᅢ를 샹현 (上弦) 라 샹 한 上象 限 이라 ᄒᆞᄂᆞ니라 (二)일노브터ᄃᆞᆯ이ᄯᅡ흘에워동편으로 힝ᄒᆞ매 빗밧은면이 날마다졈졈거져 십오일즘가셔ᄂᆞᆫ히와상듸ᄒᆞ여 이샹ᄒᆞᆫ 그빗잇ᄂᆞᆫ전면이 다우리를향ᄒᆞᆯ ᄂᆞᆫ니라 이ᄯᅢ밤중에ᄃᆞᆯ이 조오션 (子午線) 을 지나ᄂᆞᆫ 망월 (望月) 이라ᄒᆞᆯ ᄂᆞᆫ니라 이ᄯᅢ밤중에ᄃᆞᆯ이동편에셔ᄯᅳᆯ 고 히 가동편에셔 ᄯᅳᆯᄯᅢ에 ᄃᆞᆯ이셔편에셔질ᄯᅢ에 ᄃᆞᆯ이동편에셔ᄯᅳᆯ거 시라 (三) ᄃᆞᆯ이노브터그궤도로다가셔 이전과 반듸되여 빗잇ᄂᆞᆫ면이날마다줄어가며 미일노브터ᄃᆞᆯ 시즘더듸ᄯᅳ고 아춤에 히가ᄯᅳᆫ후에 도아직셔편에ᄯᅥ러지지아니ᄒᆞᄂᆞᆫ이ᄯᅢᄂᆞᆫ 하현 (下弦) 이라ᄒᆞᄂᆞᆫ니라 하샹ᄒᆞᆫ (四) ᄃᆞᆯ이노브터빗잇ᄂᆞᆫ면이졈졈줄어셔다시 나뷔눈셥모양이되여도그빗잇ᄂᆞᆫ면이히를향ᄒᆞᆫ고로그굽은각이셔ᄯᅥ롤향ᄒᆞᄂᆞᆫ니라 히가 ᄯᅩ미일ᄒᆞ시즘더듸ᄯᅳ고아춤에 히가ᄯᅳᆫ면이히룰향ᄒᆞᆫ고로 ᄯᅩ미일ᄒᆞᆫ시즘더듸ᄯᅳ고 ᄯᅩ그 빗잇ᄂᆞᆫ면이히룰향ᄒᆞᆫ고 쓰기젼석지가ᄂᆞᆫᄃᆞᆯ형샹이동디 평계우희잇다 가얼마안되여샹합ᄒᆞᄂᆞᆫ고로보이지안 ᄂᆞᆫ니라ᄃᆞᆯ이이러케그궤도로가ᄂᆞᆫ동안이이심구일반이니라

십일됴ᄂᆞᆫ ᄃᆞᆯ이놉히ᄃᆞ니고 ᄂᆞᆺ초ᄃᆞ니ᄂᆞᆫ거시라

겨울에ᄂᆞᆫ밤이긴듸이ᄯᅢᄂᆞᆫᄃᆞᆯ이 럳덩갓가히놉히ᄃᆞ니ᄂᆞᆫᄂᆞᄂᆞᆫᄯᅳᆨ고ᄯᅥ러지ᄂᆞᆫ동안이오래며 녀름에ᄂᆞᆫ밤이졉은듸이ᄯᅢ에ᄂᆞᆫᄃᆞᆯ이럳덩에셔멀니잇셔ᄂᆞᆺ초ᄃᆞ니ᄂᆞᆫ고ᄯᅳᆨ며ᄯᅥ러지ᄂᆞᆫ동안

이겨울과굿치오래지아니ᄒ니이거소련디롤지으신대쥬직ᄒ아ᄂᆞᆫ님ᄭ셔오묘ᄒ게쟉뎡ᄒ거신디특별히남북극디경에ᄂᆞᆫ긔묘ᄒ신지혜롤더옥무궁ᄒ게나타내셧스니더긔녀롬되엿슬ᄯ대ᄂᆞᆫ여섯돌동안되ᄂᆞᆫ긴날에돌이나뷔눈셥모양되여셔빗치며일적을ᄯ대만디평구우희올나오고겨울에여섯돌동안ᄂᆞᆫ돌이샹현하현에반돌이엿슬ᄯ대ᄂᆞᆫ맛월계우희올나오ᄂᆞ니링티에긴낫시되엿슬동안은망월이업ᄉ나긴밤되엿슬ᄯ대에ᄂᆞᆫ맛월도민월볼수잇ᄂᆞ니라이리치ᄂᆞᆫ알기쉬온거소우리가보니초셩파금음되기젼에ᄂᆞᆫ희와돌이싸ᄒᆫ편에잇고보름되엿슬ᄯ대에ᄂᆞᆫ희와돌이싸ᄒᆡᆷ마준편에잇ᄂᆞᆫ디나뷔눈셥되엿슬ᄯ대에ᄂᆞᆫ희와갓갑고온젼ᄒᆞᆫ돌되엿슬ᄯ대에ᄂᆞᆫ희마준편에잇ᄂᆞ니라그런고로히가ᄂᆞᆺ초든ᄂᆞ면망월이놉히ᄯᅳ니고히가놉히ᄯᅳ니면망월이ᄂᆞᆺ초든ᄂᆞ니라

십이됴ᄂᆞᆫ · 츄슈월이라

평균히말ᄒᆞᆷ면돌이믹일오십분동안식더ᄃᆡᄯᅳᆫ다ᄒᆞ되그러나우리사ᄂᆞᆫ위도에ᄂᆞᆫ엇던ᄯ대에ᄂᆞᆫ반시도더ᄃᆡᄯᅳ고엇던ᄯ대ᄂᆞᆫ혹각도더ᄃᆡᄯᅳᄂᆞ니츄분갓가올ᄯ대에보름ᄶᅢ멧날동안은돌이견날보다별노늣게ᄯᅳ지안코히ᄯᅥ러진후에니여ᄯᅳᄂᆞᆫ고로이ᄯᅢ에돌빗치ᄃᆞ쟝붉은지라젹도에셔멀니갈소록더오래동안이러케되ᄂᆞᆫ디영국셔ᄂᆞᆫ이ᄯᅢ가밀가을ᄯ대인고로츄슈월이라ᄒᆞ고그다음돌은양력십월인디돌이ᄯᅩ이와굿치되ᄂᆞᆫ니그ᄯᅢᄂᆞᆫ일긔가차고산양ᄒᆞᄂᆞᆫ일ᄒᆞ기에합당ᄒᆞᆫ고로렵호월(獵戶月)이라ᄒᆞᄂᆞ니라돌이이러케되ᄂᆞᆫ

메이쟝

몌이쟝

연고는그궤도가우리디평계와빗겨진거시ᄉ졀에각각ᄀᆞᆺ지아니홈이라만일보름돌이
ᄡᆞᆯᄯᅢ에텬공에츈분뎜갓가히잇슬것ᄀᆞᆺᄒᆞ면
눈각이뎌일젹으며보름돌이ᄡᆞᆯᄯᅢ에츄분뎜갓가올것ᄀᆞᆺᄒᆞ면그궤도가디평계와사괴인

뎌ᄉ십구도

병

텬

을

뎡

갑

주뎡

묘

츅

각이뎌일큰지라그사괴이는각이뎌일젹을ᄯᅢ에눈들이
미일십삼도식힝ᄒᆞᆼ되디평계아래ᄯᅥ러지기룰젼날
보다조곰만ᄯᅥ러지는고로수일동안돌이거반혼ᄯᅢ
에ᄡᅳ며ᄯᅩ혼사괴이는각이뎌일클ᄯᅢ에눈돌이날마
다디평계아래만히ᄯᅥ러지는고로날마다더디ᄯᅳᆫ
나라위도ᄉ십도되는곳은돌의ᄡᅳ는시간이두밤의
어그러지는거시젹을ᄯᅢ에는십칠분이오만흘ᄯᅢ에
눈혼시이십분이라마흔아홉재그림을보면우희눈
히이오가온ᄃᆡ는ᄯᅡ히오아래눈돌인디병긔권은츄
분뎜이ᄡᅡ동디평계에잇슬ᄯᅢ에돌의궤도이오ᄆᆡ일

은츈분뎜이동디평계에잇슬ᄯᅢ에눈그궤도로십삼도식가니돌에셔ᄎᆕᆨ에갈거시라그러나돌묘와돌츅은돌다십
묘뎡권으로둔닐ᄯᅢ에눈그궤도로십삼도식가니돌에셔묘ᄶᅥ지가겟고돌이병긔권으로
둔닐ᄯᅢ에도그궤도로십삼도식가니돌에셔ᄎᆕᆨ에갈거시라

삼도식이니라그러되돌이병긔권을좃차십삼도롤갈때에논디평계아래써러지기롤츅

즈만치써러지고돌이무덩권을좃차십삼도롤갈때에논디평계아래눗초써러지기롤인

묘만치써러지니죠츅은길고인묘논졉으니라이거손알기쉬온거시니돌이만일츅에

잇슬것又흐면디평계가죠츅만치써러지여야돌을볼거시오돌이묘에잇슬것又흐면디

평계가인묘만치써러지나자저도돌을보낏는고로돌이병긔길노갈때에논젼날보다오래잇

다쓰고돌이무덩길노갈때에논젼날보다얼마아니잇다쓰느니라

십삼됴논　돌이나뷔눈섭모양될때에누으며셤이라

돌이나뷔눈섭될때에엇던때논디평계와평힝으로눕논모양도잇고엇던때에논디평계

와거반졍각되게셰논모양도잇논디쇽담말에닐으기룰누으면날이가물고사롬이만히

죽논다ᄒᆞ며셰면비가만히온다ᄒᆞ느리치업논말이라이러케되논셔둙은돌의궤도와우

리디평계평면의사괴인각이스졀에각각다른고로그러케되느니라엇더케될때에던지돌

의나뷔눈섭두끗손흥샹히룰향ᄒᆞ지안코히의마준편으로향ᄒᆞ느니라

십ᄉ됴논　돌과황도의교뎜이라

돌의궤도와황도가다슷도즘빗겨지게사괴엿논디두길이서로사괴인곳을돌의동교뎜

(同交點)이라ᄒᆞ고돌이뎜우희로올나간곳은승교뎜(升交點)이라ᄒᆞ고뎜아래로느려

간곳은강교뎜(降交點)이라ᄒᆞ며눈편을황도우희라ᄒᆞ고황도아래눈북극셩을향ᄒᆞ

뎨이쟝

뎨이쟝

百三十八

이뎜에셔로련호줄은교경션 (交經線) 이라ㅎ느니라

황도아래라
ㅎ느니라

십오됴눈　돌이별을ㄱ리움이라

돌이민월그궤도로도라가매자조별들을ㄱ리우느니이거슬월엄셩 (月揜星) 이라ㅎ는

디아모별이돌든니눈길에잇스면돌이그별을얼마동안ㄱ리울터인디몬져눈돌편슴

아리에셔갑작히업서젓다가돌이다지낸후에둘셔편슴아리에다시갑작히나타나느니

라이거시텬문가에극히유익ㅎ니두곳에잇눈텬문ㅅ가ㅎ별의업셔젓다나타나눈시롤

보고두곳경도의샹거롤회계ㅎ율수잇느니라

십륙됴눈　돌의ㅅ졀과쥬야의분별이라

돌의츅이그궤도와슈션된고로ㅅ졀의분별이업고십오일동안은히빗출심히밧눈디톄

밧긔공긔가업눈고로극히쓰겁고십오일동안은밤에히빗출못보눈고로극히차니라만

일우리가돌면에가잇슬것ㄱ흐면극히이샹훈거슬볼거시니히면밧긔돌난빗춘광명ㅎ

고둥그러온소반과ㄱ흐고하눌은캄캄ㅎ야낫에라도하눌에별이보일터이오쏘몽롱도업

고희가갑작이떠셔시되녓다가심오일을지내셔눈갑작이밤이되고소래롤젼ㅎ눈공

긔도업고바롬과구롬도업스며무지게도업스며히가나고써러지되뎐

샹에붉은빗츳로볼만훈것도업스매오셕이령롱ㅎ야눈을즐겁게ㅎ눈거시업고다만검

은것과흰것두가지샘이오쏘밤에디구롤향훈편은디구에셔오눈빗출붉게밧눈디싸눈

맛치텬샹에흔등불을믜여단것굿치찻다어즈러졋ᄂᆞ니맛치시계룰보고ᄯᅢ룰아는

것ᄀᆞᆺ치싸룰보면ᄯᅢ룰알거시니라

십칠됴ᄂᆞᆫ　텬문경으로돌의형샹을봄이라

우리눈으로돌면을보면빗잇는곳파어두운곳슬분간ᄒᆞᆯ수잇는ᄃᆡ빗잇는곳손놉흔산이

니히빗출몬져밧고어두운곳손ᄂᆞᆫ즌평원에산그림ᄌᆞ진거시라만일텬문경으로보면돌

면이화산힘으로그면을충돌ᄒᆞ야화산구멍들이잇는것굿흐니이거슬보면돌이처음ᄭᅴ

거운화산을인ᄒᆞ야크게진동ᄒᆞᆫ덕줄을알거시라○그러나지금은죽은화산자리만만히

잇ᄉᆞ니디구의죽은화산자리와굿흔지라이만오쳔자식되는산일쳔이잇ᄉᆞ니히빗치산

우희빗최이매그산그림ᄌᆞ가맛치히빗가온ᄃᆡ긴춤티룰세운그림ᄌᆞ와굿고잇던산은흔

봉이둥그러온평원즁에웃쑥ᄂᆞ러셰기도ᄒᆞ엿고잇던산은기리가수빅영리되는것도잇

ᄂᆞᆫ지라돌에잇는산일홈을뉴던고베니거쓰겝플너굿흔유명ᄒᆞᆫ텬문ᄉᆞ의일홈을좃차지

엿ᄂᆞ니라○돌면의평원을이전에눈바다인줄알앗더니텬문가에셔ᄌᆞ셰히보니놉고ᄂᆞ

자셔평평치아닌형셰가잇ᄉᆞ매바다가아니오평원인줄을알되녯젹에부르는일홈되로

지금ᄭᅡ지부르기룰평안양이라ᄒᆞᄂᆞ니라○ᄯᅩ길고광명ᄒᆞᆫ빗줄이여러산ᄉᆞ

면으로마조발흔거시잇스되무숨물건인지지금ᄭᅡ지확실ᄒᆞᆫ증거룰아지못ᄒᆞ엿ᄂᆞ니라

돌면에데일긔이흔거손화산구멍이니오십재그림을보면알거산딕형샹은ᄉᆞ발과굿고

뎨이쟝

뎨오십도

뎨이쟝

百四十

가온디는샐죡흔산이웃쑥ᄒ게니러섯ᄂᆫ디엇던화산입의직경은일빅영리되ᄂᆫ거시잇ᄂᆫ디그입읅으로ᄂᆫ 스면에놉흔산이담쟝모양ᄀᆺ치둘넛고 엇던화산구멍은좁고깁흐니ᄒᆞ나흔네영리가깁흐며뎨일깁흔화산구멍속은히빗과싸빗출보지못ᄒᆞᄂᆞ나라근년에눈영박눈괴계가잇눈고로돌면을영박아보고분명히아ᄂᆞ나라지금련문가에셔말ᄒ기롤둘의온면은보지못흔거시 호나도업고ᄯᅩ그림그려낸거소국히ᄌ세ᄒ야디도보다낫다ᄒᆞᄂᆞ나라

뎨 오 십 일 도

륙단은 일월식을의 론홈이라

일됴는 일식이라

금음초성에돌과짜히서로합홀때에만일
동교뎜을지내면돌이히와짜과싸히흔직션으
로바로쩍움을인호야일식이되느니만일
싸돌의궤도가황도로더브러면이굿을것
굿호면민돌훈번식일식이될여니와다만
돌의궤도가황도와서로빗두러진고로동
교뎜을지내눈때만일식이되느니라○일
식은세가지잇스니분식(分食)과젼식(全
食)과금젼식(金錢食)이라오십일재그림
을보면돌의검은그림조눈암히싸면에
쩌러져셔히의젼톄를그리운거신티이암
되눈디경에사눈사름은젼식을볼거시니젼식을보눈디경이넙지못훈디평균수로말
허되눈디경에사눈사름은젼식을볼거시니

뎨이쟝

뎨이쟝

百四十二

흑면빅영리션이

데 오 십 이 도

분식만보고젼식은보지못ᄒᆞᄂᆞᆫ디이분식을보ᄂᆞᆫ디경은대단히넓은지라

암허북편에사ᄂᆞᆫ사ᄅᆞᆷ은ᄒᆡ의아래면이먹ᄂᆞᆫ거슬볼거시며만일일식ᄒᆞᆯᄯᆡ에ᄃᆞᆯ이원지뎜에잇

셔그보이ᄂᆞᆫ톄가ᄒᆡ보이ᄂᆞᆫ톄보다젹으니능히ᄒᆡ면을다ᄀᆞ리울수업ᄂᆞᆫ고

로히북판만ᄀᆞ리우고ᄉᆞ면슭은그냥빗치잇ᄂᆞ니ᄒᆡ면ᄀᆞ온ᄃᆡ사ᄂᆞᆫ사ᄅᆞᆷ은

능히금젼식을볼수잇ᄂᆞ니라

일식의몃가지ᄭᆞᄃᆞᆯ이라○일식의리치ᄅᆞᆯᄡᅥ듯고져ᄒᆞ면ᄒᆡ면이아래몃가지말

을ᄌ셰히볼거시라 (一)금음초ᄉᆡᆼ에될거시오 (二)ᄃᆞᆯ이동교뎜에잇던지동교

뎜이갓갑던지ᄒᆞ여야될거시오십이재그림을보면이리치ᄅᆞᆯ알터인ᄃᆡ

ᄃᆞᆯ이그궤도로도라갈ᄯᆡ에동교뎜좌우편으로열여돕도안희슬동안에

만일식을보ᄂᆞᆫ티그즁에뎨일멀니잇슬ᄯᆡ에ᄂᆞᆫ분식이되고갓가히잇슬ᄯᆡ

에ᄂᆞᆫ금젼식과젼식이되ᄂᆞᆫ거시오 (三)ᄃᆞᆯ과ᄯᅡᄒᆡ샹거가그림ᄌ

면젼식이나분식을볼거시오 (四)ᄃᆞᆯ과ᄯᅡᄒᆡ샹거가그림ᄌᆞ보다길면분식

ᄃᆞᆯ을볼거시오 (五)ᄒᆡ롤못보ᄂᆞᆫ곳은밤이되니일식도못볼거시오

(六)ᄒᆡ가비록ᄯᅡ반구에빗최이나반구ᄀᆞᆷᄂᆞᆫ거ᄉᆞᆫᄃᆞᆯ의직경이ᄡᅡ희직

경보다젹은고로쏘이는그림즈가온디구롤구리우지못홈이니뎨일넓게젼식될때가일

빅칠십영리에셔더넓게안되느니라그러나일식홀때에싸히분슘으로도라가는고로보

눈곳의기리눈수쳔영리나되느니라(七)일식홀때에가령둘이승교뎜에갓가와갈때에눈

싸남극디경에셔볼거시며둘이강교뎜에갓가와갈때에눈싸북극디경에셔볼거시니도

모지말홈면교뎜이갓가올스록상합될터이니디면의그림즈가더옥젹도디경에갓가히

지낼거시오(八)젹도에젼식이뎨일길때에눈팔푼동안이오금젼식이뎨일길때에눈혹십

이푼이라금젼식이젼식보다오래되는시둙은돌이원디뎜에잇셔그케도롤힝호는거시

근디뎜보다더딈이라돌은군디뎜에잇고싸혼원디뎜에잇슬때에젼식이구장길거시니

돌의시톄눈데일크고히의시톄눈데일젹음이라(九)일년동안에일식이뎨일만홀때라야

다숫번이오데일젹을때라도두번운되며혼디방에셔젼식과금젼식을보눈거손드무니

라예수후일쳔일빅스십년브터지금석지영국셔울셔혼젼식만보앗눈디본히눈일쳔칠

빅십오년이라(十)일식이처음될때에히처머편슭에셔브터시작엿다가히면을지버셔동

편으로지내가며(十一)련문가에셔히의직경을열두분에눈횟눈티이거스로일식의만코젹

온거슬혜아리기롤만일룩푼을먹엇다흘것굿흐면히의반면을구리웟던줄노알거시라

○일쳔구빅오십오년양력륙월이십일에빈니빈셤만닐너고을에뎨일오랜젼식을볼터

인티여둛푼동안이나될거시라

데 이 쟝

데이쟝

젼식될때에보이눈긔이혼일이라○젼식될때에두어가지긔이혼일을나타내여사람으
로홍여뜬눈을즐겁게호눈디히얽으로도라가면셔빗치가락지모양으로나타내이되심

뎨오십삼도

히붉은불꽃치흔빗춘돌의어두운데스면으로수쳔만영
리나쩌올흐며오십삼도롤나뷔눈섭모양될때에눈그형샹
이광명훈구슬을쐐인것굿흔지라일식될때에경샹을보면
실노두려우니하놀을쳐다보면더럿케어두운고로힝셩과
일등훙셩은다볼수잇고공즁에나눈서들은다죵용히제낏
술차자드러가며모든물건들은다그빗츨변홍야누럿케되
고공긔눈아래로느려져셔날이음홍여지니초목이이슬을
끼며인물빗춘누른듯홍기도홍고붉은듯홍기도홍야사람
으로홍여곰이상홍게홍니넷젹사람들은민양일식을당홍
면무음이황황홍야흉혼징죠라홍며뎐신이노롤동홍다홍
엿스며지금사람들은그리처로깁히궁구홍야어느히어느
째에일식이잇슬거슬에산홍줄신지아니그러나븩쥬에갑

작히변홍눈고로사람들이두려워홍느니라
월차(月差)라○돌의궤도교뎜이싸희궤도로민년에열여둛도식셔편으로물너가십팔

百四十四

뎨 오 십 亽 도

년십일동안에 황도로룰훈번도라가는듸 이리치눈쟝동말훈가온듸 윗눈말숨을보면알거시니라 십팔년십일일동안에둘

이그궤도로이빅이십삼번을도라가고 또그동안에둘의동교덤은 또덤이다시젼듸로될거시니 그런고로이동안을지낸다음에 눈히와둘의동교

슬것곳호면 그때브터십팔년십일일만에 가셔야그곳흔일식이다시될 거시니 이법은갑의아사룸이내엿눈듸 넷젹텬문가에셔다이법으로

일식을혜아려스나 그즁에분명치안은거신일식될날은알아도될서 와푼과효롤아지못호니 그런고로지금텬문가에셔눈쓰지아니호눈니라

이됴눈 월식이라

월식은둘이싸그림즈속으로지내눈고로보름에야되눈니 곳상츙될때라둘의궤도와황도가얼마빗그러진고로얼마눈싸그림즈우회잇고얼마눈싸그림즈아래잇눈듸 둘이동교덤에갓갑지아닐때에눈월식이업눈니 오십亽재그림을보면명무스이에눈히빗치온젼히 ᄀ리워암허가되고 암허밧긔눈몽량(朦亮) 이잇스니외허가되눈니라

돌이몬져외허에드러가긔에ᄂᆞ르러서눈처음이즈려지고무에ᄂᆞ르러셔눈암허로지냇스니 젼식의쯧시되여

러셔눈암허에드러가니젼식의시작이오뎡에가셔눈암허룰지냇스니젼식의쯧시되여

뎨이쟝

뎨이쟝

百四十六

둥그러워지느니대개싸희톄가돌의톄보다큰고로금젼식은될수업고그러나돌이동교

뎜우희도월식이될수잇고동교뎜아래셔도될수잇스니그룰것갓흐면돌이암허에온견

히드러가지아니ᄒ니혹은웃슯아리만먹고혹은아래슯아리만먹느니라돌이긔에셔쳐

음어즈러질떄브터병에가셔다시둥구러워질떄션지다숫시반즘오랰거시니라○돌의

젼식은히의젼식보다드무니이눈돌이동교뎜좌우편열두도안희슬동안만월식이됨

이니라그러나우리가호곳에셔돌의젼식을히의젼식보다만히볼거ᄉ세가지션둙이잇

스니(一)월식될떄마다돌을향흔싸희반면은다볼수잇는거시오(二)싸히본츅으로ᄌ져ᇰ

눈고로이월식될다숫시반동안에디구반면에셔는다볼수잇고ᄯ또그외에도보눈곳시잇

눈듸엇던곳에셔는월식이쳐음되는것만보고엇던곳에셔는처음과나죵을보고엇던곳

에셔눈나죵만보느니라(三)일식은잠간되고월식은오래동안되니볼겨롤도만홀거시니

라○돌이젼식홀떄에도로혀그톄룰좀볼수잇ᄉ니이거슨히빗치싸홀고함흔긔운을쏘

인거시돌이잇눈듸ᄅᆞ매돌면이변ᄒᆞᆼ야ᄌᆔ빗치되눈듸다만몽긔차(朦氣差)가만코져

은것과빗치겹고엿흔거슨그떄에공긔가두텁고엽흔은듸로되느니라월식이던문공부에

유익흔거슨돌이별압흐로지낼떄에별이업셔지눈시도분명히알고다시나타나눈시도

분명히안고그거슬알아가지고돌의샹거와대쇼와형샹을더분명히회계홀수잇느니

라

칠단은 밀물을의 론홈이라

밀물의 뜻시라 ○ 민일밀물이 두번식린왕홍눈디 그두때의 시동안이열두시이십오푼즘
이라바다에 물이올나오기시작홀때에바다가희잇눈즛기돌을밀치고그다음에눈물이
졈졈만하져셔바다역에잇눈바우돌을부딋쳐물방울이공즁으로올나갓다노려오고여
솟시동안에물이바다가흐로졈졈놉히올나가셔바다가희잇눈즌퍼리쌍을다줌기고기
쳔은변호야하슈가되게홍엿다가이닉다시노려가누니노려가기눈울나오기보다좀더
디게홍노니라 ○밀물은혼큰물결이바다면으로바다밋흘통홍눈것과굿흐니그션돍은
돌의셥력을인홍여되노니돌을싸라디구롤에워도라감이라히도쏘혼바다물이올흐고
쩌러지눈거슬도와주되다만돌이싸헤셔보다스빅비가갓가온고로물을울나오게홍
눈힘이심히크니라히와돌두톄의셥력을의론컨디돌은불과히의일빅이십분지일에셔
지내지못홍나돌이밀물을동홍게홍눈힘과세차되게홍눈힘이히보다더만흐니이눈셥
력이만코젹은거션힘이만코젹은션돍이아니니오직디심에셔싸눈힘과디면에셔싸눈
힘을서로감홍고늠은디로되눈거시니가령히가디심에셔싸눈힘과디면에셔싸눈을
돌이디심에셔싸눈힘과디면에셔싸눈힘으로비교홍면돌의싸눈힘이세곱졀이나만흔
지라이눈돌이싸헤셔갓가온션돍이라 ○오십오재그림을보면물은룩디보다셩긘고로
돌의밧눈셥력이뎡과을에잇눈물을당겨갑으로모히게홍되다만돌에셔싸히병에잇

며 이 쟝

百四十七

뎨이쟝

도 오 십 오 뎨

百四十八

눈물보다 갓가온고로 따덩이가 둘의 셥력을 병에 잇눈물보다 더만히 밧아셔 물이 병에고
여잇게ᄒᆞᄂᆞ니라 그런고로 병갑은 따량면에 잇눈디 갑에셔 물이 놉히 올흐눈거슨 둘이 갓
가온고로 따보다 셥력을 더만히 밧은 셕둑이오 병에셔 물이 올흐오
눈거슨 싸히 둘에셔 병보다 갓가온고로 병에 잇눈물을 싸눈힘이
흡력을 덜밧아 물이 병에 고이게 ᄒᆞᆫ 셕둑이라 둘이 물을 싸눈힘이
즉시 물을 올나오게 ᄒᆞ눈거시 아니오 조곰후에야 효험이 나눈고로
밀물이 놉하 올나올때눈 둘이 즈오션에 잇슬때가 아니오 그다음 엿
시후에야 밀물이 놉히 올흐ᄂᆞ니라 ᄯᅩ흔 둘이 날마다 오십분식 늣게
쓰눈고로 밀물을 흐눈거시 날마다 오십분식 늣게 되ᄂᆞ니 이거슨
둘의 흡력으로 되눈 밀물을 의론ᄒᆞᆫ거시나 그러나 히의 흡력으로 되
눈 밀물은 뎡ᄒᆞᆫ때에 가잇셔 미일 그때에 되ᄂᆞ니 이눈 히가 ᄒᆞᆼ샹 쟉뎡ᄒᆞᆫ
시로 감이라 그런고로 와 둘의 두죠슈(潮水)가 미월 두번식 눈호
엿다 다시 합ᄒᆞᄂᆞ니라 두밀물이 합ᄒᆞᆯ때에눈 그죠슈가 둘의 죠슈와
히의 죠슈가 셔로 합ᄒᆞᆫ거시니니 눈고죠(高潮)라ᄒᆞ고 보시오 두
죠슈가 눈호일때에눈 히의 적은죠슈와 둘의 큰죠슈룰 셔로 감ᄒᆞ고

놉은거시니니 이눈 쇼죠(小潮)라ᄒᆞᄂᆞ니라 보시오 넓은바다에눈 물이 놉하지고 ᄂᆞ즛지

눈것만잇고압흐로힝ᄒᆞᆫ거슨업스되록디갓가히ᄂᆞᆫ압흐로샐니힝ᄒᆞᆫ눈거시잇ᄂᆞ니라

죠슈룰변ᄒᆞ게ᄒᆞᄂᆞᆫ연고라○초셩과보름에ᄂᆞᆫ히와돌이병력ᄒᆞ야바다물을니ᄅᆞ키ᄂᆞᆫ이

도 록 십 오 대

뎨이쟝

ᄂᆞᆫ고죠이오십오시오에ᄂᆞᆫ상현하현에ᄂᆞᆫ히와돌이눈호여잇고로밀물이젹으니이눈쇼죠ᄶᆞ래라ᄶᆞᆺ흐니라도와돌이근디뎜에잇ᄂᆞᆫ

때에눈흡력이더만흔고로죠눈녜일눕고죠ᄂᆞᆫ데일ᄂᆞ즐거시라죠슈가눕고ᄂᆞ즌것도ᄒᆞ히와돌이겨위도에갓가히잇고멀니잇ᄂᆞ되로되ᄂᆞᆫ거시오ᄯᅩ혼바룸의방향과그힘과바다가헤형셰

와바다의깁고엿흔거시다죠슈와샹관ᄒᆞ야변ᄒᆞᄂᆞ리처가잇ᄂᆞ니라두분뎜에잇슬때에눈디돌이갓가오면그때에고죠즁에데일눕고ᄯᅩ두지뎜에잇슬때에ᄂᆞᆫ쇼죠즁에데일ᄂᆞ즐거시니라

디면각곳에죠슈가눕히올나간거슬의론홈이라넙은바다에셔ᄂᆞᆫ죠슈가얼마눕지아니ᄒᆞ야혹ᄒᆞᆫ자밧긔올나지못ᄒᆞᆫ눈되가잇스되록디갓가히잇ᄂᆞᆫ엿흔곳에ᄂᆞᆫ물이만히올나오ᄂᆞᆫ되강입과ᄒᆞᆫ고ᄒᆡ만(海灣)에특별히만히올나오

ᄂᆞᆫ거슬볼수잇ᄂᆞ니라바다로길게드러간토각(土角)에셔ᄂᆞᆫ물이눕히올나오지아니ᄒᆞ

百四十九

뎨이쟝

고바다에셔졈졈좁아진물목에눈뒤로오눈물이만흔고로대단히놉히올나오느니가령
가나다에잇눈번대히고에셔눈물올나가기룰졈졈쌜니ᄒ여셔꼿희가셔눈룩십여쳑이
나놉히올나가니든니기위틱흔곳이라미국누역에셔눈물이대일놉흔때에와ᄂᆞ즌때에두
시가다솟자되고미국색스든에셔눈열자즘되고한국부산은여솟자즘되고한국셔편에
잇눈황ᄒᆡ가가나다번대히고셩긴형셰와거반곳흐니그런고로그디경갓가온인쳔졔물
포와진남포와쳥국연틔곳흔틴눈물이대단히놉히올나가셜흔다솟자즘되느니라

팔단은 화셩을의 론홈이라 _묘는 ㅇ

일됴눈 화셩의 형편이라

히로브터밧글향ᄒᆞ야싸다음에잇눈거슨화셩이니이눈외힝셩즁에쳣재이오ᄯᅩ흔여러
힝셩즁에대일싸와비슷흔거시라ᄂᆞᆫ으로보면극히붉은별곳ᄒᆞ야그빗치흔결곳치쏘이
고디평게갓가히잇지아닐때에눈번쓱거리눈형샹이업눈고로다른별보다흥셩과분간
흥기심히쉬오며샹합되엿슬때에눈그시톄의넓이가불과네쵸만치보이되다만두어히
에흔번식화셩이히와샹충될때에눈삼십쵸즘넓게보이고ᄯᅩ흔열다솟히에흔번식화셩
은근일뎜에잇고ᄯᅡ흔원일뎜에잇슬때에눈화셩이히와샹충되면화셩의빗치목셩의빗
과굿홀거시라에슈후일쳔구빅칠년에눈화셩오십칠도를보면갓가올때에되눈형샹과멀

百五十

뎨오십칠도

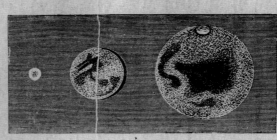

뼈에되는형샹과비교홀수잇는디그림에왼편에잇는조고
마흔거슨샹될때에형샹이오가온디잇는거슨쟝도(長
度)에잇슬때에형샹이오울흔편에잇는거슨샹충될때에
형샹이니라 모양이붉은로가국서다거이훈벌이타흥눈일홈에맛게부르느니라

이도눈 공즁에운힝훌이라

화셩이히룰둘은샹거눈일억스쳔일빅오십만영리인디그
궤도눈타권이되눈고로근일뎜이원일뎜보다히에셔갓가
온거시이쳔륙빅만영리오그궤도로도라가눈지속은까곳
에다르나평균수로말흥면쵸에열다숫영리식가며화셩
이본츅에셔즈젼흥기룰싸보다더딍느그날은우리싸날
에비교흥면스십일푼이더길며히룰에워훈번돌기룰화셩
의날노룩빅룩십팔일이니우리날의룩빅팔십칠일이라그
런고로더긔일년이우리싸희두히가되느니라

삼됴눈 화셩이싸헤셔샹거라

샹충될때에화셩에셔싸샹거눈화셩과히샹거에셔싸샹거룰감흥면되고샹합될
때에눈그샹거가그두수룰합흥거시라만일그두궤도가다둥그럽고훈평면에잇슬것ㅈ

뎨이쟝

뎨이쟝

흐면그샹거가흫샹굣흐려니와그궤도가다타권이오흥평면에잇지아니흔고로샹거가
늘변흥느니가령샹흉될째에화셩은군일덤에잇고싸흔원일덤에잇소면그샹거가삼쳔
스빅만영리만될거시니라

　　　스됴눈　　화셩의대쇼라

화셩의직경은스쳔이빅영리오톄눈디구톄의쳘분지일이오그밀솔은디구의오분지스
며가령흔돌을그면에써러치면쳣죠에여슷자가써러질거시오두극은좀납작흥고젹도
논좀두드러진거시우리싸형샹과거의굣흐니라남북극의직경과젹도의직경을셔로비
교흥면남북극의직경이젹도의직경보다이빅분지일이젹으니라

　　　오됴눈　　화셩의스졀이라

화셩은흐의빗과열을밧눈거시디구의졀반이좀못되고그젹도와그궤도의비스름흥게
어그러진거시이십쳘도되눈고로그면에셔분별흥눈다솟티와스졀이다디구와다룸이
별노업소되그희가우리싸희히보다곱졀되눈고로그졀긔도각각싸희졀긔보다곱졀이
거의되며화셩북반구에녀룸되엿슬째에눈남반구녀룸째에눈다히의샹거가이쳔륙빅만
영리가더면고로남반구와북반구의차고더운거시서로크게다룸듯흥나북반구에
녀룸되엿슬째에그녀룸이남반구보다칠십륙일이더긴고로더운거시도모지말흥
면남반구와거반굣흘듯흥며화셩에도우리싸와굣치둘닌공긔가잇고공긔안희쏘구룸

이잇느니라○화셩에두돌이잇는듸미국와싱돈텬문듸에셔일쳔팔빅칠십칠년양력팔

월즘에새로차준지라밧긔돌은그궤도로화셩을에워도라가기룰혼날여섯시열여듧분

동안에도라가는듸그뎌논화셩면에셔샹거가일만이쳔오빅영리오안희돌은그궤도로

화셩을닐곱시삼십구분동안에도라가는듸화셩면에셔샹거가삼쳔칠빅륙십영리라안

희돌이화셩을에워도라가기룰화셩이조젼ᄒ는것보다더셜니ᄒ고로거긔사ᄂᆞᆫ사람

보기에는셔에셔ᄯᅥ셔동으로ᄯᅥ러지는것ᄀᆞᆺᄒ며ᄒ로밤동안에돌의모든형샹을다나타

내며두돌의직경은십오영리식이못되ᄂᆞ니라○엇던사람은화셩에사람이산다ᄒᆞᆫ듸

그롯것ᄀᆞᆺᄒ면거긔셔우리ᄯᅡ와돌을보기아룸답게빗나눈두별이흥샹갓가히잇고셔

로ᄯᅥ나지아니ᄒ야우리가슈셩금셩이ᄎᆞᆺ다이즈러지는형샹을보는것ᄀᆞᆺ치거긔셔우리

ᄯᅡ히ᄎᆞᆺ다이즈러지는거슬볼거시라이두돌의일홈은ᄯᅡ이모쓰와포보쓰라

륙됴눈

텬문경으로본형샹이라

텬문경으로화셩을보고그면을술피면상합될때에와샹츌될때에눈그면이둥그럽고쟝도

에갈때에눈아조둥그럽지안코ᄒ편이어스러지ᄂᆞ니라ᄯᅩᄒ그면이ᄯᅡ와좀비슷혼모양

이잇스며ᄯᅩᆫ온면에조곰붉은덤이잇스니그거손혹륙디되ᄂᆞᆫ줄노싱각ᄒᆞᆫ듸그밧긔푸른

빗잇는거손바다되는줄노싱각ᄒᆞᆫ듸륙디와바다롤비교ᄒᆞᆫ면ᄯᅡ와반듸가되엿스니ᄯᅡ

우희부쥬들은혼셤들이로되화셩우희큰바다ᄂᆞᆫ륙디가온듸큰못과ᄀᆞᆺᄒ며륙디와물

데이쟝

百五十三

뎨이쟝

은이디구와갓치각각제반구에잇느니라거기는류디가물보다만흔고로사름살디경은

이디구에셔뎍지아니홀듯ᄒ니라허실이가싱각ᄒ기룰더긔잇눈붉은빗촌그곳에흙이

(一其) 도팔십오뎨

1

(二其) 도팔십오뎨

화성의줄이라

좀붉은션돌이라ᄒ고ᄯ다른뎐문가눈싱각ᄒ기룰공긔가

온디구룸빗치라ᄒ며ᄯ엇던곳은빗치자조변ᄒ눈티혹은

싱각ᄒ기룰거긔잇눈구룸이변ᄒ눈거션돌이라ᄒ고

혹은말ᄒ기룰거긔눈초목빗치푸릿치안코붉은션돌이라

고ᄒ느니라지금션지그면에산잇눈거션보지못ᄒ엿느니

라뎐문가에셔셔화셩의면을솔펴셔즈셰히보고그림을그려

내엿눈티그즁에엇던곳손디도보다더쪽쪽ᄒ지라붉은

경과푸른디경을뎐문ᄉ들이다른유명호뎐문ᄉ의일홈을

좃차일홈을지여보눈사름으로분간ᄒ게ᄒ엿스며륙디에

눈이리더리느린줄굿흔거시보이눈티이거션이달너아뎐

문가에셔즈셰히솔펴보고ᄒ눈말이허다호길이바다룰쒜

여하슈로통호듯ᄒ다ᄒ엿느니나라사름들이싱각ᄒ기룰화

셩에사눈사름들이문둔강이라ᄒ기도ᄒ고ᄯ강갓가히잇

눈초목이라고도ᄒ눈티확실호증거눈업느니라그러나겨

울될떠에눈그거슐볼수업고봄에눈조곰보이고고녀롬에눈잘보이눈

초목이라고흥눈말이리치에합흘듯흥나라오십팔도롤보고성각흥면알거시니라○두

극갓가히눈극히붉고흰곳이잇스니이거슨싱각흥기롤눈이모헌거시라흥눈디각반구

에셔녀롬이오면눈모힌디경이줄어지고겨울이오면눈모히눈디경이넓어지눈디일쳔

팔빅구십스년에화셩남반구녀롬되엿슬떠에남극갓가온곳에그흰곳이아조업셔졋스

니그일은고금에처음보앗느니라이거슐보고성각흥니다구면에셔갓가히잇눈힝셩에

스졀이밧고이눈거슐알수잇느니라이거슐

아래그림을보면눈모혓다가업셔지눈거슐볼수가

잇눈디일쳔팔빅구십스년에빠나드런문소가

양으로보다가음에그림모양으로보앗고다음에눈

그림모양으로보아조업셔셔진거시북극에눈잇고눈

니라거후에

도팔십오뎨
(三其)

월이십일일에눈원우희잇눈그림모양으파
로보앗고칠월팔일에눈셋재그림모양과
로보앗고다음에눈마즈막그림모양과곳치눈흰모양이스아조업스니이업셔셔진거

눈셔져가다가좃차점졈만하가다가시졈졈업셔지눈

화셩의북극에흰자리업셔져가눈거슐굳쳔그림이라

뎨이쟝

百五十五

데 이 쟝

구단은 쇼셩(小星)을의 론홈이라

화셩의 궤도와목셩의궤도두스이지극히넓은디경에아모별도업눈줄알앗더니일쳔팔
빅일년브터쇼셩들이그디경에만히잇눈줄알게된지라그러나그젼에껩플너가그두별
스이에힝셩이잇눈줄노짐쟉ᄒᆞᆼ엿고그후에ᄉᆡᆨᄃᆡ가ᄉᆡ법측을ᄂᆡ여껩플너의말이ᄎᆞᆷ된거
솔즁거ᄒᆞᆼ엿스니이법측은이아래수와ᄀᆞᆺᄒᆞ니라

0
3
6
12
24
48
96
192

이모든수롤보눈즁
에둘ᄌᆡ밧긔눈다젼수의비가되엿스니ᄯᅩᄒᆞᆫ미수에넷식합ᄒᆞ면아래수와ᄀᆞᆺᄒᆞ리니

4
7

10
16
28
52
100
196

이수눈그ᄯᆡ에아눈힝셩이ᄒᆡ에셔샹거롤비례ᄒᆞᆫ수라다른ᄌᆞ리에눈다힝
셩이잇스되스물ᄯᆲ자리에눈힝셩이업스니그런고로턴문회에셔일홈을
별이잇슬듯ᄒᆞᆼ다ᄒᆞ더니덕국셔훈턴문회에셔스물네사름이모혀의론ᄒᆞ고이별차자ᄂᆡ기
롤힘쓰자고쟉뎡ᄒᆞᆫ지라그사름들이첫기젼에예수후일쳔팔빅일년양력졍월초ᄒᆞᄅᆞ날
에이ᄃᆞᆯ니아비앗시란사름이첫ᄌᆡ쇼셩을차ᄌᆞᆫ지라더가이별을차자려ᄒᆞᆷ이아니오다른
별을차자고ᄒᆞ다가우연히이별을찻고일홈을곡녀셩(穀女星)이라ᄒᆞ엿눈디힝셩잇슬
디위눈좀어그러졋스나거반갓가히잇스니ᄉᆡᆨᄃᆡ의법측되로되엿다ᄒᆞᆯ수잇눈지라얼마
못되여ᄯᅩ훈별을엇엇고지금은훈ᄉᆞ빅오십여쇼셩을엇엇눈ᄐᆡ이후에눈더옥만히엇을
듯ᄒᆞᆼ다ᄒᆞᆫ눈디혼련문가에셔말ᄒᆞᆼ기롭십오만여긔나잇슬듯ᄒᆞᆼ다ᄒᆞᆫᄂᆞ니라

일됴는 쇼셩의형편이라

이쇼셩이만흘지라도그톄가젹은고로다합ᄒᆞ여야다ᄉᆞᆺ재힝셩자리를잡을거시라이별

들이극히젹으니라허실이가말ᄒᆞ기를주머니에녀둘힝셩이라ᄒᆞ엿ᄂᆞ니라그러나그

즁에ᄀ쟝큰거ᄉᆞᆫ곡녀와화녀(火女)인ᄃᆡ갓가히올ᄯᅢ에눈ᄃᆡᆼ흥셩과ᄀᆺ치되여눈으로

볼수잇ᄉᆞ며그즁큰거ᄉᆞᆫ곡녀인ᄃᆡ직경이이ᄇᆡᆨ영리오무녀ᄂᆞᆫ직경이삼ᄇᆡᆨ영리오화녀ᄂᆞᆫ

직경이이ᄇᆡᆨ오십영리오평균수로말ᄒᆞᆷ면직경이이십오영리될ᄃᆞᆺᄒᆞᆫ지라근년에차즌거ᄂᆞᆫ

손그톄가젹은고로대쇼룰분간ᄒᆞ지못ᄒᆞ느니라그즁에찻다가일흔것도여러별이잇ᄂᆞ

니라쇼셩우희만일ᄌᆞᆼ힝거든길던널사룸이잇슬것ᄀᆺᄒᆞ면믜일별을흔박회식돌수잇

ᄉᆞ며ᄯᅩ거긔ᄂᆞᆫ흡력이젹은고로사룸이룩십ᄌᆞᄅᆞᆯ뛰여올낫다ᄂᆞ려질지라도ᄯᅡ헤셔혼자

올나갓다ᄂᆞ려지ᄂᆞᆫ것ᄀᆺ치샹ᄒᆞ지아니ᄒᆞᆯ거시라쇼셩은각각그궤도가잇셔히룰에워도

라가ᄂᆞᆫ녀별의궤도가겨도로더브러빗그러진거시각각다르고만흐며젹은거시ᄉᆞ십일ᄯᅮᆫ지

아니ᄒᆞᆫ지라몌이십호ᄂᆞᆫ왕녀(王女)셩이니황도로더브러빗그러진거시ᄉᆞ십일ᄯᅮᆫ만이

오몌이호ᄂᆞᆫ무녀셩이니그궤도가황도로더브러삼십오도가거반빗그러졋ᄂᆞ니라

이됴ᄂᆞᆫ 쇼셩된원인이라

쇼셩된ᄉᆞ둙을의론ᄒᆞ면혹은말ᄒᆞ기롤넷젹에ᄒᆞᆫ큰별이부스러져셔무수혼쇼셩이되엿

몌이쟝

百五十七

데이쟝

도구십오뎨

목셩
궤도

청
비
지

다흐기도흐고쓰그밧긔다르케싱각흐눈이도만흐되분명
히말흘수업느니라그러나여러가지즁거롤보면여러쇼셩
이다서로샹관된듯흐니그궤도롤흐나뗴면다숫차올듯흐
이라○처음에텬문ᄉ가흐별을차자내면곳흐별의일홈을
주더니그후에너무만흐고로별흐방법을내여괴록흐녓스
니흐둥그람이가온딕묘수롤뻤헛스니가령곡녀셩이면

(一)즈롤쓰고무녀셩이면 (二)즈롤쓰고그남는것도그러케묘
흐느니라

삼묘눈 디구에셔뎨일갓가온쇼셩이라

이거슨덕국셔울뻴닌에잇눈텬문ᄉ가일쳔팔빅구십팔년
팔월에차잣눈딕수효눈ᄉ빅셜흔셋시라이눈쇼셩즁에히
에셔뎨일갓가온거시니평균수로말흐면샹거가히에셔일
억삼쳔오빅만영리오그궤도가대단히납작흐타권이니엇
던때에눈화셩보다더갓가히오누니라이쇼셩이근일뎜에
잇고싸와샹츙도될것굿흐면샹거가되기롤일쳔삼빅
만영리만될거시니만일그롤것굿흐면눈으로거반보게될

거시라 수헌아 홉재 그림을 볼거시라

데일큰힝셩은목셩이니그형샹이아름답고빗치광명ᄒ니흥셩과분별ᄒ기쉬오며ᄯᅩ금셩의빗도이에셔지내지못ᄒᄂ니라

십단은 목셩을의 론홈이라

일됴ᄂ 공즁에운힝홈이라

목셩이히롤에위도라가ᄂ디히에셔샹거ᄅ롤평균히말ᄒ면스억팔쳔삼빅만영리며근일덤에잇슬ᄯᅢ에ᄂ히에셔샹거가평균수보다그만치더먼지라목셩이텬공에운힝ᄒᄂ거슬ᄯᅡ헤셔보면대단히더디게가셔믹년에황도되로흐궁식만가ᄂ니금년에이별이어ᄂ셩좌에잇ᄂ지알면릭년에ᄂ동편으로가셔그다음셩좌에잇슬줄알거시라그러나우리보기에ᄂ더듸게갈지라도실샹으로말ᄒ면그힝ᄒᄂ거시대단히ᄲᅡ르니흐문동안에압흐로오빅영리롤힝ᄒ며목셩이본츅에셔열시동안에흐번식도라가니밤낫슨다ᄉᆺ시즘식이며히롤에워열두히동안에흐번식도라가ᄂ니그동안에ᄂ목셩이본츅으로ᄌ젼ᄒ기롤일만오빅번ᄒᄂ니라

데이쟝

이됴ᄂ 목셩이ᄯᅡ헤셔샹거라

데 이 쟝

百六十

민열세돌마다목셩이싸와샹츙되는티그때는목셩이싸헤셔뎨일먼때니그샹거롤

에샹합될때에눈목셩이싸헤셔뎨일갓가온때니그샹거롤감훙면될거시오샹츙된다음열여숫돌반후

알냐면목셩과히의샹거에셔싸와히샹거롤감훙면될거시오샹츙된다음열여숫돌반후에샹합될때에눈목셩이싸헤셔뎨일먼때니그두수롤셔로합훌거시라

삼됴는 목셩의대쇼라

목셩의직경은구만영리오그대쇼는싸보다일쳔ᄉ빅비가크고다른힝셩을다도합훈것보다더큰지라만일목셩이우리돌과굿치ᄒ면망월보다일쳔오빅비가더크게보일거시라이러케셜냐가는고로리즁력이만하그물건의즁수롤경훙게ᄒ느니라싸희져도에셔눈물건이훈문동안에십칠영리식만가느니이거슬보고비교훙여보면목셩의지속이대단히싸른줄알거시라목셩의톄가더러케크나지속이대단히싸른고로목셩면에셔져도에ᄯ러러치면첫쵸에훈두자밧긔못ᄯ러질거시오ᄯ목셩이쌀니굴너가니그톄가즈연다른힝셩보다납작훙고그져도의직경은두극의직경보다오쳔영리가기니라

소됴는 목셩의ᄉ졀이라

목셩의츅이그궤도평면에졍각직션과조곰만빗긴고로쥬야쟝단이파히다르지안코다숫시식이오두극은륙년동안은히롤보고륙년동안은히롤못보며ᄉ졀은과히다르지아니ᄒ니져도갓가온티눈늘녀름이오온도눈늘봄이며목셩의밧눈히빗춘싸희이십칠분

지일쉰이오만일목셩면우희도사람이잇슬것굿흐면
거시니우리보는별과목셩에돌닌돌다숫시보일터인디그다숫돌의형샹이각각다르
게보이고다숫시동안에모든돌과별이동편에셔브터셔편셕지셜니지내가는거슬볼수
잇느니라

　　오됴는　목셩의돌이라

텬문경으로목셩을보면흔젹은하눌을볼거시니고베니거쓰의말이올흔거슬증거ᄒᆞᄂ
니라다숫돌이그테룰둘넛스니그즁넷손셸닐니오가몬져차자내엿고후에다른돌을차
자내지못ᄒᆞ고로사람들이목셩에눈네돌만잇다ᄒᆞᆼ더니예수강싱후일쳔팔빅구십이년
십월초십일에미국텬문가쌔나드가힘만흔원경으로오목셩면에셔샹거는거반칠만
영리오목셩을도라가는시간은열두시밧긔못되눈고로미일두번식도라가나이그러나이
돌은힘만흔원경으로야능히볼수잇느니라뎌은원경으로볼수잇눈거슨넷샌이니
에그밧긔도젹은돌셋슬더차잣눈디힘이데더돌이미시에그디위룰옴기매우
리가보면죵쥬굿치좌우편으로왓다갓다ᄒᆞ야엇던ᄤ눈두편에각각두돌식잇고쏘엇던
ᄤ눈이편에셋시잇고뎌편에ᄒᆞ나가잇스며혹ᄒᆞ나이나둘은보지못ᄒᆞᆯᄤ도잇고쏘셋슬
굿치볼ᄤ도잇스나넷슬일시에볼ᄤ눈드문지라ᄒᆞᆼ샹그돌을지목ᄒᆞ야말ᄒᆞ기룰별테로

뎨 이 쟝

브터밧글향호야나가면셔뎨일뎨이뎨삼뎨스라흐느니힘이적은텬문경으로보면네솟흥셩과분간치못홍여뎨일크고븕은거슨셋재돌인고로알기쉽고첫재돌은비록적으나목셩과갓가히잇스매뎨목셩면에셔보는테가우리돌보다좀크게보이고둘재와셋재는목셩면에셔보는테가우리돌보다좀크게보이고둘재와셋재는목셩면에셔보는테가우리돌의졀반이되느니라

이름		목셩과돌샹거	직 경	밀물노히 솔나믈삼다	묵셩도눈시간
목	쌘나드의돌	십일만이쳔영리	일빅영리	ᄒ나빅분지십일	열두시
성	뎨일	이십륙만일쳔영리	이쳔오빅영리	ᄒ나빅분지십일	호날열여돏시반
월	뎨이	스십일만오쳔영리	이쳔일빅영리	둘빅분지십일	삼일열세시
표	뎨삼	류십륙만ㅅ쳔영리	삼쳔오빅오십영리	ᄒ나빅분지팔십칠	칠일네시
	뎨스	일빅십륙만칠쳔영리	이쳔구빅류십영리	ᄒ나빅분지ㅅ십칠	십륙일십칠시

이다ㅅ돌듕에뎨일큰돌흥나흔슈셩보다더크고또밧긔네돌듕에쌘나드의차ᄌ돌흥나밧긔는다쇼셩보다크며뎌돌들이크고젹은분별이잇슬분아니라그빗도각각다르니뎨일뎨이는빗치좀푸르스흐고뎨삼은누르스흐고뎨스는붉으스흐나라목셩과

그돌들이차지호곳의직경이이빅오십만영리니라록십재그림을보면그돌의호가지모
양을볼수잇느니라

뎨 십 륙 도

목셩의돌이즛젼홈이라 ○ 엇던텬문ㅅ가놉흔산에가셔공긔몱은
때에목셩의돌면을본즉무슴표가잇스나그거슬보고즛젼ㅎ는거
슬알수잇다ㅎ눈듸그말을닐으듸첫재돌은열두시반에호번식즛
젼ㅎ고셋재와넷재돌은우리돌과굿치그궤도로호박회도라갈동
안에호번식즛젼호다ㅎ느니라

목셩의일월식이라 ○ 목셩은그톄가본릭어둡고빗치업는고로그
그림즈가원츄형(圓錐形)모양으로히마준편텬공을향ㅎ눈듸첫
재돌재셋재돌의궤도가목셩의궤도와조곰만빗긴고로그궤도로
목셩을에워도라갈적마다목셩과히가온듸잇셔목셩면에셔일식
을보고또목셩의그림즈속에드러가면월식이되느니넷재돌은목
셩과샹거도멀고그궤도눈목셩의궤도와만히빗긴고로일월식이
저고엇던때에눈분식만될때도잇느니라만일텬문경으로보면우

리가분명히볼거시니목셩그림즈속에드러가눈것과나오눈거슬볼수잇고일식홀때에
눈돌의그림즈가검은뎜모양으로목셩면에지내눈거슬볼수잇느니라

예이쟝

뎨 이 쟝

百六十四

뎨 륙 십 일 도

륙십일도롤보면네돌디위가각각굿지아니호거슬볼거시니뎨일은목셩그림즈가온디

잇눈거시니월식이오뎨이눈목셩면을지내가면셔그림즈롤목셩면에쏘이눈거시니일식이오뎨삼은비록그림즈안희안드러갓스나싸혜셔볼수업고뎨ㅅ눈디구에셔능히볼수잇느니라○목셩의돌이ㄱ장샐니힝ᄒᆞᆫ눈되그러케샐니힝ᄒ여야훌거ᄉ눈목의셥력이만ᄒ셔그러케ᄒ지아니ᄒ면그돌을쌀아그면에쩌러지게훌터이오뎨일은훈날열여듧시반에목셩을에워호

박회돌아가고뎨ㅅ눈십륙일반동안에목셩을에워호번도느니만일목셩에사롭이잇셔

목셩이히모훈번도라갈동안에각쳐에셔월식을다볼것굿흐면소쳔오빅월식을볼거시
오일식도또훈그와거반굿치보리라

뎨 룩십 이 도

룩도눈 빗힝ᄒᆞ눈지속이라

넷사람의셩각에눈빗힝ᄒᆞ눈거시시간이업눈줄노알앗더니예수
후일쳔륙빅십칠년에뎐막국텬문소로머라ᄒᆞ눈이가목셩의월식
을보고비로소빗힝ᄒᆞ눈거슬본즉엇던쌔눈에산훈것보다좀일즉되고엇
던쌔눈좀늦추되눈거시다목셩에셔싸히갓갑고먼듸로되눈지라
예슌둘재그림을보면알거신듸디구가히와목셩두소이디에목셩이눈
될쌔요잇슬쌔에눈목셩의일월식되눈거슬예산훈것보다좀일즉
보겟고디구가제궤도로도라가셔싸해샹이눈목셩의잇슬쌔에눈목
셩의일월식을예산훈것보다좀늦게볼터인듸다에잇슬쌔에일즉
보눈것과싸헤잇슬쌔에늦게보눈거슬서로비교ᄒᆞ면열여소푼셜
흔여소쵸샹이라이거슬보고셩각ᄒᆞ면빗치싸궤도의직경은일억팔쳔륙
가눈동안이열여소분셜흔여소쵸라싸궤도의직경은일억팔쳔륙
빅만영리인고로빗희지속은미쵸에십팔만륙쳔삼빅영리라그런즉빗치열여소푼설흔

뎨이쟝

百六十五

뎨이쟝

여슷쵸에디구궤도만치간죽히와짜희샹거는디구궤도의졀반만흔디그만치갈동안은

여듧분열여듧쵸이라

칠됴는　목셩의씌라

텬문경으로목셩을보면그톄에줄과곳치보이는여러씌가젹도좌우편에잇셔젹도와평

힝혼디넓고좁은것과그수효가변흥느니라젹도갓가히잇는거슨붉고또엇던때에는붉

은빗츨발흥며엇던때에눈넓은것두세긔도되고엇던때에눈좁은것열아문긔도되느니

라또흑여러번혹반곳혼뎜이나타나눈것도잇눈디그씌보다오래동안잇눈지라예수후

일쳔팔빅칠십팔년에흔큰붉은뎜이목셩남반구에나타나스니길기눈팔쳔영리오넓기

눈이쳔영리라이붉은뎜이지금셔지불수나이젼에쳐럼붉지못흥니라근릭텬문가

에셔싱가흥기롤목셩은필연두터온구름이둘녀셔빗츨동흥지못흥게되엿고또그톄눈

극히더워스면에물긔운을발흥민그톄가아직셔지식어즈지아니흥엿스며이씌가

평힝혼형상이잇눈거슨거긔도바람이잇셔흘너동흥기롤우리싸헤잇눈무역풍 (買易

風) 과곳치흘눗흠이라

십일단은　토셩을의론홈이라

일됴는　토셩의형편이라

묘눈

百六十六

넷져텬문ᄉᆞ의아ᄂᆞᆫ힝셩즁에ᄂᆞᆫ토셩이뎨일먼거시라그빗ᄎᆞᆫ누렷코희며쏘번쏙거리ᄂᆞᆫ

형샹이업ᄂᆞᆫ고로흥셩과분별ᄒᆞ기쉬오니라뎌궤도가ᄆᆞ쟝크니우리가사ᄂᆞᆫ날동안에토

셩이황도셩좌에힝ᄒᆞᆫ거슬볼거시라황도셩좌ᄂᆞᆫ두ᄒᆡ반만에지내ᄂᆞ니그런고로흥

번차자면그다음에ᄂᆞᆫ알기쉬오니라토셩이샹츙될ᄯᆡ에싸히토셩과서로합ᄒᆞ엿다ᄒᆡ여

뎌궤도로도라간지ᄒᆞᆯ열셰날만에다시합ᄒᆞᄂᆞ니라 이거스로토셩이히ᄂᆞᆫ시간을알기쉬오니가령열셰날과삼빅

칠십팔일과비ᄒᆞ거시ᄊᆞ회ᄒᆞ와토셩의ᄒᆞ와비교ᄒᆞᆫ것파회삼십년이거반되ᄂᆞ니라그뎨ᄂᆞᆫ목셩보다젹으되빗ᄎᆞᆫ

쏫ᄒᆡ리니그런즉토셩의ᄒᆞ가ᄊᆞ회삼십년이거반

목셩보다붉으니라토셩의궤가각궤궤도로도라가ᄂᆞᆫ돌아홉도잇고쏘두어층되ᄂᆞᆫ광환

(光環)이잇스니광환은금빗치잇셔극히붉아셔크게볼만ᄒᆞᄂᆞ라

이됴ᄂᆞᆫ　공즁에운힝ᄒᆞᆷ이라

토셩은ᄒᆡ에셔샹거가평균수로말ᄒᆞ면팔억팔쳔뉵빅만영리라그궤도ᄂᆞᆫ목셩의궤도보

다더납작ᄒᆞ고로근일뎜될ᄯᆡ에ᄂᆞᆫ평균수보다ᄉᆞ쳔오빅만영리가더갓갑고원일뎜될ᄯᆡ

에ᄂᆞᆫ그만치더지라근일뎜과원일뎜의어그러지ᄂᆞᆫ수ᄂᆞᆫ우리싸헤셔히샹거와거반ᄀᆞᆺ

ᄒᆞ니라토셩이그궤도로민시에이만이쳔영리롤갈지라도우리가이밤에보고그잇ᄒᆞᆫ날

밤에ᄂᆞ여보와도그디위가변ᄒᆞᆫ거슬볼수업ᄉᆞ며토셩의ᄒᆞᆫᄒᆡᄂᆞᆫ디구의삼십년이거반

되고본츅으로ᄌᆞᆺ젼ᄒᆞ기롤열시열다ᄉᆞᆺ분동안에ᄒᆞᆫ번ᄒᆞᄂᆞᆫ지라그런고로토셩이ᄒᆞᆯ롤에

워ᄒᆞᆨ박회돌동안에본츅으로ᄌᆞᆺ젼ᄒᆞ기ᄂᆞᆫ이만오쳔번을ᄒᆞᄂᆞ니라

뎨이쟝

뎨 이 쟝

삼묘눈 ᄯᅡ헤셔샹거라

ᄯᅡ헤셔샹거가얼마되ᄂᆞᆫ지알냐면다른외힝셩아ᄂᆞᆫ법괏ᄒᆞ니샹츙될ᄯᅢ에ᄂᆞᆫ뎨일갓갑

고샹합될ᄯᅢ에ᄂᆞᆫ뎨일멀지라토셩이ᄯᅡ헤셔뎨일갓가올ᄯᅢ와뎨일멀ᄯᅢ에샹거룰셔로비

교ᄒᆞ면어그러지ᄂᆞᆫ수가삼억영리나거반되ᄂᆞᆫ지라

ᄉ묘눈 토셩의대쇼라

토셩의직경은칠만삼쳔영리오그톄ᄂᆞᆫᄯᅡ보다칠빅비가크며밀솔은물의삼분지이인ᄃᆡ

소나무밀솔보다좀더촘촘ᄒᆞ니라흡력은디구흡력보다조곰크고그면에셔돌을ᄯᅥ러처

면비록그톄크나쳣쵸에열여듧자반밧긔못ᄯᅥ러지ᄂᆞ니라

오됴눈 토셩의ᄉ졀이라

토셩도ᄒᆡ의빗과열을밧ᄂᆞᆫ거시우리ᄯᅡ희빅분지일이오그츅이그궤도와졍각직션과빗

겨진거시이십팔도이니그ᄉ졀은디구와비슷ᄒᆞ며녀름에ᄂᆞᆫ히가디평계에셔올나가기

룰ᄯᅡ보다네도반이더놉게올나가ᄂᆞ니그런고로열티가디구보다아홉도가넓고남북두

룅딕가각각네도반식넓으며토셩의민졀은우리ᄯᅡ희칠년이좀넘으니츈분츄분이열다

솟ᄒᆡ가각각ᄒᆡ엿고동지하지도ᄯᅩᄒᆞ그러ᄒᆞ야십오년동안에북극셔ᄂᆞᆫ히빗출밧아낫이되

고남극셔ᄂᆞᆫ히빗츨밧지못ᄒᆞ야밤이되ᄂᆞ니라여러가지즁거룰보니공긔가잇셔촘촘ᄒᆞ

게둘닌듯ᄒᆞ니라

륙묘눈　토셩의광환이라

데이쟝

니즁환과외환은명환(明環)이라호고뇌환은암환(暗環)이라호며즁환과외환은그톄

셜닐니오가이광환을몬져보앗눈듸뎌가쳐음에토셩이다른
별보다형샹이이샹호거슬보앗스되뎌문경이졈미럽지못훈
고로보이기룰두쇼셩이그량편에붓허그톄룰도와주어압흐
로힝호게호눈듯호거늘뎌가즉시그친고겔플너의게편지호
여닐ㅇ되토셩의톄가셋에눈호엿다호지라그러나토셩이분
몀에잇슬때에가셔눈그광환이보이지안커놀뎌가심히이샹
히넉엿고그후에죽을때선지씨뎟지못호엿고그후에다른턴
문스도이광환을보앗스나아직그형샹을분명히아지못호고
말ㅇ기룰토셩좌우편에자루가잇눈듯호다호더니그다음오
십년후에야광환인줄셰드룻느니라○셰광환이토셩겨뎌도평
면에잇셔셔토셩을에워도눈듸넓이가각각ㄱ지아니호며외환
과즁환은셔로붓지안코틈이잇스며뇌환과즁환은셔로붓흔
모양이잇느니라외환에눈회셕빗치잇고즁환은다룬것보다
더옥붉아토셩본톄보다빗나며뇌환은어둡고죠쥬빗치잇스

데이쟝

대룩십ㅅ도

가빗츨밧아동ㅎ지못ㅎ는고로토성면에그림곳가지고뇌환은빗츨동ㅎ는고로토성면
에흔암듸모양으로보이느니라

토성광환포

외환밧긔직경은십칠만이빅룩십영리오녑이는
일만일쳔영리오 ○즁환밧긔직경은십ㅅ만룩쳔
영리오녑이는일만팔쳔영리오 ○뇌환의안직경
은팔만팔쳔이빅영리오녑이는일만일쳔영리오
○즁환과외환의샹격혼리수는일만칠빅영리오
○토성과뇌환의샹격은일만칠빅영리오
이세환의도합혼넓이는ㅅ만영리즘이오 ○광환
의두터이는일빅영리가좀못되느니라
이환이토성을에워도라가는듸그방향은토성의
도는것과굿ㅎ며토성의톄는쪽광환즁심에잇지
아닐듯ㅎ되어그러지는거손만치아니ㅎ니라광
환의평면이황도평면과이십팔도즘빗겨졋스며

토성이그궤도로ㅎ될에워도라갈때에는그츅이방향을변치아니홈으로ㅎ빗치광환북

百七十

도오십륙데

데 이 쟝

편에빗최이는때도잇고남편에빗최이는때도잇스며두분덤에니르러는광환의변자리

만히빗츨밧는고로그때에눈데일힘만흔원경을가지고야볼수잇느니라토성의톄가흘

샹히빗츨그리우는고로아모때던지그환의온견흔면을보지못하는거시오륙십삼도룰

조세히보면광환의모든형샹을볼수잇고또어느히에보아야분명히볼수잇는거슬조셰

히쎄드룰수잇느니라

광환의톄질이라○또광환의톄질은엇더흔지조세히쎄듯지못ㅎ엿스나분명히안거슨

류질(流質)도아니오뎡질(定質)도아니오무수흔젹은덤굿흔돌이니토성을에워도라

가는거시라분광경으로보면환의안슭아리가밧슭아리보다셜니

도라가니만일서로맛붓흔것굿흐면그러케될수업느니라○토성

면우희죵붉은암티룰나타내이나목셩굿치분명치못ㅎ며이암티

눈겨도갓가온디경에만흐니라토셩의톄질이라○텬문스가토셩

의형샹을측량흔즉목셩과굿치그톄가류질인디그밧긔두터온공

긔가둘닌듯ㅎ니라

칠됴눈　토셩의돌이라

토셩에아홉돌이잇스니그대쇼와토셩에셔샹거와토셩도는시간

은이아래말과굿흐니라

데이쟝

토 셩 월 표		
로셩에셔샹거	직경	토셩도ᄂ시간
데일 십일만칠쳔영리	륙빅영리	ᄒ나빅분지구십ᄉ일
데이 십오만칠쳔영리	팔빅영리	ᄒ나빅분지삼십칠일
데삼 십팔만륙쳔영리	일쳔이영리	ᄒ나빅분지팔십팔일
데ᄉ 이십삼만팔쳔영리	일쳔일빅영리	돌빅분지칠십삼일
데오 삼십삼만이쳔영리	일쳔일빅영리류	넷빅분지오십일일
데륙 칠십칠만일쳔영리	이쳔영리칠	열다ᄉᆺ빅분지구십ᄉ일
데칠 구십삼만ᄉ쳔영리	오빅영리	스물ᄒ나빅분지이십구일
데팔 이빅이십이만오쳔영리	이쳔영리	닐흔아홉빅분지삼십삼일
데구 칠빅오십만영리	이빅영리	열여ᄉᆺ돌

이아홉돌즁에데일큰거슨여ᄉᆺ재니그톄가슈셩만치거반크며아홉재ᄂ극히젹은디일쳔팔빅구십구년에와셔야차잣ᄂ니라첫재둘재닐곱재ᄂ극히붉지못ᄒᆼ매힘잇ᄂ은경이아니면보지못ᄒᆼᄂ니라토셩의돌을허실이처음으로차잣ᄂ듸그ᄯᆡᄂ광환의면은보

데륙십륙도

지못흥고광환의변만볼때니광환변자리아래도오고우혜도가고변자리둛지넬때에맛

치훈빗난실에구슬을쒜인모양과굿치흥눈지라토

셩면에셔갓가온네돌은토셩에셔샹거가우리돌보

다더갓가오되여둛재돌은토셩에셔샹거가우리돌

보다십비나멀고아홉재돌은우리돌보다삼십비나

면지라토셩과여러돌이하눌을차지흥곳의직경이

일쳔오빅만영리니라

　팔됴눈　토셩의경샹이라

만일토셩에사룸이살것굿흐면우리보눈흥셩밧긔

밤에보눈모든경샹이우리보눈것보다만비나쒸여

날거시니훈광환은무지개굿치텬공에벗쳐잇슬터

이오또아홉돌은각각제형샹이잇셔텬공으로지내

갈때에혹둥그럽기도흐고혹반돌굿기도흐고혹나

뷔눈섭굿기도흐야하눌에버린모든형샹을보면사

룸의눈을즐겁게흔거시라

에이챵

십이단은 텬왕셩이라 표는 병

일됴는 텬왕셩의 형편이라

예수후일쳔칠빅팔십일년양력삼월십삼일져녁열시죰념아셔런문스허쉴월납이큰힘잇는원경으로쌍즛셩좌안희잇는혷셩을보다가그즁에셔혼젹은별을엇어유심히보고그원경에더크게보이는류리롭소와가지고보니별톄가더크게보이거놀그후에눈밤마다측량ᄒᆞ야힝동ᄒᆞᄂᆞᆫ거슬보더니허쉴이그릇쎠돗고혷별이새로혷혜셩이왓다ᄒᆞ더니멋돌을지내여그릇안줄쎠돗고이별도희셜기안희혼별이라ᄒᆞ니나라가령사름이어두운밤에이별잇는곳을알고눈이극히붉으면이별을볼수잇슬거시오그붉지못ᄒᆞᆫ거슨싸와샹거가심히먼셔둬이니만일히만치갓가오면우리보기에목셩보다두비가더클거시니라

이됴는 공즁에운힝홈이라

히에셔샹거는십팔억영리며그궤도로도라가기룰팔십ᄉ년즘에혼박회도ᄂᆞ니그곳호히가우리싸헤팔십ᄉ년즘되ᄂᆞ니라

삼됴는 텬왕셩의대쇼라

텬왕셩의직경은삼만오쳔영리오밀솔은유대국소허의무거운물과굿고홉력은싸희홉

력의십분지구니라

　소됴는　텬왕셩의소졀이라

우리가그테는별노알수업스며더긔긔셔혀빗과열을밧는거손우리싸혀삼빅분지일이못

되니엇던사롬이게산호여본즉거긔셔밧는혀빗치우리싸혀셔밧는보름돌빗보다삼빅

빗나더된다호느니라

혹거긔도사롬이살것굿흐면토셩과목셩두혀셩만볼거시오화셩과금셩과슈셩들

은너무멀어셔보지못홀거시며아직은그우희혹반곳혼거시나암디곳혼거슬찻지못혼

고로그굴듸丁즈젼호는동안과그외에다른혀셩에셔알기쉬온거슬게산홀수업느니라

　오됴는　텬왕셩의둘이라

텬왕셩에네둘이잇는듸사롬이알기에혼가지이혼거시잇스니그둘의궤도가텬왕셩

의궤도와서로졍각직권되고힝동호느거슨역힝호기롤시계침과곳치힝호느듯호나라

이네둘즁에텬왕셩에셔갓가온두둘의직경은이빅오십영리오그밧괴먼니잇는두둘의

직경은오빅영리나될듯호니라

십삼단은　히왕셩을의론홈이라

일됴는　히왕셩의형편이라

표는　♆

메이졍

뎨 이 쟝

히왕셩은히셜기즁에뎨일먼별이니혼과슈병뎡이밧그로슌힝ᄒᆞᄂᆞᆫ것과ᄀᆞᆺᄒᆞᆫ지라ᄂᆞᆫ으

로ᄂᆞᆫ볼수업고텬문경으로보와도륙등셩과ᄀᆞᆺᄒᆞᄂᆞ라

이됴ᄂᆞᆫ 히왕셩을차자냄이라

텬문가에셔여러히동안텬왕셩의힝동홈이여산혼것과합ᄒᆞ지아니ᄒᆞᄂᆞᆫ거슬보고크게

이샹히녁인지라싸혀셔먼토셩은삼십년동안에예산혼것과조곰도어그러지지안케

라가되던왕셩은그러치안코여러번에산혼수톨어그러치니엇던사름은닐으디그케도

밧긔ᄯᅩ혼텬왕셩을잡아다려혼들게ᄒᆞᄂᆞᆫ힝셩이잇다ᄒᆞᄂᆞᆫ티허쉴이말ᄒᆞ기롤골님

버쓰가이스바니아에잇셔미국을모옴으로본것ᄀᆞ치우리도텬왕셩궤도밧긔힝셩이

잇ᄂᆞᆫ거슬모옴으로임의보왓다ᄒᆞᆫ지라나죵에두쳥년산학가가잇ᄂᆞᆫ티ᄒᆞ나혼법국네

피어오흥나흔영국애딈쓰라ᄃᆞ며희가○계산ᄒᆞ여내고져ᄒᆞᄂᆞᆫ거슨텬왕셩의

혼별의셥력을인ᄒᆞ야예산혼궤도와어그러지ᄂᆞᆫ수롤알아가지고그보지못ᄒᆞᄂᆞᆫ힝셩의

궤도와그별톄가어ᄂᆞ디위에잇ᄂᆞᆫ지알아내려ᄒᆞᄂᆞᆫ티에딈쓰가되심혼지수년에비로소

그수롤회계ᄒᆞ고예수후일쳔팔빅스십오년에그회계혼거슬국가텬문ᄉᆞ의게주고그이

듬히녀름에네피어ᄂᆞᆫ법국셔울에잇ᄂᆞᆫ격치총회 (格致總會) 의게제회계혼거슬주어셔

아지못혼별의디위롤분명히말혼지라영국에잇ᄂᆞᆫ국가텬문ᄉᆞ에리가이말을듯고애딈

百七十六

쓰의예산혼거시긴혼줄노쎄드라알고쳼브뤼지텬문소의게편지항야힘만혼원경을가지

고애딈쓰의회계혼디로하눌을조셰히보라항거눌이텬문소가그말을좃차텬문경으로

보와혼별을차자내엿스나다만이별이차자라고혼새힝셩인줄은쎄닷지못항고그히가

을에레베리어가뎍국텬문소의게편지항여이별을보라항니텬문소가편지롤밧아보고

제큰힘이눈원경으로ㄱ륵쳔디위롤보니즉시뵈이눈티이눈새로문딘별

그림에그리지아니혼별인티이별을조셰히본즉차자려고항던별이라레베리어의회계

혼것과혼도밧긔어그러지지아니혼지라이거시세샹사롬의혼일즁에미우긔묘혼일인

디텬문소의회계항눈거시졈미럽다고항눈즁거이오사롬이능히만유쥬의깁혼법도롤

쎄드라알수잇느니라

삼묘눈　　공즁에운힝홈이라

히왕셩은히에셔평균샹거가이십팔억영리오그궤도로히롤에위일빅륙십오년만에혼

번도라가며팔힝셩즁에이별이히에셔데일먼고로그궤도로도라가눈지속이다룬힝셩

보다데일더디가니슈셩은혼시에압흐로십만칠쳔영리롤가되히왕셩은압흐로힝호기

롤일만이쳔영리밧긔못가느니라

소됴눈　　히왕셩의대쇼라

직경은삼만오쳔영리오그뎌눈짜보다뷕비나크고밀슐은텬왕셩보다죵젹으니라

데아쟝

뎨이쟝

百七十三

오됴는 히왕셩의스졀이라

지금텬문가에셔아직은이별의츅이그궤도평면과얼마나어그러진거술아지못ᄒᆞᆫ고
로이별의스졀은알수업고그뎨에밧는히빗과열은디구의쳔분지일밧긔못되ᄂᆞᆫ지라○
히왕셩이히ᄯᅥᆯ기ᄋᆔᆨ에잇셔우리ᄯᅡ헤셔샹거가이십팔억영리나거반되게멀지라도우리
가거긔가셔그면밧긔셔셔흥셩을보면흥셩은극히머ᄂᆞᆫ고로그냥보이기롭ᄯᅡ헤셔셔보ᄂᆞᆫ거
시나다룸이업ᄂᆞ니라ᄯᅩ흔도셩과텬왕셩밧긔다른힝셩들은히에셔갓가온고로보지못
흘거시라

룩됴는 히왕셩의뵈는형샹이라

히왕셩은과히머면고로ᄌᆞ젼ᄒᆞᆫ것과그면의형샹을알수업스나그궤도가대단히넓은티
궤도의직경은오십오억팔쳔만영리니이거슨ᄯᅡ희궤도의직경보다삼십비나더크니거
긔년시차ᄂᆞᆫ ᄯᅡ희년시차보다큰지라그런고로히왕셩에텬문ᄉᆞ가잇슬것것
ᄒᆞ면년시차롤알아가지고흥셩의샹거롤알기쉬을거시라

칠됴는 히왕셩의돌이라

히왕셩에눈돌ᅙᅵ나히잇ᄂᆞᆫ디이돌이히왕셩을여ᄉᆞᆺ날동안에ᄒᆞᆫ번도ᄂᆞ니그거술알아가
지고그뎨가얼마나큰거술회계홀수잇ᄂᆞᆫ디ᄯᅡ희톄젹보다열닙곱비가되ᄂᆞ니라

힝셩의 표라

싸	금셩	슈셩	히		표
93000000	67000000	36000000		샹거 히에셔 직경	뎨이쟝
7899½ / 7926½	7600	3000	865400	남북 극 적도 경 시젼	
365¼ 일	225 일	88 일		셩 흥 교 동	
	584 일	116 일			
	25000000	485000000	91500000	솔 가 히 상 거 색 밋 잇 갓 싸에셔 일뎨	
1일	7½ 돌		25⅓ 일	눈동안 힝흥눈 주젼흥 흔효에	
15 영리	22 영리	30 영리		지속	
1				돌	
	.92	1/20	1300000	쇼 교흔대 싸와비 궤도의	
3000000	1000000	15000000		영리 동차	
.01678	.007	.205			
16 자		5⅓ 자	444 자	속 쵸에 돌 면에셔 첫 러지눈지 싸에셔 시 경보	
	67″	13″	32′	을색 갓가멀 눈색에셔	
	11″	5″			百七十九
	3½°	7°		러마인도궤와도 진나각이사가 것빗이 그얼피황	
⊕	♀	☿	☉		표

성히왕	성텬왕	토셩	목셩	성쇼힝	화셩
2800000000	1800000000	886000000	483000000	거샹균평 246000000	141500000
35000	35000	73000	90000		4200
165 히	84 히	29½ 히	11.86 히		687 일
368 일	369 일	378 일	399 일		780 일
				균평 15300000	34000000
	12 시	10시 15 푼	10 시		24시 41푼
3½ 영리	4½ 영리	6 영리	8 영리		19 영리
1	4	8	5		2
90 비	66 비	700 비	1400 비		⅓
50000000 .009	83000000 .046	90000000 .056	42000000 .048	균평 .200	26000000 .093
		18½ 자	42 자		6 자
		20 ″	50 ″		30 ″
2 ″	4 ″	14 ″	32 ″		4 ″
1 ¾°	46 ′	2½ °	1° 19′	균평 8°	1° 51′
♅	♆	♄	♃		♂

百八十

뎨삼쟝은 비셩(飛星)을의론홈이라

머리롤들어하놀을본사롬마다공즁에잇셔별과굿치떠러치는빗쳬롤보느니라혹빗겨

힝호기도호며혹싸흘향호야힝호기도호니이런류는분간호기민우어려오나가히세가

지로논홀수잇스니 (一)은운셕(隕石)이니돌질이나혹쇠질노된거신뒤공즁에셔싸헤써

러진거시오 (二)는운셩(隕星)이니이는다구슬형샹이잇는뒤빗셩아니라구슬과굿흔둥

그러온뒤가잇고갑자히업셔지지안코멀니둔니는고로여러쵸동안눈으로볼수잇스며

또허다훈거시텬공에힝호눈뒤뒤에빗난쇠리가좃차가며쏘터지는것도잇셔큰소래발

호기롤대포와굿치호눈뒤그부스러진덩어리가엇던거손압흐로힝호눈것도잇스며엇

던거손싸헤써러저운셩되눈지라엇던운셩은우리디구의공긔롤지내셔압흐

로공즁에힝호눈것도잇고엇던거손열에화호야직가되여싸헤써러지눈것도잇느니라

(三)은류셩(流星)이니이류셩은데눈불수업고빗뎜굿치공즁에놉히잇셔여긔셔발호야

더긔로나라가느니엇던거손뒤로불쒸리가잇고엇던거손그러치아니호니라

일단은 운셕이라

나라마다운셕과지흔것이잇스니즁국에셔예수젼륙빅십륙년에긔지훈거손운셕이하

뎨삼쟝

예삼쟝

놀노브터써러저 슈레두어를과사룸열명을부스러치고예수젼수빅륙십오년에크기가
혼슈레에실을만혼운셕이유로바와아시아두스이에잇눈물목에써러졋눈지라녯겨사
룸은이런돌을미우귀히녁이눈디류젼흥눈말에ᄋᆞ기룝예수후일쳔륙빅이십년에혼
쇠질노일운운셕이인도북방에써러졋눈디그ᄯᅢ에황뎨가그돌을귀히녁여그돌노보검
을지엿다ᄒᆞ며예수후일쳔칠빅구십오년에미국에혼농부가운셕이즛긔섯눈디셔멀지
안은곳에써러지눈거슬보앗눈디그써러지눈힘이거셔흙은날니고반셕을ᄲᅮ르고드러
가눈거슬보앗스며일쳔팔빅칠년에미국동북방에셔허다혼운셕이무리굿치써러젓눈
디그즁무거온거슨이빅근즘되며남아메리카에혼운셕은십오던즘되눈거시써러젓눈
디쳐음에차줄ᄯᅢ에눈너무더워셔갓가히가지못ᄒᆞ엿고식은후에눈길가눈사룸들이셧
드러가고져ᄒᆞ되너무굿은고로긔계만샹ᄒᆞ고셧드러가지못ᄒᆞ엿ᄂᆞ니라지금미국대
학당박물원에여러가지돌을둔즁에일쳔륙빅설흔다ᄉᆞᆺ근되눈운셕이잇ᄂᆞ니라운셕을
일운원질은우리ᄭᅡ우희잇눈물건의원질과다룸이업스니운셕에셔텰(鐵)과셕(錫)과동
(銅)과니(鈮)와고(鈷)와회(鍨)와미(鎂)와양(養)과류(硫)와린(燐)ᄀᆞᆺ흔질이십여
가지룝임의차자낸지라이러케차자낸거시요긴혼거손공즁에잇눈모든톄일운질이엇
더혼거슬대강알수잇게ᄒᆞᆷ이라다만화합혼법만다르니이럼으로운셕을보면운셕인줄
판단ᄒᆞ기쉬온거손원질은ᄀᆞᆺ흐나이셰샹에셔화합혼것과눈대단히다룸이라

百八十二

이단은 운셩이라

스긔에운셩을긔지훈거시운셕을긔지훈것보다더긔이훈뒤류젼훙눈말에널ㅇ기롤에

수후스빅여년에이달니아싀리마따헤셔낫되엿슬떼에하놀이갑쟉히캄캄훙며극히검

은구름굿흔거시턴공을그리우눈듸그구롬우희눈불이잇셔ㄴ라가눈공쟉이모양과굿

치지나가눈듯훙다가훌연히그톄가변훙야샐죽훈합과굿치되여그냥압흐로힝훙고뒤

로눈샌른우뢰와번뜩거리눈번기가사롬을두렵게훙며또운셕이우흐로만히떠러져눈

려왓눈듸그즁에빅근되눈운셕이잇셧느니라예수후일쳔팔빅삼년에법국북방에훈광

명훈화구가하놀노느라가다가얼마못되여그톄가스스로부스러져셔큰대포소래와굿

치공즁에검은구름속에셔오륙분동안을니여나고뒤로눈극히더운돌이비와굿치헤

떠러졋눈듸그즁에스물네근되눈것도잇셧스며일쳔팔빅십구년에미국동방에셔훈운

셕을보앗눈듸그직경을계산훈즉반영리나되눈지라예수후일쳔팔빅륙십년녀롬에뎨

일븕은화구롤누역에셔보앗눈듸그곳갓가온치경에셔도넙게보앗스며예수후일쳔팔

빅칠십오년에미국멋도에셔훈큰빗나눈운셩을보앗눈듸그빗춘도롤덥고그밧긔다

론네도에셔도보앗스며이운셩에쩌러진운셕부스러기롤모화본즉오쳔근이나된다훙

엿느니라

뎨삼쟝

뎨삼쟝

삼단은 류셩이라

지금은샤진박는긔계가잇는고로밤시도록떠러지는류셩을눈으로보지못ᄒᆞᆫ거시라

도그형샹을ᄆᆞᆷ음디로샤진박아내여그잇는곳과그수ᄭᅡ지알수잇ᄂᆞ니라

스긔에긔록ᄒᆞᆫ즁에별이무리와ᄀᆞᆺ치떠러졌다고ᄒᆞᆫ말이잇는되그즁에ᄀᆞ쟝오랜말은예

수후스박칠십이년에터키국셔울간스던듸노풀에셔홀연히하ᄂᆞᆯ형샹이활동ᄒᆞ야모든

류셩이텬공으로도닷녓다ᄒᆞ엿스며동방스긔에말ᄒᆞ기롤예수후일쳔이빅이년에별ᄒᆞ하

ᄂᆞᆯ에나타나기롤물결과ᄀᆞᆺ치나셔져뢰ᄐᆞᆨ이가뛰노눈것ᄀᆞᆺ치좌편으로브터우편에헤

여졋다ᄒᆞ엿스며ᄒᆞᆫ번은영국에무수ᄒᆞᆫ류셩이비와ᄀᆞᆺ치떠러졋는되엇던사름이ᄒᆞᆫ운셩이

이ᄯᅡ헤떠러지는거슬보고뎌가물을그우희부은듸홀연히물ᄯᅳᆯ는큰소래롤발ᄒᆞ매물이

다귀운으로화ᄒᆞ야나라갓다ᄒᆞ엿ᄂᆞ니라

일료눈 설흔네히동안에긔이ᄒᆞᆫ류셩의무리라

뎨일긔이ᄒᆞᆫ거슨예수후일쳔칠빅구십구년에류셩을의론ᄒᆞᆫ거신듸온하ᄂᆞᆯ이다빗줄인

듸머물자안코공즁으로ᄂᆞ라다닌스며온하ᄂᆞᆯ이처음브터ᄯᅳᆺ지돌의삼곱졀만ᄒᆞ동안

에빗줄업눈곳이업스며일쳔팔빅삼십여년에류셩은미국에셔ᄀᆞ쟝분명히보앗는듸멀

니셔보면셜화(雪花)쳐럼만ᄒᆞ며엇던큰운셩지낸후에눈머물너잇는빗줄은반시동안

百八十四

이나볼수잇스며잇다감큰화구가나타나는듸여러사룸이심히두려워ᄒᆞ야셰계ᄆᆞᆺ날이

왓다ᄒᆞ엿스며예수후일쳔팔ᄇᆞᆨ삼십삼년에류셩이크게나타낫스나그히젼이나후에몃

히동안에도더러잇섯스니예수후일쳔팔ᄇᆞᆨ삼십일년으로삼십구년ᄭᅡ지지못ᄒᆞ히마다류셩이

조곰식ᄯᅥ러졋스나그러나일쳔팔ᄇᆞᆨ삼십삼년쳐럼은만히ᄯᅥ러지지못ᄒᆞ엿스며일쳔팔

ᄇᆞᆨ구십구년으로일쳔팔ᄇᆞᆨ삼십ᄉᆞ년인듸뎐문가에셔예산ᄒᆞ기룰일쳔팔

ᄇᆞᆨ구십륙칠년간에다시이러케되리라ᄒᆞᆫ고로일쳔팔ᄇᆞᆨ륙십륙년양력십이삼ᄉᆞ일

에동셔반구사룸들이류심ᄒᆞ야보고져ᄒᆞ매당시에각신문지에몬져괴록ᄒᆞ기룰일쳔칠

ᄇᆞᆨ구십구년과일쳔팔ᄇᆞᆨ삼십삼년에잇는류셩의형편이엇더케된거슬괴록ᄒᆞ니실노사

룸들이두려워할만ᄒᆞ게지냇스며ᄯᅩ엇던사룸은별보는곳에셔괴계롤예비ᄒᆞ며ᄯᅩ그런

일이잇스면죵을쳐셔알게ᄒᆞ랴고죵을다예비ᄒᆞ엿스나그러나소망이싄허져미국셔는

보지못ᄒᆞ고다만영국셔만보앗스나일쳔팔ᄇᆞᆨ삼십삼년ᄭᅩᆺ치만치못ᄒᆞ며영국관셩듸에

셔그수룰회계ᄒᆞ니팔쳔즘되엿스며일쳔팔ᄇᆞᆨ륙십칠년에ᄂᆞᆫ미국에셔보앗스나뎐ᄭᅩᆺ치

만치아니ᄒᆞ엿고더ᄀᆞ온듸크게보인거손그빗치목셩금셩보다더크다ᄒᆞ엿ᄂᆞ니라뎐문

가에셔회계ᄒᆞ기룰삼십삼즘에다시그런일이잇슬듯ᄒᆞ다ᄒᆞ니일쳔팔ᄇᆞᆨ구십팔년브

터일쳔구ᄇᆞᆨ년ᄭᅡ지양력십일월에슬펴본즉류셩이만히ᄯᅥ러지는거슬보기는보앗스나

일쳔팔ᄇᆞᆨ삼십삼년만치ᄂᆞᆫ크게보지못ᄒᆞ엿ᄂᆞ니라

메삼쟝

뎨삼쟝

을보면알거시니라디구가이류셩의게히로밧지아닐거신이류셩이공즁에드러온후에공긔와부비여셔긔운만되고운셕은되지아니ᄒᆞᄂᆞ니라

이됴논 류셩의수효라

미국텬문ᄉ가류셩의수룰평균수로회계ᄒᆞ니돌업고묽은날밤에사롬의눈으로죡히볼수잇눈류셩은민일우리공긔가온티드러오눈거시시칠빅오십만이나되고ᄯᅩ그밧긔도사롬의눈으로보지못ᄒᆞᆯ무수ᄒᆞᆫ젹은류셩ᄭᅴ지도합ᄒᆞ면ᄉᆞ억이나된다ᄒᆞ엿ᄉᆞ며우리싸히공즁에운ᄒᆡᆼᄒᆞᄂᆞᆫ듸그운ᄒᆡᆼᄒᆞᆯ때에싸와그밧긔돌닌공긔ᄭᅴ지차지ᄒᆞ엿던자리만ᄒᆞᆫ곳마다평균수로말ᄒᆞᆷ면사롬의눈으로볼만ᄒᆞᆫ류셩될만ᄒᆞᆫ젹은물건일만삼쳔긔가잇다ᄒᆞᆫ지라

삼됴논 미년에류셩이ᄯᅥ러지눈돌과ᄯᅥ러지눈날이라아모돌이나돌업고묽은날밤이면미시에류셩오륙칠긔룰불수잇사나엇던돌에눈더만히보이ᄂᆞ니라류셩ᄯᅥ러지눈때눈양력ᄉᆞ월십팔일과팔월십일과십월십삼일과이십륙일과십이월철일이니이날에눈류셩이다른때보다더만ᄒᆞ니라류셩의무리가어ᄂᆞ셩좌에셔ᄯᅥ러지눈거슬보고그셩좌일홈을좃차류셩의무리일홈을짓ᄂᆞ니라

ᄉᆞ됴논 류셩의원인이라

류셩과 운셩은다 히롤도라가는젹은물건으로일운거시니 _{적은힘셩굿흔디우리씨와굿 치각각제궤도로히롤에웨도}

거라는더무리의힝호눈궤도가싸 회궤도와셔로어그러지게사괴엿눈디만일더류셩이

그궤도로교뎜에올때에디구가그궤도로교뎜에오면셔로마조칠거시니 그류셩의톄질

이너무젹은고로싸흘흔들지안눈거손맛치젹은돌노큰슈레롤칠지라도흔들니지안눈

것과굿흐니라

이젹은톄가싸혜갓가히 오면싸희셥력이더거슬선러당겨혹싸혜써러지기도ㅎ며혹은

공긔샹층으로지내가기만ㅎ며혹은디구롤에워여러번도라가기롤젹은들모양굿치ㅎ

기도ㅎ눈니라○양력십일월의류셩은솔이미쵸에이십륙영리인듸방향은디구의방

향과셔로반듸되느니라그런고로데이싸혜둘닌공긔에드러오눈속이혼쵸에스십

스영리되느니 그가온듸마력(摩力)이만흔고로열긔와빗치나게ㅎ느니그런고로더거

시불수잇눈물건이되여그방향과톄의대쇼듸로보이느니라만일그톄가젹으면웃층에

셔다살오와져셔두빗줄만뢰일셜이오만일톄가크면혹놉히잇셔지내가기만ㅎ기도ㅎ

며혹싸흘향ㅎ야싸면에써러지기도ㅎ눈듸오면셔점점더워져빗치나기도ㅎ며혹

부스러지기도ㅎ며혹부스러진후에운셕으로써러지눈것도잇고엇던거손부스러진후

에불살오아직만싸혜써러지눈것도잇눈듸운셩에셔써러지눈거슬도합ㅎ면미일빅던

식이나되느니라

뎨삼쟝

오됴는 류셩의 궤도라

이런적은톄가각각그궤도로히롤에워도라가나수다혼적은무리가혼궤도로도라가써

롤일우느니디구가어느째에그런궤도롤지내면무수혼류셩떠러지는거슬실각홀수잇는지

라그런고로싸히류셩의궤도롤지낼째에류셩이만히떠러지는거슬싱각호면년년히류

셩이쟉뎡혼째에떠러지는리치롤알수잇느니라엇던류셩무리는히마다떠러지는것도

도칠십륙뎨

양력팔월에보든류셩의궤도

도쳬의셩왕혁

도쳬의셩왕념

도쳬의셩호

도쳬의셩무

도쳬일구녁

잇고엇던거손몃히만에혼번식떠러지는것도잇는지라양력팔월에보는류셩은제궤도로고롭게해여진고로마다디구가그궤도롤지

낼째에혼번볼수잇고양력십일월에보는류셩은각각헤여지자안코그궤도에혼무리로

모혀삼십삼년소분지일만에혼번식도라가는고로히마다보지못호고빅년동안에세번

만보는티볼째에싸히궤도갓가히지낼째만보느니양력십일월에보는류셩의궤도는극

히먼디방텬왕셩밧긔서지나가느니라이무리의궤도가싸궤도로서로사괴인교뎜이미

년에오십츄식압흐로간고로만흔류셩보는날이히마다흔날이느져지며이류셩무
리들이삼亽년동안에야파뎜을지나가니일노보면대개그궤도의십이분지일을잡은줄
알지라합흐야회계흐건딕싸히히롤흔번돌스이에류셩무리의궤도수빅을지내는고로
일년동안에여러번류셩써러지는거슬볼수잇느니라

륙됴는

류셩과혜셩샹관이라

근리에텬문스들이싱각흐기롤류셩과혜셩이흐나히된다고샹고흐엿스니양력팔월에
류셩은그궤도가일쳔팔빅룩십이년에나타낫던혜셩궤도와ㄳ고양력십일월이십亽일
과이십칠일에나타난류셩은셔국텬문스가보니쎌나란흔혜셩이두혜셩이되여힝흔두
길과ㄳ흔지라지금은텬문스들이만히싱각흐야어느혜셩의궤도와셔로샹관되는거슬
알고져흐느니라영국에흔유명흔셔션비뉴던이말흐기롤운셕은혜셩에셔나온흔뎡이오
류셩무리는어느혜셩에셔써러진거신지모롤거시라도어느혜셩이부스러져셔공즁에
류힝흐는거시라흐엿느니라

대삼쟝

뎨소쟝은 혜성(彗星)을의론홈이라

일단은 혜성략론이라

이쟝에의론홀거슨하늘형상즁에뎨일긔묘흔거시니홀연히하
놀에셔불꼿굿치나타나는것과뒤에긴불쇠리룰단것과홀연히
나타낫다가갑작히업셔지는거슬보면뎡흔법측이업는듯ᄒᆞ야
사롬을놀뇌게ᄒᆞ느니그런고로미양혜셩이보일째에사롬이다
흉흔징죠라ᄒᆞ느니라

이단은 혜셩을는호와칭홈이라

도 팔 십 룩 뎨

혜셩을세목에는홀것굿ᄒᆞ면첫재가온뒤잇는빗치뮑은거슨즁
톄라ᄒᆞ며둘재그다음에구롬굿흔거슨머리오셋재그다음에는
쇠리라ᄒᆞ느니라이쇠리는빗치늘히룰등진거시라그러나혜셩
은흔모양이아니오쇠리업는것도잇고쇠리가여럿되는것도잇
고머리도업고셩긴빗덤모양만되는것도잇느니라그러나그돈

니는궤도와샬니가는지쇽을보고혜셩인줄아는거시라혜셩은힝셩과ᄀᆞ치황도안희만

단니지아니ᄒᆞ고오직황도틔밧그로련공아모곳에던지다단니ᄂᆞ니그방향이각각ᄀᆞ지

아니ᄒᆞ지라쳐음나타날ᄯᅢ눈ᄇᆞᆰ지못ᄒᆞᆫ빗덤이궁챵에달닌것ᄀᆞᆺ다가ᄒᆡ에갓가이가면그

빗치더옥ᄇᆞᆰ아지고그ᄭᅩ리가졈졈크고길어지ᄂᆞ니라ᄀᆞᆫ일덤갓가히잇슬ᄯᅢ눈치우혜셩

빗치ᄇᆞᆰ아졋다가후에눈졈졈멀어져뵈이지안ᄂᆞᆫ되ᄯᅥ지ᄂᆞᆫᄂᆞ니텬문경으로보아도뵈

이지안ᄂᆞ니라

삼단은 혜셩이뎨일ᄇᆞᆰ을ᄉᆡ라

혜셩의ᄇᆞᆰ고어두온거슨ᄯᅡ손ᄯᅡ잇ᄂᆞᆫ디위에상관이니륙십구도에ᄃᆡ구ᄂᆞᆫᄃᆡ에잇고혜셩은ᄀᆞᆫ

일덤을향ᄒᆞ야산에가잇ᄉᆞ면혜셩이ᄀᆞᆫ일덤벙에가잇ᄂᆞᆫ것보다더

ᄇᆞᆰ게뵈이리니이눈혜셩이산에잇슬ᄯᅢ에빗치뎨일큰거시아니오

실샹은ᄀᆞᆫ일덤벙에잇슬ᄯᅢ가빗치크되산에잇슬ᄯᅢ가벙에잇슬ᄯᅢ

보다ᄯᅡ혜셔갓가온고로우리보기에거ᄇᆡ이ᄂᆞ니라다만혜셩이ᄀᆞᆫ

일덤에잇고ᄯᅡ훈ᄭᅥ에잇셔보면더옥ᄇᆞᆰ으며ᄯᅩ훈혜셩이ᄀᆞᆫ일덤에

갓가히잇슬ᄯᅢ에ᄃᆡ구가뎡에셔브터무로갈것ᄀᆞᆺ흐면혜셩이ᄇᆞᆰ히

도구십륙뎨

메ᄉᆞ장

뵈이기롤디구가ᄭᅥ에셔브터졍으로가ᄂᆞᆫ것과ᄀᆞᆺ치ᄇᆞᆰ히보지못ᄒᆞᄂᆞ니이눈혜셩이뎨일

데 ᄉ 장

빗날적에 디구가갓가히잇는션둙이라

스단은 혜성의수라

겝플너가말호기롤텬샹에혜셩수가바다에고기와굿다ᄒᆞ며훈텬문ᄉ가슈셩궤도안회셔차준혜셩의수롤알아가지고희셜기안희잇는혜셩의수롤측량ᄒᆞ는티일쳔칠빅오십만즘될듯ᄒᆞ다ᄒᆞ나다만눈으로본거시만치안코볼지라도젹어보이는거슨빗치븕지못ᄒᆞᆯ분더러혜셩이치우나졔눈디평게우희잇는고로히빗체그리워보지못홀이라예수후일쳔팔빅팔십이년에영국텬문ᄉ가이굼에가셔일식을보앗는티일식홀때에뎌가극히븕은혜셩ᄒᆞ나히히에셔갓가히잇는거슬보고샤진을박엇고ᄯᅩ훈일쳔팔빅구십삼년에남미쥬칠니국에셔일식될때에혜셩을ᄒᆞ나보고샤진을박엇느니라

오단은 혜성의궤도라

혜셩도흡력리치에붓고그즁에엇던혜셩은희셜기안희붓흔지라혜셩도힝셩과굿치히롤에워도라가되그궤도논힝셩의궤도보다미우다르니힝셩의궤도논다타권이로되거반둥그러온고로원경으로보지못홀거시라예슌여슷재그림을보면알거시라혜셩은셰가지궤도의형샹이잇스니그궤도가타권션이될것ᄀᆞᆺᄒᆞ면히와샹거가비록멀지라도졔

과만에눈도라올거시오포물션(抛物線)이나쌍곡션(雙曲線)이될것굿흐면도라오지

못흥고더갈스록더옥멀어질거시라타권으로도눈니눈혜셩은임의그궤도롤혜아려아눈

거시만흔뒤발셔여러번도라오눈거슬보앗고포물션과쌍곡션으로도눈눈혜셩은흔번

희셜기안희드러왓다가나간후에다시보이지안눈것도만흐니라

뎨 칠 십 도

메ㅅ쟝

선곡쌍
선믈포
선원타
경쟝
회셩궤도
션
선원라
션믈포
셜곡쌍

륙단은 혜셩도라올 거슬회계홈이라

우리가혜셩의궤도롤보지못ᄒᆞ고

흔붓만조곰볼수잇눈고로온궤도

롤회계ᄒᆞ기가어렵고그즁에회계

ᄒᆞ지못ᄒᆞᆯ것도만코타권으로도눈

눈혜셩인지포물션으로도눈니눈혜

셩인지쌍곡션으로도눈니눈혜셩인

지작뎡ᄒᆞ지못ᄒᆞᆯ것도잇느니라그

러나그즁에여러혜셩은타환션으

대ᄉ쟝

로둔니ᄂ줄알고회계ᄒᆞᆼ야어ᄂᆞᄯᅢ에다시볼거슬덩ᄒᆞᆼ엿고그밧긔엇던거손도라오지못
ᄒᆞᆯ듯ᄒᆞᆫ것도잇고혹도라올자라도수빅년후에도라올것도잇ᄉᆞ니이거손지금만ᄒᆞᆫ번왓
ᄂᆞᆫ지혹녯젹에왓던지혹녯젹에왓슬지라도긔록지아니ᄒᆞᆼ엿논지알기어려오니라그런
고로뎌무리의디위룰회계ᄒᆞᆼ기가어려오되근릭텬문가에셔눈여러혜셩을헤아려텬문
경으로도볼수업눈디위룰회계ᄒᆞᆼ야계궤도가어ᄃᆡ잇슬것과언제도라올거슬아ᄂᆞ니라
예수후일쳔팔빅ᄉᆞ십ᄉᆞ년에보던혜셩은십만년후에도라올거슬ᄒᆞ고일쳔칠빅ᄉᆞ십ᄉᆞ년
에왓던혜셩은십이만구빅삼십구년에다시도라올듯ᄒᆞ다ᄒᆞᄂᆞ니라

칠단은 ᄒᆡ의샹거라

엇던혜셩은근일뎜에잇슬ᄯᅢ에ᄂᆞᆫᄒᆡ가심히갓가오니라여수후일쳔륙빅팔십년에뉴턴
이훈혜셩이근일뎜에잇슬ᄯᅢ에그더운도수룰회계ᄒᆞᆫ니붉게닭운쇠보다이쳔비가더덥
다ᄒᆞ며근일뎜에뎨일갓가온혜셩은일쳔팔빅ᄉᆞ십삼년에혜셩이니뎌ᄯᅢ에ᄒᆡ면에셔샹
거가불과삼만영리라그셥력이심히만ᄒᆞᆫ고로두시동안에ᄒᆡ면을지내ᄉᆞ며회계ᄒᆞᆫ것
즁에원일뎜에뎨일면ᄒᆞᆫ혜셩은일쳔팔빅ᄉᆞ십ᄉᆞ년에온혜셩의원일뎜인디ᄒᆡ에셔샹거가
ᄉᆞ쳔억영리오혜셩의지속은다ᄒᆡ에셔멀며갓가와ᄒᆡ의힘을얼마나밧눈듸로되며일쳔
륙빅팔십년에혜셩은근일뎜에잇슬ᄯᅢ에ᄂᆞᆫ훈쵸동안에이빅칠십칠영리룰ᄒᆡᆼᄒᆞ엿스되

百九十四

원일뎜에 잇술때에 눈흔시동안에 불과 여슷영리만가느니라

팔단은 혜셩의밀솔이라

혜셩의톄롤일우는가음이극히젹으니심히촘촘흔곳이라도쎄둘녀볼수잇스니원경을
빗최여더편벌을볼수잇스며예수후일쳔칠빅십년에흔혜셩이목셩의돌과갓가히얼켜
셔녁돌동안이나흠쎄든녓스되돌의힝동흠을어즈럽게아니흐고도로혜셩의궤도가
그후로는다시도라오지아니흔지라일쳔팔빅륙십일년에우리디구가흔혜셩의쓰리롤
지나갓눈듸그증거눈그때에하눌에광명흔안긔가가득흐게잇셧슴이라그럼으로디구
가혜셩과서로마조칠지라도울니우눈거시별노업슬지라혜셩이혹싸와부듸칠지
라도디구의히되눈거시만치아니흐니혹흔나라히샹흠을밧을지라도그혜셩에셔쩌러
지눈보물을만히엇을것것흐면다른나라눈압갑게녁이지안켓다흐느니라그러나우리
가이러케싱각흐고우셥게말흔혜셩즁에굿은혜셩도더러잇슬줄알거시니가령일쳔팔
빅오십팔년에흔혜셩의톄질이싸희칠빅분지일이라만일이런혜셩이대긔로알가눈지속
으로싸와마조칠것것흐면두말업시싸히크게샹흠을밧을거시라혜셩은졔빗초로빗최
고히에셔엇은빗초로빗최지아니흐눈증거가잇느니라혜셩외톄가붉은쇠와굿치쓴거

메ㅅ쟝

百九十五

예수 쟝

운거시디면에 갓가히 지낼 것ᄀᆞᆺᄒᆞ면 디구의 게히로 옴이 만흘 거시나 모리 즈
셰히 회계ᄒᆞ여 보고 혜셩이 ᄯᅡ와 마조치지 안켓다고 말ᄒᆞ고 혹 맛나도 관계치 안타고 ᄒᆞᆯ지
라도 우리가 ᄆᆞ음을 노흘 거슨 그 말을 의지ᄒᆞᆯ 거시 아니오 혜셩과 힝셩ᄃᆞ니ᄂᆞᆫ 길을 쥬쟝ᄒᆞ
시ᄂᆞᆫ 젼능ᄒᆞ신 하ᄂᆞ님만의 지흠이라 하ᄂᆞ님ᄭᅦ셔 춤새가 ᄯᅡ 헤ᄯᅥ러지ᄂᆞᆫ 것도 샹관ᄒᆞ시고
모든 셰계가 도라ᄃᆞ니ᄂᆞᆫ 거슬 보호ᄒᆞ시ᄂᆞ니라

구단은 혜셩의 형샹이라

혜셩의 형샹이 흘샹 변ᄒᆞᄂᆞᆫ 것ᄀᆞᆺᄒᆞ니 근릭 뎐문가에셔 흔이 셩각ᄒᆞᆼ기ᄅᆞᆯ 혜셩이 히ᄅᆞᆯ 도라
간 때마다 미번 그 빗치 좀식 감ᄒᆞᆫ다ᄒᆞᄂᆞ니라 훈 혜셩이 엇던 때에 눈 ᄭᅩ리가 잇고 엇던 때에
눈 ᄭᅩ리가 업기도 ᄒᆞ며 ᄭᅩ리가 잇슬지라도 처음나타날 때에는 치우 ᄭᅩ리가 업고 그 빗치 젹
으며 히에 갓가히 갈ᄉᆞ록 빗쳐 더옥 붉고 그 ᄭᅩ리는 날마다 길어져셔 빗쳐 젺졈 거지며 엇던
때 눈 젹은 ᄭᅩ리도 잇스니 원 ᄭᅩ리보다 빗쳐 젹다 가 얼마 못되여 업셔지고 일쳔팔빅 ᄉᆞ십삼
년에 혜셩은 군 일뎜을 지 난 후에 그 ᄭᅩ리가 날마다 오빅만 영리식 길어졋ᄂᆞ딕 ᄭᅩ리가 길ᄉᆞ
록 머리 눈 젹어졋스니 이ᄂᆞᆫ ᄭᅩ리ᄅᆞᆯ 문돌려 기에 그 머리ᄅᆞᆯ 다 먹엇ᄂᆞ니라

십단은 혜셩의 셩질이라

데일십칠도

그셩질은경단긔오셋재는길이도길고조곰만굽으러진거신디
일도롤보면알거시라

혜셩을분광경으로보면그셩질을좀알수잇는디그즁만흔거손경단긔오그밧긔도텰과납과밍과록과경긔가다잇ᄂ니라그러나머리속에는무어시잇는지아지못ᄒ되히갓가히가셔괴질된것만분광경으로보고아ᄂ니라쇠리가셰가지모양으로나타나는디첫재는만히굽으러진거시니그셩질은록과텰이오둘재는길이가반쥼간ᄒ고조곰만굽으러진거신디그셩질은경긔니라칠십

십일단은 유명혼혜셩이라

스긔에는유명혼혜셩을만히긔지ᄒ엿스나이칙에는근빅년동안에유명혼혜셩만긔지ᄒ노니일쳔팔빅십일년에혜셩은불만ᄒ야사름의눈을즐겁게ᄒ엿는디즁심의직경은스빅만영리오온머리의직경은십일만이쳔영리며쇠리가붓채덥어노은형상굿ᄒ니쟝은일억일쳔이빅만영리라이혜셩의원일덤을회계ᄒ건디스빅억영리며히왕셩원일덤에비교ᄒ면열네빅가더머니삼쳔년에다시도라오겟다ᄒᄂ니라혜셩의가는곳은엇

데ᄉ쟝

예수쟝

지면지알수업소니히썰기밧긔나가셔뎐문경으로도보지못흘곳서지나가느니라

일쳔팔빅삼십오년에훈혜셩이톄눈젹으나ᄀ장유명훈거손이혜셩이혜셩즁에궤도와

도라올때롤처음으로회계훈혜셩됨이라훈뎐문소헬니가넷겨혜셩들나타난뷔의샹거

롤조셰히샹고ᄒ엿눈디ᄒ나훈쥬후일쳔오빅삼십일년에나타낫고ᄒ나훈일쳔륙빅팔

십이년에나타낫눈되더가조셰히샹고ᄒ여보니그동안의샹거가다칠십오년즘식인고

로다훈혜셩이다시도라오리라ᄒ엿더니뎐문소헬니눈그때서지살지못ᄒ엿스매다른뎐

나이혜셩이다시도라오리라ᄒ엿스나몬져본쟈눈뎐문소가아니오덕국에훈농소ᄒ눈사

룸이일쳔칠빅오십팔년예수탄일져녁에보앗느니라그후에눈일쳔팔빅삼십오년에도

문소가그말의효험을보랴ᄒ엿스나혹일쳔칠빅오십구년쳐음에

훈번도라오고ᄯ훈이후일쳔구빅십년에도다시도라오리라ᄒ느니라이혜셩은헬니혜

셩이라고일홈을지엿눈디이우희긔록훈것밧긔이젼에이혜셩의나타난거술스긔에긔

록훈거시만흘지라도쳣번은예수젼일빅삼십년에나타나고예수후일쳔륙십륙년에도

나타나고일쳔이빅이십삼년에도나타나고일쳔소빅오십륙년에도나타나거시잇느니

라

예수후일쳔팔빅소십삼년에나타난혜셩은빗치붉아나제도볼수잇스며근일뎜에잇슬

쌔에눈히가심히갓가온고로히면을닷칠번호엿느니라○엔키라호눈혜셩은삼년소월

만에다시도라오눈되그러나이젼에멧번은예산혼시간보다두시반을일흐게온때도잇

스니뎐문스가그삭둑을궁구호눈되혹은공즁에극히엷은긔운이막힘으로리즁력을감

호매혜셩의궤도가졈졈주러져셔미번에멧시식일흐다호느니라그러나지금은졔시간

틴로도라오눈고로지금은싱각호기룰이젼에혜셩이운셩을맛난고로궤도가죰변호여

도이십칠뎨

일쳔팔빅삼십팔년에혜셩형샹이라

셔일즉도라왓던지혹다른셔둑이잇셔그러케된

둣호다호느니라

일쳔팔빅오십팔년에ㄱ장이샹훈혜셩호나잇셧

눈되일홈은쏘나듸혜셩인듸양력륙월에처음보

앗슬쌔에눈싸혜셔샹거가이억스쳔만영리오팔

월에눈쇠리싱기기시작호눈모양을보앗고십월

에눈쇠리가오쳔만영리가길게되엿고이혜

셩은죰젹을지라도특별히이샹훈거손즁톄눈다른혜셩보다ㄱ장빗나눈것과쇠리눈셋

신듸둘은곳추나가고호나흔휘드름호게되엿느니라도라오기눈이쳔년후에다시도라

오리라호느니라○예수후일쳔팔빅팔십이년에나타난혜셩일홈은큰혜셩이라호눈듸

이혜셩은군일덤을지낸지오래지아니호여셔그즁심이커져셔일등홍셩굿고쇠리길이눈

예스쟝

룩쳔만영리라이혜셩의원일뎜은ᄒᆡ와샹거가ᄒᆡ왕셩보다여ᄉᆺᄇᆡ가먼ᄃᆡ텬문가에셔이혜셩은팔구ᄇᆡᆨ년후에다시도라오리라ᄒᆞ엿ᄂᆞ니라일쳔팔ᄇᆡᆨ팔십이년후에다시큰혜셩을보지못ᄒᆞ엿스나아모때나붉고됴흔거시먼공즁에셔드러올줄알수잇ᄂᆞ니라큰혜셩이그동안은오지아니ᄒᆞ엿슬지라도여러혜셩은쳔리경으로보앗고쳔리경아래샤진박힌것도보앗ᄂᆞ니라

뎨 오 쟝 은 황도 광이라
일단은 황도 광략론이라

미양양력삼ᄉ월간에힌쩌러진후에잠잔동안조고마흔빗치나타나는티그형샹이샌죽

흥야혹묘셩잇눈듸서지놉히울나가고쏘가을구십월간에힌쓰기젼이면동디평계에셔

보이며쏘이빗촌온듸에셔눈하눌이묽고구롬도업고돌빗도업슬때에야보눈니혹볼지

라도텬하(天河)인지텬소(天笑)인지분간ᄒ기어려온때도잇고디평계갓가온지경에

눈붉은빗치붉은고로쏘능히젹은흥셩의빗출ᄀ리우느니라열틔에셔눈황도광이ᄒ샹

잇고쏘그빗치마즌편서지빗최여훤ᄒ게ᄒ느니라

텬문ᄉ들이그실된연고룰알지못ᄒ야말ᄒ눈쟈다이샹히녁이나흔이싱각ᄒ기룰이거

시히룰도눈흔광환인듸그런고로ᄒ가디평계아래쩌러진다음에야볼수잇다ᄒ엿던

사룸은말ᄒ기룰열도안헤눈동셔편에다볼수잇ᄉ니이거시우리디구룰둘은

광환이될뜻ᄒ다ᄒ느니라

뎨 오 쟝

二百一

히썰기총론

습 문

데일문○돌에도만일사름이잇슬것갓흐면뎌희가우리싸히셧다졋다ᄒᆞᄂᆞᆫ모양을보겟

데이문○희왕셩이능히희면을지낼수잇ᄂᆞ
느뇨

데삼문○화셩안의돌이엇지ᄒᆞ야셔편에셔쓰ᄂᆞ뇨

데ᄉᆞ문○팔힝셩을홀샹련구어ᄂᆞ지경에셔차자야볼수잇ᄂᆞ뇨

데오문○셩경에긔록ᄒᆞᆫ말숨ᄃᆡ로예수ᄢᅥ셔십ᄌᆞ가에못박힐때에턴디가어두온거시일
식이아니된줄을엇더케아ᄂᆞ뇨

데륙문○디구와혜셩이셔로마조칠듯ᄒᆞ뇨

데칠문○무슴법으로운셔과싸혜잇ᄂᆞᆫ돌을분간ᄒᆞ겟ᄂᆞ뇨

데팔문○히돗은후에돌이셔편에셔보일때가어ᄂᆞ때이뇨

데구문○히ᄯᅥ러지기젼에동방놉흔지경에돌을볼때가어ᄂᆞ때이뇨

데십문○힝셩이어ᄃᆡ잇슬때에ᄂᆞᆫ새벽별이되고어ᄃᆡ잇슬때에ᄂᆞᆫ져녁별이되ᄂᆞ뇨

뎨십일문 ○실노녀름히가겨울히보다더우뇨

뎨십이문 ○힝셩이샹합에잇슬때에눈웨보이지안ᄂᆞ뇨

뎨십삼문 ○늬힝셩을홍샹히마즌편에도볼수잇ᄂᆞ뇨히와혼지경에볼수잇ᄂᆞ뇨ᄯᅩ외
힝셩은엇더ᄒᆞ뇨

뎨십ᄉᆞ문 ○녀름히ᄯᅳᆯ때와히질때눈웨집북편을쐬이ᄂᆞ뇨

뎨십오문 ○힝셩의대쇼가그면우희셥력과무솜샹관이잇ᄂᆞ뇨

뎨십륙문 ○신월은어ᄃᆡ롤향ᄒᆞ야보겟스며로월은어ᄃᆡ롤향ᄒᆞ야보겟ᄂᆞ뇨아미월은
어ᄃᆡ롤향ᄒᆞ야보겟스며망월은어ᄃᆡ롤향ᄒᆞ야보겟ᄂᆞ뇨

뎨십칠문 ○힝셩을보고어ᄂᆞ힝셩인지엇더케아ᄂᆞ뇨

뎨십팔문 ○월식이만흐뇨일식이만흐뇨ᄯᅡ헤셔월식을만히보ᄂᆞ뇨일식을만히보
ᄂᆞ뇨

뎨십구문 ○돌이나뷔눈셥될때에보이ᄂᆞ두쓸이어ᄃᆡ롤향ᄒᆞ엿ᄂᆞ뇨

뎨이십문 ○죠슈가압흐로가ᄂᆞ눈물이뇨

뎨이십일문 ○홍셩이샹츙에잇ᄂᆞᆫ거술본다음얼마후에다시샹츙에잇ᄂᆞᆫ거술볼수잇ᄉᆞ
며홍셩이미일얼마식가ᄂᆞ뇨

뎨이십이문 ○히가하늘에잇ᄂᆞ춤자리롤우리가볼수잇겟ᄂᆞ뇨

히셜긔총론

二百三

히셜기 총론

뎨이십삼문○영국옛인벽과뎐막국셔울고빈혜근과아라스국머스고셩이엇던때눈히
가셰시반에쓰고여듧시반에쩌러져밤시도록훤ᄒ니무슴싯둙이며언제
그러케되ᄂ뇨

뎨이십ᄉ문○민년어느날이뎨일졉으며어느날이뎨일기뇨

뎨이십오문○돌이텬뎡에잇슬때가우리의게더갓가오뇨뎐디평계에잇슬때가우리의
게더갓가오뇨

뎨이십륙문○만일히의궤도가돌의궤도와훈평면되엿슬것ᄀ치ᄒ면민년에일식이몃번
이나되겟ᄂ뇨

뎨이십칠문○돌빗체더운거시잇ᄂ뇨

뎨이십판문○돌이젼식될때에돌을볼수잇ᄂ뇨

뎨이십구문○어ᄂ힝셩이디구굿어지기젼모양굿치아직굿지아니ᄒ엿ᄂ뇨

뎨삼십문○돌이본츅에셔일년에몃번도ᄂ뇨

뎨삼십일문○빗치훈효동안에몃영리나단니며처음에빗체지속을엇더케알앗ᄂ뇨

뎨삼십이문○돌이지금말나진모양을보면우리ᄉ싸도쟝뤼에그러케될줄을짐작ᄒ수잇
ᄂ뇨

뎨삼십삼문○히가실노셧다지ᄂ뇨

뎨삼십ᄉ문○돌면의극히붉은곳은평원이뇨놉흔산이뇨

뎨삼십오문○어ᄂ별이제빗ᄎ로빗최이ᄂ뇨

뎨삼십륙문○일식홀ᄯᅢ에엇지ᄒ야온디구에셔다보지못ᄒᄂ뇨

뎨삼십칠문○아모힝셩의평균상거라ᄒᄂᆫ말이무슴ᄯᅳᆺ시뇨

뎨삼십팔문○무슴힘이디구가히룰둘너도라가게ᄒᄂ뇨

뎨삼십구문○히쩌러진후에히룰볼수잇ᄂ뇨

뎨ᄉ십문○디구가꿰도어ᄂ곳에셔데일셜니가ᄂ뇨

뎨ᄉ십일문○우리가다른힝셩에도셩물이잇는줄알중거가잇ᄂ뇨

뎨ᄉ십이문○몽롱이어ᄂᄯᅢ가ᄀ장길며어ᄂᄯᅢ가ᄀ장쩔으며그연고는무어시뇨

뎨ᄉ십삼문○돌이란거손무어시뇨

뎨ᄉ십ᄉ문○남온도에셔눈히가낫되엿슬ᄯᅢ에히룰어ᄂ방에보깃ᄂ뇨

뎨ᄉ십오문○겨물리치되로말ᄒ면디구와돌이ᄒᆫ가지로ᄒᆫ중심을둘너돈다ᄒ엿스니돌이ᄯᅡ흘둘너힝ᄒᆫ다ᄒᄂᆫ말이올흐뇨

뎨ᄉ십륙문○늬힝셩이히면을지낼ᄯᅢ에우리가그늬힝셩의진톄룰볼수잇ᄂ뇨

뎨ᄉ십칠문○히의진동은멋치며시동은멋치뇨

뎨ᄉ십팔문○ᄯᅡ희진동이멋치뇨

히셜기총론

二五五

뎨ᄉ십구문○ᄂᆡ힝셩의쟝됴가능히구십됴될수잇ᄂᆞ뇨

뎨오십문 ○우리가히빗치각힝셩면우희만흐며젹은거슬혜아려알수잇ᄂᆞ뇨

뎨오십일문○디구의북온도롤웨쪄도와샹거가이십삼도반이라ᄒᆞ엿ᄂᆞ뇨

뎨오십이문○어ᄂᆞ힝셩이물보다더셩겨셔물에두면ᄠᅳ겟ᄂᆞ뇨

뎨오십삼문○목셩의돌이목셩의면을지낼쌔에보이는모양이엇더ᄒᆞ뇨

뎨오십ᄉ문○만일목셩이샹합에셔니롤동안에눈그돌의그림ᄌᆞ가돌압흐로지나고샹츙에셔샹합에갈동안은그그림ᄌᆞ가뒤로지ᄂᆞᄃᆡ그리치롤말ᄒᆞ오

뎨오십오문○화셩이젺은때롤지낸줄알중거가몃가지나잇ᄂᆞ뇨

뎨오십륙문○우리가토셩과목셩은아직젺은줄알중거가무어시뇨

뎨오십칠문○셥력의원인을우리가알수잇ᄂᆞ뇨

명목　名目

List of Terms, Korean.

———— •••• ————

가마귀	烏鴉…	… …	Corvus.
갹	鉻 …	… …	Chromium.
각심쳑	角心尺 …	…	Sector Instrument.
강교뎜	降交點 …	…	Descending Node.
꺌니	嘉勒…	… …	GALLE.
긱셩	客星…	… …	Temporary Star.
썰닐니오	嘎利利溫…	…	GALILEO.
거극도	距極度 …	…	Polar Distance.
거샤	巨蛇…	… …	Serpens.
거쟉	巨爵…	… …	Crater.
거텬뎡도	距天頂度…	…	Zenith Distance.
거희슈	巨蟹宿 …	…	Cancer.
검어	釰魚…	… …	Dorado.
검의줄	蟢蛛線 …	…	Spider Lines.
겝플너	刻白爾 …	…	Kepler.
격치총회	格致總會…	…	Academy of Sciences.
경긔	輕氣…	… …	Hydrogen.
경도	經度…	… …	Terrestrial Longitude.
경도	經度…	… …	Longitude.
경어	鯨魚…	… …	Cetus.
경위의	經緯儀 …	…	Theodolite.
고	鈷 …	… …	Cobalt.
고도	高度…	… …	Altitude.

고베니거쓰	柯栯尼庫… …	Copernicus.
고죠	高潮… …	High Tide.
곡녀	穀女… …	Ceres.
곡솔	曲率… …	Curvature.
골	鋯 … …	Calcium.
골넘버쓰	叩倫比亞…	Columbus.
공긔	空氣… …	Atmosphere.
공쟉	孔雀… …	Pavo.
교뎜	交點… …	Node.
교뎜경션	交點經線…	Line of the Nodes.
교뎜축	交點軸 … …	„ „ „ „
구	鈤 … …	Cobalt.
구력	驅力… …	Repulsive Force.
궁	宮 … …	Sign of Zodiac.
구쳑	矩尺… …	Norma.
그루거	庫隔… …	Kruger.
극	極 … …	Pole.
근디뎜	近地點 …	Perigee.
근일뎜	近日點 …	Perihelion.
금셩	金星… …	Venus.
금우슈	金牛宿 …	Taurus.
금젼식	金錢蝕 …	Annular Eclipse.
쓰리고리뎨십삼	貴句利第十三…	Gregory. XIII.
긔린	猉獜… …	Monoceros.
긔한의	紀限儀 …	Sextant.
씰	蒅勒… …	Gill.
셥든	計勒敦 …	Gylden.
파오션	過午線 …	Culmination Upper.
파즈션	過子線 … …	„ Lower.
관셩디	觀星臺 …	Observatory.

광	磷	...	Phosphorus.
광도	光圖... ...	...	Spectrum.
광도경	光圖鏡 ...	...	Spectroscope.
광샹애	光相礙 ...	...	Interference of Light.
광심	光心... ...	...	Focus.
광영차	光榮差 ...	...	Irradiation.
광피졀	光被折 ...	...	Refraction.
광학	光學... ...	...	Optics.
광힝차	光行差 ...	...	Aberration.
권	圈	...	Circle.
케도	軌道... ...	...	Orbit.
나뷔눈섭	蛾眉... ...	...	Crescent.
남극	南極... ...	...	South Pole.
남극좌	南極座 ...	...	Octans.
남면	南冕... ...	...	Corona Aus.
남삼각	南三角 ...	...	Triangulum.
남십즈	南十字 ...	...	Crux.
남어	南魚... ...	...	Pisces Aust.
남온도	南溫道 ...	...	Tropic of Capricorn.
남원션	南圓線 ...	...	Antarctic Circle.
남한권	南寒圈 ...	...	„ „
납	鈉	...	Sodium,
네피어	納伯爾 ...	...	Napier.
녀	鋁	...	Aluminum.
뇌	鈉	...	Sodium.
뉴컴	駑磵... ...	...	Newcombe.
뉴런	牛頓... ...	...	Newton.
다변형	多邊形 ...	...	Polygon.
단경	短徑... ...	...	Diameter, Minor.
단축	短軸... ...	...	Axis, Minor.

달녀미	塔羅彌	...	...	Ptolemy.
싸우쓰	導斯	...	...	Dawes.
대견	大犬	...	...	Canis Major.
대웅	大熊	...	...	Ursa ,
둘	月	...	...	Moon.
둘	月	...	...	Satellite.
둘	月	...	...	Synodic Month.
뒤	帶	...	...	Zone.
뒤경	帶經	...	...	Radius Vector.
뒤수학	代數學	...	...	Algebra.
뒤모	代某	...	...	Deimos.
뎌션	底線	...	...	Base Line.
뎐션	電線	...	...	Electric Battery.
뎐로롤막다	隔電路	...	...	Circuit, Electric, to break.
뎐로롤통ᄒ다	通電路	...	...	Circuit, Electric to complete.
뎐약	電鑰	...	...	Electric, Button.
도	度	...	...	Degree.
쏘나뒤	杜乃底	...	...	Donati.
동교뎐시	同交轉時	...	...	Synodic Revolution.
동죠션	同潮線	...	...	Cotidal Lines.
동지	冬至	...	...	Winter Solstice.
동차	動差	...	...	Eccentricity.
동하이지뎜	冬夏二至點	...	Solstices, Winter & Summer.
두견됴	杜鵑鳥	...	...	Toucan.
둥그랍이	圈	...	...	Circle.
둥	等	...	...	Magnitude of Stars.
디구	地球	...	...	Earth.
디심경도	地心經度	...	Geocentric Longitude.
디심력	地心力	...	Gravity.
디심위도	地心緯度	...	Geocentric Latitude.
디심위ᄎ	地心緯次	...	Geocentric Place.

四

디평	地平… …	…	Horizon.
디평강도	地平降度…	…	Dip of the Horizon.
디평계	地平界 …	…	Horizon.
디평경도	地平經度…	…	Azimuth.
디평경의	地平經儀…	…	Azimuth Altitude Instrument.
디평경의	地平經儀…	…	Azimuth Instrument.
디평시차	地平視差…	…	Horizontal Parallax.
라경	羅鏡… …	…	Compass, Mariner's.
랑글네	浪累… …	…	Langley.
량심차	兩心差 …	…	Eccentricity.
량일경	量日鏡 …	…	Heliometer.
량텬쳑	量天尺 …	…	Sextant.
레린드	拉藍… …	…	Lalande.
레베리어	力拂利亞…	…	Le Verrier.
레이쳐	來喜… …	…	Reiche.
력가일	曆家日 …	…	Astronomical Day.
력셔	曆書… …	…	Calendar.
력학	力學… …	…	Dynamics.
련셩	聯星… …	…	Binary Star.
렵견	獵犬… …	…	Canis Venatici.
렵호	獵戶… …	…	Orion.
로머	劉麻… …	…	Römer.
로쓰	羅斯… …	…	Ross.
록	綠 … …	…	Chlorine.
록표	鹿豹… …	…	Camelopardus.
뢰류셩	雷流星 …	…	Detonating Meteor.
루미쓰	路密司 …	…	Loomis.
류, 류황	硫, 硫黃 …	…	Sulphur.
류셩	流星… …	…	Shooting Star.
릭크	李克… …	…	Lick.
리	鋰 … …	…	Nickel.

五

리	鋰	...	...	...	Lithium.
리심력	離心力	...	...	...	Centrifugal Force.
리즁력	離中力	...	...	„	„
린	燐	...	...	...	Phosphorus.
립츈	立春	...	...	...	Spring, First Day of
마력	摩力	...	...	...	Friction.
막니시염	鎂	...	...	...	Magnesium.
만션	彎線	...	...	...	Curve.
만셩	晚星	...	...	...	Evening Star.
망고	網罟	...	...	...	Reticulum.
망월	望月	...	...	...	Full Moon.
미들너	梅特勒	...	...	Madler.
밍	錳	...	...	...	Manganese.
멜노니	米樓尼	...	...	Melloni.
면젹	面積	...	...	...	Area.
명됴	明條	...	...	...	Faculae.
명조	明罩	...	...	...	Faculae.
명목	名目	...	...	...	List of Terms.
명암계션	明暗界線	...	...	Terminator.
모스	馬斯	...	...	...	Morse.
모스의긔계	馬斯之機	...	...	Morse Instrument,
모잭이	昴星	...	...	...	Pleiades.
목부	牧夫	...	...	...	Boötes.
목셩	木星	...	...	...	Jupiter.
몽긔차	蒙氣差	...	...	Refraction.
몽롱	朦朧	...	...	...	Twilight.
몽롱영	朦朧影	...	...	„
묘유권	卯酉圈	...	...	Prime Vertical.
무녀	武女	...	...	...	Pallas.
무색차	無色差	...	...	...	Achromatic.
무션	武仙	...	...	...	Hercules.

六

무역풍	貿易風	...	...	Trade Winds.
물경	物鏡	...	...	Object Glass.
미	鎂	...	...	Magnesium.
미도사	米度沙	...	...	Medusa.
미셩	尾星	...	...	Comet.
민간일	民間日	...	...	Civil Day.
밀솔	密率	...	...	Density.
밀물	潮	...	...	Tide.
반경	半經	...	...	Radius.
반인마	半人馬	...	...	Centaurus.
빠나드	白拿德	...	...	Barnard.
뻐더르쓰	彼得士	...	...	Peters.
쌔슬	彼士勒	...	...	Bessel.
쌔일이	貝利	...	...	Bailey.
변	邊	...	...	Limb.
변랑	變浪	...	...	Forced Wave.
변셩	變星	...	...	Periodic Star.
별	星	...	...	Star.
보궁	步弓	...	...	Circinus.
보궁	步弓	...	...	Compass, Protractor's.
보병슈	寶瓶宿	...	...	Aquarius.
봄	春	...	...	Spring.
뽀데	卜得	...	...	Bode.
뽀데규모	卜得則例	...	...	Bode's Law.
뽄데	木特	...	...	Bond.
쌀	巴勒	...	...	Ball.
봉황	鳳凰	...	...	Phoenix.
부셩	副星	...	...	Secondary Star.
부의	副儀	...	...	Vernier.
부모	否布	...	...	Phobos.
북극	北極	...	...	North Pole.

七

북극셩	北極星	… …	North Star.
북면	北冕 …	… …	Corona Bor.
북삼각	北三角	… …	Triangula.
북온도	北溫道	… …	Tropic of Cancer.
북원션	北圓線	… …	Arctic Circle.
북한권	北寒圈	… …	„ „
분광경	分光鏡	… …	Spectroscope.
분미쳑	分微尺	… …	Micrometer.
분셩	奔星 …	… …	Meteor.
분식	分蝕 …	… …	Eclipse, Partial.
샥발트	卜法特	… …	Bouvard.
섇르나우	卜腦 …	… …	Brunnow.
비	砒 …	… …	Arsenic.
비례쳑	比例尺	… …	Scale of Equal Parts.
비마	飛馬 …	… …	Pegasus.
비상	砒礵 …	… …	Arsenic.
비스라	費斯他	… …	Vesta.
비셩	飛星 …	… …	Shooting Star.
비앗시	斐阿石	… …	Piazzi.
비어	飛魚 …	… …	Volans.
비즁력	毗中力	… …	Centripetal Force.
셔리	比邇 …	… …	Beer.
쎌나	比乙拉	… …	Biele.
사	砂 …	… …	Silicon.
산소	酸素 …	… …	Oxygen.
산안	山桌 …	… …	Mons Mensae.
산양슈	山羊宿	… …	Capricornus.
살이	生离 …	… …	High Tide.
삼슌차	三旬差	… …	Nutation, Monthly.
쌍곡션	雙曲線	… …	Hyperbolic Line.

八

쌍셩	雙星... ...	...	Double Star.
쌍어슈	雙魚宿 ...	...	Pisces.
쌍조슈	雙子宿 ...	...	Gemini.
새벽별	晨星... ...	...	Morning Star.
亽계	四季... ...	...	Seasons.
亽시	四時... ...	...	,,
亽졀	四節... ...	...	,,
亽조슈	獅子宿 ...	...	Leo Major.
식월	穡月... ...	...	Harvest Moon.
샤각	射角... ...	...	Angle of Incidence.
샹거	相距... ...	...	Distance.
샹샹한	上象限 ...	...	First Quarter.
샹샹합	上相合 ...	...	Superior Conjunction.
샹샹합	上相合 ...	...	Upper Conjunction.
샹츙	相衝... ...	...	Opposition.
샹한호	象限弧 ...	...	Quadrant.
샹한뎜	象限點 ...	...	Quadrature.
샹합	相合... ...	...	Conjunction.
쎼키	隋其... ...	...	Secchi.
셕	鈣 ...	...	Calcium.
셕	汐 ...	...	Evening Tides.
셕	錫 ...	...	Tin.
션녀	仙女... ...	...	Andromeda.
션왕	仙王... ...	...	Cepheus.
션후	仙后... ...	...	Cassiopeia.
셜화	雪花... ...	...	Snow Crystal.
셥샥	閃爍... ...	...	Twinkling of Stars.
셥력	攝力... ...	...	Gravitation.
셥동력	攝動力 ...	...	Disturbing Force.
셩	星 ...	...	Star.
셩긔	星氣... ...	...	Nebula.

九

셩긔론	星氣論	... ...	Nebular Hypothesis.
셩단	星團	... ...	Cluster of Stars.
셩슐	星術	... ...	Astrology.
셩좌	星座	... ...	Constellation.
셰시차	歲視差	... ...	Annual Parallax.
셰시차	歲視差	... ...	Heliocentric Parallax.
셰차	歲差	... ...	Precession.
속솔	速率	... ...	Rate of Motion.
쏘듸엄	鈉	... ...	Sodium.
쏠느너	最倫爾	... ...	Zöllner.
쇼견	小犬	... ...	Canis Minor.
쇼마	小馬	... ...	Equuleus.
쇼ᄉ	小獅	... ...	Leo Minor.
쇼셩	小星	... ...	Asteroid.
쇼웅	小熊	... ...	Ursa Minor.
쇼죠	小潮	... ...	Low Tide.
쇼힝셩	小行星	... ...	Asteroid.
속경	屬經	... ...	Conjugate Diameter.
쉬파리	蒼蠅	... ...	Musca.
슈각	垂角	... ...	Angle of Inclination.
슈경	竪經	... ...	Vertical Diameter.
슈권	竪圈	... ...	,, Circle.
슈리씨	隋李氏	... ...	Ceres.
슈샤	水蛇	... ...	Hydrus.
슈션	竪線	... ...	Perpendicular Line.
슈션	垂線	... ...	Plumb Line.
슈션차	垂線差	... ...	Angle of the Vertical.
슈셩	水星	... ...	Mercury.
슈소	水素	... ...	Hydrogen.
슈환	竪圜	... ...	Vertical Circle.
슌힝	順行	... ...	Direct Motion.

十

스미드	司密…	… …	Smythe.
스트루브	斯得弗	… …	Struve.
승교뎜	升交點	… …	Ascending Node.
싀랑	豺狼…	… …	Lupus.
시각	時角…	… …	Hour Angle.
시경	視經…	… …	Apparent Diameter.
시도	視道…	… …	„ Orbit.
시동	視動…	… …	„ Motion.
시디평	視地平	… …	Sensible Horizon.
시션	時線…	… …	Hour Circle.
시시	視時…	… …	Apparent Time.
시차	時差…	… …	Equation of Time.
시차	視差…	… …	Parallax.
시축	視軸…	… …	Line of Collination.
시톄	視體…	… …	Apparent Dimensions.
시표	時表…	… …	Horologium.
시힝	視行…	… …	Apparent Motion.
신	砒	… …	Arsenic.
신셩	晨星…	… …	Morning Star.
신월	新月…	… …	New Moon.
실녀슈	室女宿	… …	Virgo.
솨비	嗣卑…	… …	Schwabe.
아미	峨眉…	… …	Crescent.
아우워러쓰	奧衛士	… …	Auwers.
아츰밀물	潮 …	… …	Morning Tide.
안악스꼬르쓰			Anaxagoras.
안악싁민드	阿那西門德	…	Anaximander.
알버쓰	歐勒白斯…	…	Olbers.
암허	闇虛…	… …	Umbra.
애딤쓰	亞但史	… …	Adams.
애쎄	阿伯…	… …	Abbe.

十一

야토	野兎...	Lepus.
양긔	養氣...	Oxygen.
어부	御夫...	Auriga.
언뎡	蝘蜓...	Chameleon.
얼	鎳	Nickel.
엄셩	掩星...	Occultation.
에리	艾理...	Airy.
엔키	因格...	Encke.
여도	餘度...	Amplitude.
여졀	餘切...	Cotangent.
여할	餘割...	Cosecant.
여현	餘弦...	Cosine.
여호	狐狸...	Vulpes.
역힝	逆行...	Retrograde Motion.
열디	熱帶...	Torrid Zone.
염소	壚素...	Chlorine.
영	楊	Young.
영광환	榮光圜	Corona.
영션	英仙...	Perseus.
오아	烏鴉...	Corrus
옥부	玉夫...	Sculptor.
온디	溫帶...	Temperate Zone.
외허	外虛...	Penumbra.
운젼	運轉...	Revolution in Orbit.
운셕	隕石...	Aerolite.
운셩	隕星...	Meteor.
운텰	隕鐵...	Aerolite.
웅양슈	雄羊宿	Aries.
위도	緯度...	Declination.
위도	緯度...	Latitude.
위도	緯度...	Terrestrial Latitude.

十二

원네케	魏尼客	... ...	Winneche.
윌님쓰	維廉斯	... ...	Williams.
윌쓴	魏勒森	... ...	Wilson.
윌칭	魏禮生	... ...	Wilsing.
윤월	閏月 ...	... ...	Intercalendar Month.
은하슈	銀河水	... ...	Milky Way.
이분경권	二分經圈 ...	...	Equinoctial Colure.
이분뎜	二分點	... ...	Equinoxes.
이지경권	二至經圈 ...	...	Equinoctial Colure.
이지뎜	二至點	... ...	Solstices.
인데안	印第安	... ...	Indus.
인마슈	人馬宿	... ...	Sagittarius.
일광구	日光球	... ...	Photosphere.
일반	日斑 ...	... ...	Sun Spot.
일식	日蝕 ...	... ...	Eclipse of Sun.
일심경도	日心經度 ...	...	Heliocentric Longitude
일심위도	日心緯度 ...	...	,, Latitude.
일심위초	日心緯次 ...	...	,, Place.
일영표	日影表	... ...	Sun Dial.
일장동차	日章動差 ...	...	Nutation.
일전	日躔 ...	... ...	Earth's Annual Motion.
일적각	日赤角	... ...	Chromosphere.
일차	日差 ...	... ...	Rate of Clock.
일회	日會 ...	... ...	Solar System
왕녀	王女 ...	... ...	Massalia.
원경	遠鏡 ...	... ...	Telescope.
원근	遠近 ...	... ...	Distance.
원디뎜	遠地點	... ...	Apogee.
원일뎜	遠日點	... ...	Aphelion.

十三

원추졀톄	圓錐截體…	…	Frustum of Cone.
원추톄	圓錐體 …	…	Cone.
원편	圓片… …	…	Disk.
월	月 … …	…	Moon.
월	月 … …	…	Satellite.
월	月 …	…	Synodic Month.
월긔식	月幾食 …	…	Appulse.
월도	月道… …	…	Lunar Orbit.
월식	月蝕… …	…	Eclipse of Moon.
월엄셩	月掩星 …	…	Occultation by Moon.
월쟝동차	月章動差…	…	Nutation Lunar.
월차	月差… …	…	Saros.
조오권	子午圈 …	…	Meridian Circle.
조오션	子午線 …	…	Meridian.
조오의	子午儀 …	…	Transit Instrument.
조오환	子午環 …	…	Transit Circle.
조젼	自轉… …	…:	Revolution on Axis.
조젼	自轉… …	…	Rotation.
조힝	自行… …	…	Proper Motion.
조힝랑	自行浪 …	…	Free Wave.
쟝경	長徑… …	…	Diameter, Major.
쟝도	長度… …	…	Elongation.
쟝동차	章動差 …	…	Nutation.
쟝샤	長蛇… …	…	Hydra.
쟝亽바람	貿易風 …	…	Trade winds.
쟝축	長軸… …	…	Axis, Major.
쟝환	墻環… …	…	Mural Circle.
져녁밀물	汐 … …	…	Evening Tide.
져녁별	晩星… …	…	,, Star.
젹	鑼 … …	…	Strontium.

적경도	赤徑度	...	...	Longitude Celestial.
적경도	赤經度	...	...	Right Ascension.
적도	赤道...	...	...	Equator.
적도의	赤道儀	...	...	Equatorial Instrument.
적위도	赤緯度	...	...	Declination.
적위도	赤緯度	...	...	Latitude Celestial.
적황각	赤黃角	...	...	Obliquity of the Ecliptic. Angle of.
전식	全蝕...	...	...	Eclipse, Total.
절각	折角...	...	...	Angle of Refraction.
절광지	折光指	...	...	Index of Refraction.
절력	切力...	...	...	Tangential Force.
정	碙 ...	...	...	Silicon.
정각직선	正角直線...	...	Perpendicular Line.
정륜	正輪...	...	...	Cycle.
정성	正星...	...	...	Primary Star.
정시	正矢...	...	...	Versed Sine.
정원	正圓...	...	...	Circular Orbit.
정절	正切...	...	...	Tangent.
정할	正割...	...	...	Secant.
정현	正弦...	...	...	Sine.
조금	燥坎...	...	...	Low Tide.
쏜슨	約翰孫	...	...	Johnson.
죠	潮 ...	...	...	Tide.
죠	潮 ...	...	...	Morning tide.
죵선	縱線...	...	...	Ordinate.
죵파	鍾罷...	...	...	Pendulum.
쥬노	周耨...	...	...	Juno.
쥬뎜	駐點...	...	...	Stationary Point of Planet
쥬시	周時...	...	...	Periodic Time.
쥬평	酒平...	...	...	Spirit Level.
즁심	重心...	...	...	Centre of Gravity.

즁취	中樞...	Focus.
지경	指鏡...	Index Glass.
지샤부	持蛇夫	Opsimchus.
지속	遲速...	Velocity.
직경	直徑...	Diameter.
직녀셩	織女星	Vega.
진디평	眞地平	Rational Horizon.
진톄	眞體...	Real Dimensions.
챵승	蒼蠅...	Musca.
초륜	次輪...	Epicycle.
츄분뎜	秋分點	Autumnal Equinox.
츄슈월	秋收月	Harvest Moon.
츅	軸	Axis.
츅력	逐力...	Repulsive Force.
츈	春	Spring.
츈분	春分...	Vernal Equinox.
츈분뎜	春分點	Spring Equinox.
츈츄이분뎜	春秋二分點 ...	Equinoxes, Spring and Fall.
최고뎜	最高點	Farthest Northern Declination.
최비뎜	最卑點	,, Southern. ,,
측도긔	測度器	Sextant.
카뉴	郭農...	Cornu.
칼시염	元素...	Calcium.
키브셔쉬	佉分第	Cavendish.
클레라웃	該漏...	Clairaut.
킬너	祁勒...	Keeler.
타권	橢圈...	Ellipse.
타솔	橢率...	Ellipticity.
타이고션타히	泰阿布拉希 ...	Tycho Brahe.
타원션	橢圓線	Elliptical Line.
타환	橢圜...	Ellipse.

十六

탄	碳	Carbon.
탄소	炭素...	Carbon
톄	鈦	Titanium.
태양년	太陽年	Tropic of Year
태양년	太陽年	Solar Year.
태양시	太陽時	Solar Time.
태양일	太陽日	,, Day.
태양쥬시	太陽周時... ..	Synodic Period of Planet.
태양쥬시	太陽周時... ...	Solar Period.
태양평시	太陽平時... ...	Mean Solar Time.
태양평일	太陽平日... ...	,, ,, Day.
태음일	太陰日	Lunar Day.
태음월	太陰月	Lunar Moon.
렐니쓰	推力斯	Thales.
텬공	天空...	Space.
텬공구	天空球	Celestial Sphere.
텬구	天球...	,, ,,
텬금	天琴...	Lyra.
텬단	天壇...	Ara
텬뎌	天底...	Nadir.
텬뎡	天頂...	Zenith.
텬디평계	天地平界... ...	Celestial Horizon.
텬로	天爐...	Fornax.
텬룡	天龍...	Draco.
텬묘	天貓...	Lynx.
텬문	天文...	Astronomy.
텬문가	天文家	Astronomer.
텬문경	天文鏡	Telescope.
텬문ᄉ	天文士	Astronomer.
텬문학	天文學	Astronomy.
텬아	天鵝...	Cygnus.

十七

텬연	天燕	… …	Apus.
텬응	天鷹	… …	Aquila.
텬왕셩	天王星	…	Uranus.
텬적도	天赤道	…	Celestial Equator.
텬전	天前	…	Sagitta.
텬즈오션	天子午線	…	Celestial Meridian.
텬쥬	天舟	…	Aries.
텬평동	天秤動	…	Libration.
텬평슈	天平宿	…	Libra.
텬하	天河	…	Galaxy.
텬하	天河	…	Milky Way
텬학	天鶴	…	Grus.
텬할슈	天蝎宿	…	Scorpio.
텬합	天鴿	…	Columba.
텹헌미경	疊顯微鏡	…	Compound Microscope
톄적	體積	…	Volume.
톄질	體質	…	Mass.
토	鉊	…	Aluminum.
토리	土李	…	Thule.
토셩	土星	…	Saturn.
토셩광환	土星光圜	…	Rings of Saturn.
통셔	通書	…	Calendar.
투광경	透光鏡	…	Lens.
파강	波江	…	Eridanus.
파랍씨	帕拉氏	…	Pallas.
파우콧	富吉得	…	Foucault.
팍쓴	剖格孫	…	Pogson.
팔분뎜	八分點	…	Octants.
팔션학	八線學	…	Trigonometry.
피리쥬	貝利珠	…	Bailey's Beads.
퍼태쇼르쓰	栢塔哥拉	…	Pythagoras.

十八

페이	費 … …	…	Faye.
페이피	帕皮… …	…	Pape.
평면	平面… …	…	Plane.
평힝	平行… …	…	Parallel.
포믈션	抛物線 …	…	Parabola.
포라시엽			Potassium.
폰드	盆得… …	…	Pond.
풍우표	風雨表 …	…	Barometer.
프리차르드	裴礚對 …	…	Pritchard.
하샹한	下象限 …	…	Last Quarter.
하샹합	下相合 …	…	Conjunction, Lower.
하샹합	下相合 …	…	„ Inferior.
하울녓	好里特 …	…	Howlett
하지	夏至… …	…	Summer Solstice.
한디	寒帶… …	…	Frigid Zone.
한센	韓森… …	…	Hansen.
한서표	寒暑表 …	…	Thermometer.
할호	蝎虎… …	…	Lacerta.
합력	合力… …	…	Resultant.
합셩	合星… …	…	Multiple Star.
항히력셔	航海曆書…	…	Nautical Almanac.
홍셩	恒星… …	…	Fixed.
홍셩년	恒星年 …	…	Sidereal Year.
홍셩젼시	恒星轉時…	…	„ Revolution.
홍셩시	恒星時 …	…	Sidereal Time.
홍셩일	恒星日 …	…	„ Day.
홍셩쥬시	恒星周時…	…	„ Period.
홍셩표	恒星表 …	…	„ Clock.
히왕셩	海王星 …	…	Neptune.
히돈	海豚… …	…	Delphinus.
힝동	行動… …	…	Motion.

힝동력	行動力	... ...	Force.
힝셩	行星	... ...	Planet.
힝셩긔	行星氣	... ...	Planetary Nebula.
힝셩과일	行星過日	... ...	Transit of Planet.
허근쓰	互金史	... ...	Huggins.
허쉴	候失勒	... ...	Herschel.
험샏트			Humboldt.
헤니키	希尼客	... ...	Hennecke.
헤이근쓰	海亘史	... ...	Huyghens.
헬늠홀드쓰	赫莫寺	... ...	Helmholtz.
현미경	顯微鏡	... ...	Microscope.
형학	形學	... ...	Geometry
혜셩	彗星	... ...	Comet.
혜셩의머리	彗星之頭	... ...	Coma, of Comet.
혜즁톄	彗中體	... ...	Nucleus of Comet.
호	弧	... ...	Arc.
호	號	... ...	Symbol.
호리	狐狸	... ...	Vulpes.
홀	哈利	... ...	Hall.
헬니	好里	... ...	Halley.
회	鉥	... ...	Potassium.
회가	繪架	... ...	Equuleus Pictores.
회합	會合	... ...	Conjunction of Planet.
횡경	橫徑	... ...	Horizontal Diameter.
후발	後髮	... ...	Coma Berenice's.
혹	鑼	... ...	Manganese
흑반	黑斑	... ...	Sunspot.
흡동력	吸動力	... ...	Perturbing Force
흡력	吸力	... ...	Attraction.
희쥬션	蟢蛛線	... ...	Spider Lines.

二十

힙파거쓰		Hipparchus.
화녀	火女	Vesta.
화셩	火星	Mars.
환심각형	圜心角形	Segment of Circle.
활고자	弧	Arc.
황	鑕	Chromium.
황경권	黃徑圈	Circle of Celestial Longitude.
황경도	黃徑度	Celestial Longitude.
황도	黃道	Ecliptic.
황도광	黃道光	Zodiacal Light.
황도띠	黃道帶	Zodiac.
황도면	黃道面	Plane of the Ecliptic.
황도식계	黃道蝕界	Ecliptic Limits.
황띠	黃帶	Zodiac.
황위권	黃緯圈	Circles of Celestial Latitude.
황위도	黃緯度	Celestial Latitude.
황적각	黃赤角	Angle of the Ecliptic.

二十一

Newton	...	...	...	...	뉴턴	牛頓
Olbers	...	...	...	...	알버쓰	歐勒白斯
Pape	...	...	...	...	페이피	帕皮
Peters	...	...	...	...	베더르쓰	彼得士
Piazzi	...	...	...	...	비앗시	裵阿石
Pogson	...	...	...	...	팍쓴	剖格孫
Pond	...	...	...	...	폰드	盆得
Pritchard	...	...	...	...	프릿차르드	裵磕對
Ptolemy	...	...	...	...	달너미	塔羅彌
Pythagoras	...	...	...	...	퍼래쇼르쓰	栢塔哥拉
Reiche	...	...	...	...	레이취	來喜
Romer	...	...	...	...	로머	劉麻
Ross	...	...	...	...	로쓰	羅斯
Schwabe	...	...	...	...	솨비	喇卑
Secchi	...	...	...	...	세키	隋其
Smythe	...	...	...	...	쓰미드	司密
Steele	...	...	...	...	쓰릴	
Struve	...	...	...	...	스트루브	斯得弗
Thales	...	...	...	...	텔니쓰	推力斯
Tycho Brahce	...	...	...	...	라이고썬라희	泰柯布拉希
Williams	...	...	...	...	윌님쓰	維廉斯
Wilsing	...	...	...	...	윌칭	魏禮生
Wilson	...	...	...	...	윌쓴	魏勒森
Winnecke	...	...	...	...	윈네키	魏尼客
Young	...	...	...	...	영	楊
Zollner	...	...	...	...	쏠느너	最倫爾

Foucault	파우콧	富告得
Galileo	썰닐니오	嘎利利漚
Galle	쌀니	嘉勒
Gill	씰	棻勒
Gregory XIII	쓰리고리뎨십삼	貴句利第十三
Gylden	썰든	計勒敦
Hall	홀	哈利
Halley	헬니	好里
Hansen	한센	韓森
Helmboltz	헬늠홀드쓰	赫莫寺
Hennecke	헤니키	希尼客
Herschel	허쉘	候失勒
Hipparchus	힙파거쓰	
Howlett	하울넛	好里特
Huggins	허근쓰	互金史
Humboldt	험샐트	
Huyghens	헤이근쓰	海亘史
Johnson	쏜슨	約翰孫
Keeler	킬너	祁勒
Kepler	겝플너	刻白爾
Kruger	그루거	庫隔
Lalande	레린드	拉藍
Langley	링글네	浪累
Le Verrier	레베리어	力拂利亞
Lick	릭크	李克
Loomis	루미쓰	路密司
Madler	미들너	梅特勒
Melloni	멜노니	米樓尼
Morse	모스	馬斯
Napier	네피어	納伯爾
Newcomb	뉴컴	鶩硻

Names of Persons Refered to.

Abbe	... ...	애쎄	阿伯
Adams	... ...	애딥쓰	亞但史
Airy	... ...	에리	艾理
Anaxagoras	... ...	안악쓰섀르쓰	
Anaximander	... ...	안악씌민드	呵那西門德
Auwers	... ...	아우워러쓰	奧衛士
Bailey	... ...	쎄일이	貝利
Ball	... ...	쏠	巴勒
Barnard	... ...	쌔나드	白拿德
Beer	... ...	쎄리	比邇
Bessel	... ...	쎄슬	彼士勒
Biela	... ...	쎌나	比乙拉
Bode	... ...	샌데	波德
Bond	... ...	쏜드	杰特
Bouvard	... ...	쑤발드	卜法特
Brunnow	... ...	쑤르나우	卜腦
Cambridge	... ...	켐브륏지	
Cavendish	... ...	키븐쎄쉬	佉分第
Clairant	... ...	클네란드	誤漏
Columbus	... ...	콜넘버쓰	叩倫比
Copernicus	... ...	고베니거쓰	柯楓尼庫
Corun	... ...	코린	郭農
Dawes	... ...	써우쓰	導斯
Donati	... ...	쓰나리	杜乃底
Encke	... ...	엔거	因格
Faye	... ...	페이	費

Opiuchus	...	...	...	... 부샤부	扶蛇夫
Orion	...	...	...	... 렵호	獵戶
Pavo	...	...	...	... 꿈쟉	孔雀
Pegasus	...	...	...	... 비마	飛馬
Perseus	...	...	...	... 영션	英仙
Phoenix	...	...	...	... 봉황	鳳凰
Pisces	...	...	...	... 쌍어슈	雙魚宿
Pisces Aust.	...	...	...	... 남어	南魚
Pleiades	...	...	...	... 묘셩, 모젹이	昴星
Reticulum	...	...	...	... 망고	網罟
Sagitta	...	...	...	... 텬젼	天箭
Sagittarius	...	...	...	... 인마슈	人馬宿
Scorpio	...	...	...	... 텬할슈	天蝎宿
Sculptor	...	...	...	... 옥부	玉夫
Serpent	...	...	...	... 거샤	巨蛇
Sextant	...	...	...	... 량텬쳑	量天尺
Taurus	...	...	...	... 금우슈	金牛宿
Telescopium	...	...	...	... 원경	遠鏡
Triangula	...	...	...	... 북삼각	北三角
Triangulum	...	...	...	... 남삼각	南三角
Toucan	...	...	...	... 두견됴	杜鵑鳥
Ursa Major	...	...	...	... 대웅	大熊
Ursa Minor	...	...	...	... 쇼웅	小熊
Virgo	...	...	...	... 실녀슈	室女宿
Volans	...	...	...	... 비어	飛魚
Vulpes	...	...	...	... 호리, 여호	狐狸

十六

Crater	거작	巨爵
Crux	남십주	南十字
Cygnus...	텬아	天鵝
Delphinus	히돈	海豚
Dorado...	검어	釖魚
Draco	텬룡	天龍
Equuleus	쇼마	小馬
„ Pictoris...	회가	繪架
Eridanus	파강	波江
Fornax	텬로	天爐
Gemini	쌍조슈	雙子宿
Grus	텬학	天鶴
Hercules	무션	武仙
Horologium	시표	時表
Hydra	쟝샤	長蛇
Hydrus...	슈샤	水蛇
Indus	인데안	印第安
Lacerta...	할호	蝎虎
Leo Major	스조슈	獅子宿
Leo Minor	쇼스	小獅
Lepus	야토	野兔
Libra	텬평슈	天秤宿
Lupus	싀랑	豺狼
Lynx	텬묘	天猫
Lyra	텬금	天琴
Microscopium	현미경	顯微鏡
Monoceros	긔린	猉獜
Mons Mensa	산안	山案
Musca	창승, 쉬파리	蒼蠅
Norma	구쳑	矩尺
Octans	남극좌	南極座

十五

THE CONSTELLATIONS.

Andromeda	션녀	仙女
Apus	텬연	天燕
Aquarius	보병슈	寶瓶宿
Aquila	텬응	天鷹
Ara	텬단	天壇
Argo	텬쥬	天舟
Aries	웅양슈	雄羊宿
Auriga	어부	御夫
Boötes	목부	牧夫
Camelopardus	록표	鹿豹
Cancer	거히슈	巨蠏宿
Canis venatici	렵견	獵犬
Canis Major...	대견	大犬
„ Minor...	쇼견	小犬
Capricornus	산양슈	山羊宿
Cassiopeia	션후	仙后
Centaurus	반인마	半人馬
Cepheus	션왕	仙王
Cetus	경어	鯨魚
Chameleon	언뎡	蜒蜓
Circinus	보궁	步弓
Columba	텬합	天鴿
Coma Berenice's	후발	後髮
Corona Aus.	남면	南冕
Corona Bor.	북면	北冕
Corvus	오아, 가마귀	烏鴉

Umbra	암허	暗虛
Urauns	텬왕셩	天王星
Vega	직녀셩	織女星
Velocity	지속	遲速
Venus	금셩	金星
Vernal Equinox	츈분	春分
Vernier	부의	副儀
Versed Sine	졍시	正矢
Vertical Circle	슈권, 슈환	豎圈, 豎圜
Vertical Diameter	슈경	豎經
Vesta	비스타, 화녀	費斯他, 火女
Volume	톄젹	體積
Winter Solstice	동지	冬至
Zenith	텬뎡	天頂
„ Distance	거텬뎡도	距天頂度
Zodiac	황도듸, 황듸	黃道帶, 黃帶
Zodiacal Light	황도광	黃道光
Zone	듸	帶

Sun spot	일반, 흑반	日斑, 黑斑
Superior conjunction	샹샹합	上相合
Symbol	호	號
Synodic Month	월, 둘	月
Synodic Period of Planet ..	태양쥬시	太陽周時
„ Revolution	동교젼시	同交轉時
Tangent	졍졀	正切
Tangential Force...	졀력	切力
Telescope	원경, 텬문경	遠鏡天文鏡
Temperate Zone	온디	溫帶
Temporary Star	긱셩	客星
Terminator	명암계션	明暗界線
Terrestrial Latitude	위도	緯度
„ Longitude	경도	經度
Theodolite	경위의	經緯儀
Thermometer	한셔표	寒暑表
Thule	토리	土李
Tide	죠, 밀물	潮
Tin	셕, 틘	錫
Titanium	태	鈦
Torrid Zone...	열디	熱帶
Trade Winds	무역풍, 장人바람	貿易風
Transit Circle	즈오환	子午環
Transit Instrument	즈오의	子午儀
„ of Planet	힝셩과일	行星過日
Trigonometry	팔션학	八線學
Tropic of Cancer	북온도	北溫道
„ „ Capricorn	남온도	南溫道
„ „ Year	태양년	太陽年
Twilight	몽롱, 몽롱영	朦朧, 朦朧影
Twinkling of Star	셤샥	閃爍

Sidereal Time	홍셩시	恒星時
Sidereal Year	홍셩년	恒星年
Sign of Zodiac	궁	宮
Silicon	졍사, 각소	碯, 砂, 硅素
Sine	졍현	正弦
Snow Crystals	셜화	雪花
Size	대쇼	大小
Sodium...	납, 뇌, 쏘듸엄	鈉鋤
Solar Day	태양일	太陽日
Solar System	일회	日會
Solar Time	태양시	太陽時
Solstices	이지뎜	二至點
Solstices, Winter & Summer	동하이지뎜	冬夏二至點
Solstitial Colure	이지경권	二至經圈
South Pole	남극	南極
Space	텬공	天空
Spectroscope...	분광경, 광도경	分光鏡, 光圖鏡
Spectrum	광도	光圖
Sphere, Celestial	텬공구	天空球
Spider Lines	희쥬션, 검의줄	蟢蛛線
Spirit Level	쥬평	酒平
Spring	츈, 봄	春
Spring Equinox	츈분뎜	春分點
Spring, First Day of	립츈	立春
Star	셩, 별	星
Stationary Point of Planet...	쥬뎜	駐點
Strontium	젹, 식, 스트론듸엄	鉥, 鎴
Sulphur	류, 류황	硫, 硫黃
Summer Solstice	하지	夏至
Sun	일, 히	日
Sun dial	일영표, 일구	日影表, 日晷

Quadrature	...	...	...	샹한뎜	象限點
Radius	...	...	...	반경	半經
Radius Vector	...	...	...	듸경	帶經
Rate of Clock	...	...	...	일차	日差
„ „ Motion	...	...	...	속솔	速率
Rational Horizon	...	...	...	진디평	眞地平
Real Dimensions	...	...	...	진톄	眞體
Refraction	...	...	...	몽긔차, 팡피졀	蒙氣差, 光被折
Repulsive Force	...	...	...	츅력, 구력	逐力, 驅力
Resultant	...	...	...	합력	合力
Retrograde Motion	...	...	역힝	逆行
Revolution in Orbit	...	...	운젼	運轉
Revolution on Axis	...	...	조젼	自轉
Right Ascension	...	...	...	젹경도	赤經度
Rings of Saturn	...	...	토셩팡환	土星光圖
Rotation	...	...	...	조젼	自轉
Saros	...	...	...	월차	月差
Satellite	...	...	...	월, 둘	月
Saturn	...	...	...	토셩	土星
Scale of Equal Parts	...	...	비례쳑	比例尺
Seasons	...	...	...	소시, 소졀, 소계	四時, 四節, 四季
Secant	...	...	...	졍할	正割
Secondary Star	...	...	부셩	副星
Sector, Instrument	...	...	각심쳑	角心尺
Segment of Circle	...	...	환심각형	圖心角形
Sensible Horizon	...	...	시디평	視地平
Sextant	...	...	...	긔한의, 측도긔	紀限儀, 測度器
Shooting Star	...	...	류셩, 비셩	流星, 飛星
Sidereal Clock	...	...	흥셩표	恒星表
„ Day	...	...	...	흥셩일	恒星日
„ Revolution	...	...	흥셩젼시	恒星轉時

English	Korean	Chinese
Parabolic Line	포물선	抛物線
Parallax	시차	視差
Parallel	평힝	平行
Parallels of Celestial Latitude	황위권	黃緯圈
Pendulum	흉파	鍾擺
Penumbra	외허	外虛
Perigee	근디뎜	近地點
Perihelion	근일뎜	近日點
Periodic Star	변셩	變星
Periodic Time	쥬시	周時
Period, Sidereal	흥셩쥬시	恒星周時
„ Solar	태양쥬시	太陽周時
Perpendicular Line	슈션·졍각직션	竪線, 正角直線
Perturbing Force	흡동력	吸動力
Phobos	포보쓰	否布
Phosphorus	린, 광	燐, 砎
Photosphere	일광구	日光球
Plane	평면	平面
Plane of Ecliptic	황도면	黃道面
Planet	힝셩	行星
Planetary Nebula	힝셩긔	行星氣
Plumb Line	슈션	垂線
Polar Distance	거극도	距極度
Pole	극	極
Polygon	다변형	多邊形
Potassium	회, 갑, 포타시염	鈇, 鉀
Precession	셰차	歲差
Primary Star	졍셩	正星
Prime Vertical	묘유권	卯酉圈
Proper Motion	즈힝	自行
Quadrant -	샹한호	象限弧

九

Motion...	힝동	行動
Multiple Star	합셩	合星
Mural Circle...	쟝환	墻環
Nadir	뎐뎌	天底
Nautical Almanac	항히력셔	航海曆書
Nebula...	셩긔	星氣
Nebular Hypothesis	셩긔론	星氣論
Neptune	히왕셩	海王星
New Moon	신월, 비월	新月, 朏月
Nickel	리, 얼, 늬콜	鋰, 鎳
Node	교뎜	交點
North Pole	북극	北極
North Star	북극셩	北極星
Nucleus of Comet...	혜즁뎨	彗中體
Nutation	쟝동차	章動差
Nutation, Lunar	월쟝동차	月章動差
„ Monthly, ...	삼슌차	三旬差
„ Solar	일쟝동차	日章動差
Object glass	물경	物鏡
Obliquity of the Ecliptic, Angle of	적황각	赤黃角
Observatory	관셩뒤	觀星臺
Occultation	엄셩	掩星
„ of Moon	월엄셩	月掩星
Octants...	팔분뎜	八分點
Opposition	샹츙	相衝
Optics	광학	光學
Orbit	궤도	軌道
Ordinate.	죵션	縱線
Oxygen	양긔, 산소	養氣, 酸素
Pallas	발나스, 무녀	帕拉氏, 武女
Parabola	포물션	抛物線

八

Libration	텬평동	天秤動
Limb	변	邊
Line of Collination	시축	視軸
Line of the Nodes	교덤경션, 교덤축	交點經線,交點軸
Lithium	리, 니듸엄	鋰
Longitude	경도	經度
„ Celestial	적경도. 황경도	赤經度, 黃經度
Low Tide	조금, 쇼죠	燥坎, 小潮
Lunar Day	태음일	太陰日
Lunar Orbit	월도	月道
Magnesium	미, 막니시엄	鎂
Magnitude of Stars	성등	星等
Manganese	밍, 혹, 만샨	錳, 鑼
Mars	화셩	火星
Massalia	왕녀	王女
Mass	톄질	體質
Mean Solar Day	태양평일	太陽平日
„ „ Time...	태양평시	太陽平時
Medusa	미도사	米度沙
Mercury	슈셩	水星
Meridian	즈오션	子午線
„ Circle	즈오권	子午圈
Meteor	운셩, 분셩	隕星, 奔星
Micrometer	분미쳑	分微尺
Microscope	현미경	顯微鏡
Microscope, Compound ...	텁현미경	疊顯微鏡
Milky Way	텬하, 은하슈	天河,銀河水
Moon	월, 돌	月
Morning Star	새벽별, 신셩	晨星
„ Tide	죠, 아춤밀물	潮
Morse Instrument	모스의긔계	馬斯之機

七

Geocentric Longitude	디심경도	地心經度
Geocentric Place	디심위ᄎ	地心緯次
Geometry	형학	形學
Gravitation	셥력	攝力
Gravity	디심력	地心力
Harvest Moon	츄슈월, 식월	秋收月, 穡月
Heliocentric Latitude	일심위도	日心緯度
„ Place	일심위ᄎ	日心緯次
„ Longitude	일심경도	日心經度
Heliocentric Parallax	셰시차	歲視差
Heliometer	량일경	量日鏡
High Tide	살이, 고죠	生离, 高潮
Horizon	디평계, 디평	地平界, 地平
Horizontal Diameter	횡경	橫經
„ Parallax	디평시차	地平視差
Hour Angle	시각	時角
Hour Circle	시션	時線
Hydrogen	경긔, 슈소	輕氣, 水素
Hyperbolic Line	쌍곡션	雙曲線
Index Glass	지경	指鏡
Index of Refraction	졀광지	折光指
Inferior Conjunction	하상합	下相合
Inter-Calendar Month	윤월	閏月
Interference of Light	광상애	光相礙
Irradiation	광영차	光榮差
Juno	쥬노	周犇
Jupiter	목셩	木星
Last Quarter	하상한	下象限
Latitude	위도	緯度
„ Celestial	적위도, 황위도	赤緯度, 黃緯度
Lens	투광경	透光鏡

六

Electric Battery	뎐디	電池
„ Button	뎐약	電鑰
Elliptic Line	타원션	橢圓線
Ellipse	타권, 타환	橢圈, 橢圖
Ellipticity	타솔	橢率
Elongation	쟝도	長度
Epicycle	초륜	次輪
Equator	젹도	赤道
Equatorial Instrument... ...	젹도의	赤道儀
Equation of Time...	시차	時差
Equinoxes	이분뎜	二分點
Equinoxes, Spring and Fall...	츈츄이분뎜	春秋二分點
Equinoctial Colure	이분경권	二分經圈
Evening Star	만셩, 져녁별	晚星
„ Tide	셕, 져녁밀물	汐
Faculae	명됴, 명조	明條, 明罩
Fall Equinox	츄분뎜	秋分點
Farthest Northern Declination	최고뎜	最高點
„ Southern „	최비뎜	最卑點
First Quarter	샹샹한	上象限
Fixed Star	흥셩	恒星
Force	힘동력	行動力
Forced Wave	변랑	變浪
Focus	즁취, 광셥	中樞, 光心
Free Wave	즈힝랑	自行浪
Friction	마력	摩力
Frigid Zone...	한디	寒帶
Frustum of Cone	원츄졀톄	圓錐截體
Full Moon	망월	望月
Galaxy...	텬하	天河
Geocentric Latitude	디심위도	地心緯度

五

Culmination, Upper	과오션	過午線
,, Lower	과ᄌ션	過子線
Curvature	곡솔	曲率
Curve	만션	彎線
Cycle	졍륜	正輪
Declination	적위도, 위도	赤緯度, 緯度
Degree	도	度
Deimos	쎄이모	代某
Density	밀솔	密率
Descending Node	강교뎜	降交點
Detonating Meteor	뢰류셩	雷流星
Diameter	직경	直經
,, Major	쟝경	長經
,, Minor	단경	短經
Dip of Horizon	디평강도	地平降度
Direct Motion	슌힝	順行
Disk	원편	圓片
Distance	샹거, 원근	相距, 遠近
Disturbing Force	셥동력	攝動力
Double Star	쌍셩	雙星
Dynamics	력학	力學
Earth	디구	地球
Earth's Annual Motion ...	일젼	日躔
Eccentricity	동차, 량심차	動差, 兩心差
Eclipse of Sun	일식	日蝕
,, ,, Moon	월식	月蝕
Eclipse, Annular	금젼식	金錢蝕
Eclipse, Partial	분식	分蝕
,, Total	젼식	全蝕
Ecliptic	황도	黃道
Ecliptic Limits	황도식계	黃道蝕界

四

Centrifugal Force...	리즁력, 리심력	離中力, 離心力
Centripetal Force	비즁력	呲中力
Ceres	슈리씨, 곡녀	隋李氏, 穀女
Chlorine	록, 염소	綠, 鹽素
Chromium	황, 각	鑌, 鉻
Chronic sphere	일젹각	日赤角
Circuit, Electric, to break ...	뎐로롤막다	隔電路
" " to complete	뎐로롤통ᄒ다	通電路
Circle	둥그람이, 컨	圈
Circles of Celestial Longitude	황경컨	黃經圈
Circular Orbit	정원	正圓
Civil Day.	민간일	民間日
Cluster of Stars	셩단	星團
Cobalt	고, 구	鈷, 鉚
Coma, of Comet	혜셩의머리	彗星之頭
Comet, ...	혜셩, 미셩	彗星, 尾星
Compass, Protractor's, ...	보궁	步弓
Compass Mariner's	라경	羅鏡
Cone	원츄뎨	圓錐體
Conjugate Diameter	쇽경	屬徑
Conjunction	샹합	相合
Conjunction, Upper	샹샹합	上相合
" Lower	하샹합	下相合
" of Planets... ...	회합	會合
Constellation	셩좌	星座
Corona	영광환	榮光圈
Cosecant	여할	餘割
Cosine	여현	餘弦
Cotangent	여졀	餘切
Cotidal lines...	동죠션	同潮線
Crescent	아미, 나뷔눈셥	蛾眉

English	한글	漢字
Arctic Circle	북원션, 북한권	北圜線, 北寒圈
Area	면적	面積
Arsenic...	비상, 비, 신	砒礵, 砒, 砷
Ascending Node	승교뎜	升交點
Asteroid	쇼힝셩	小行星
Astrology	셩술	星術
Astronomer	텬문가, 텬문ㅅ	天文家, 天文士
Astronomy	텬문, 텬문학	天文, 天文學
Astronomical Day	력가일	曆家日
Atmosphere	공긔	空氣
Attraction	흡력	吸力
Autumnal Equinox	츄분뎜	秋分點
Axis	축	軸
Axis Major	장축	長軸
Axis Minor	단축	短軸
Azimuth	디평경도	地平經度
„ Instrument	디평경의	地平經儀
Bailey's Beads	쌔일이쥬	貝利珠
Barometer	풍우표	風雨表
Base line	뎌션	底線
Binary Star	련셩	聯星
Bode's Law	쏀데규모	卜得則例
Circles of Celestial Latitude...	황위권	黃緯圈
Calcium	골, 셕, 갈시엽	鐄, 鈣
Calendar	력셔, 통셔	曆書, 通書
Carbon...	탄, 탄소	磌, 炭素
Celestial Equator	텬적도	天赤道
„ Horizon... ...	텬디평계	天地平界
„ Meridian	텬ㅈ오션	天子午線
„ Sphere	텬공구	天空球
Centre of gravity... ...	즁심	重心

二

LIST OF TERMS, English.

Aberration	광힝차	光行差
Achromatic	무석차	無色差
Academy of Sciences	격치총회	格致總會
Aerolite	운셕, 운텰	隕石, 隕鐵
Algebra	딕수학	代數學
Altitude	고도	高度
Altitude Azimuth Instrument	디평경의	地平經儀
Aluminum	토, 녀, 알뉴미넘	鉆, 鋁
Amplitude	여도	餘度
Angle of Inclination	슈각	垂角
Angle of Ecliptic	황젹각	黃赤角
Angle of Incidence	샤각	射角
Angle of Refraction	졀각	拆角
Angle of the Vertical	슈션차	垂線差
Annual Parallax	셰시차	歲視差
Annular Eclipse	금젼식	金錢蝕
Antarctic Circle	남원션, 남한권	南圓線, 南寒圈
Aphelion	원일뎜	遠日點
Apogee	원디뎜	遠地點
Apparent Diameter	시경	視經
„ Motion	시힝, 시동	視行, 視動
„ Orbit	시도	視道
„ Dimensions	시톄	視體
„ Time	시시	視時
Appulse	월긔식	月幾蝕
Arc	활교자, 호	弧

INTRODUCTION.

This contribution to the cause of learning in Korea, is the outcome of a pressing need in classrcom work. It hardly needs to be said that without textbooks, satisfactory teaching of the higher studies is next to impossible, and a path once blazed, however faultily, through the trackless wilderness of a scientific terminology, ought to be made accessible to other teachers. Such as the book is, it has been published in the hope that it may meet not only our local needs, but that other teachers in other places, may find it useful in teaching this, the most ancient of the sciences.

The study of the planetary world has proved so interesting to Korean students, that I have formed the expectation of preparing, at some future time, a translation on the broader subject of the stellar world, or the astronomy of the fixed stars.

In spite of all precautions, typographical and other errors will doubtless be discovered in the book. I trust that when found they may be pointed out to me for correction in a second edition.

The aim of the book throughout is to direct the attention of the student to the wisdom and power of Him " who meted out heaven with the span," and who holds the stars in His hand.

PARTS I & II

OF

STEELE'S POPULAR ASTRONOMY.

With Additions From Other Works.

TRANSLATED AND COMPILED

BY

W. M. BAIRD, Ph. D.,

Assisted by Students of the

Pyeng Yang Union Christian College.

HULBERT SERIES, No. IV.

1908.

>———⸙———◄

Price: Yen 2.50.

원문

텬문략히